# 網站最佳化實務
## 運用機器學習改善網站，提升使用者體驗

ウェブ最適化ではじめる
機械学習



飯塚 修平 著
游子賢 譯

O'REILLY®

圖 1　巴拉克·歐巴馬（Barack Obama）在 2008 年美國總統大選期間進行實驗的圖片和按鈕變化實例。圖片引用自 [Dan10]（取自圖 **1-1**）

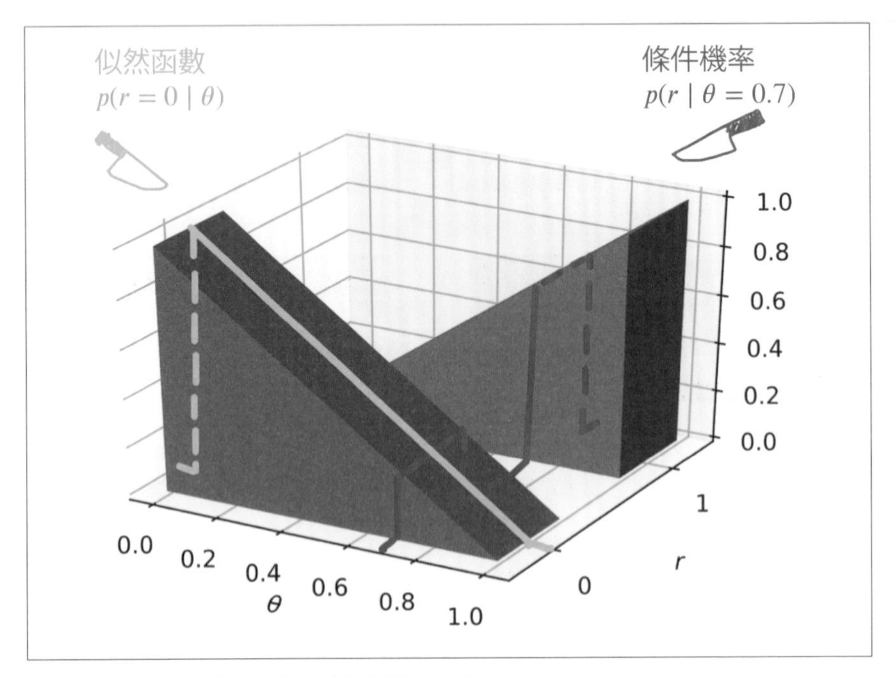


圖 2　伯努利分布的 3D 表示（取自圖 **1-10**）

圖 3　橫幅廣告實例，訊息所傳達的內容因背景圖片而改變。圖片引用自 [Ash12]（取自圖 **3-14**）

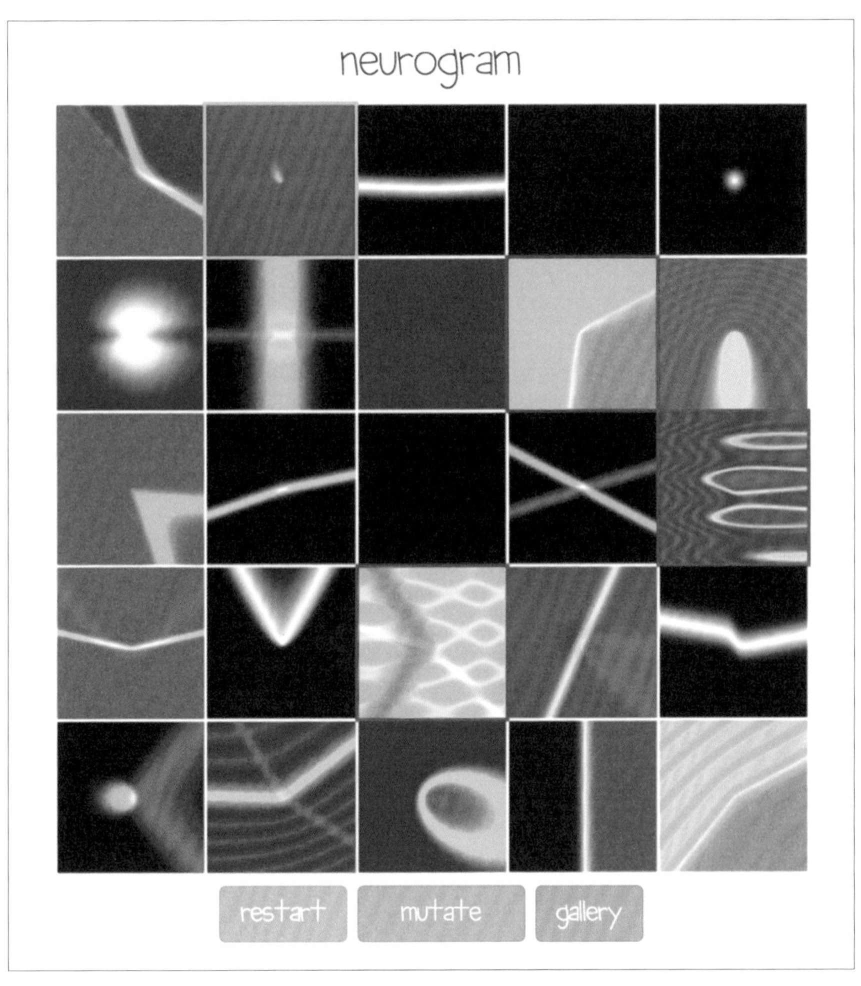


圖 4　示範最佳化一個神經網路，該神經網路使用互動式演化計算來產生抽象藝術。圖片引用自 http://blog.otoro.net/2015/07/31/neurogram/（取自圖 **4-19**）

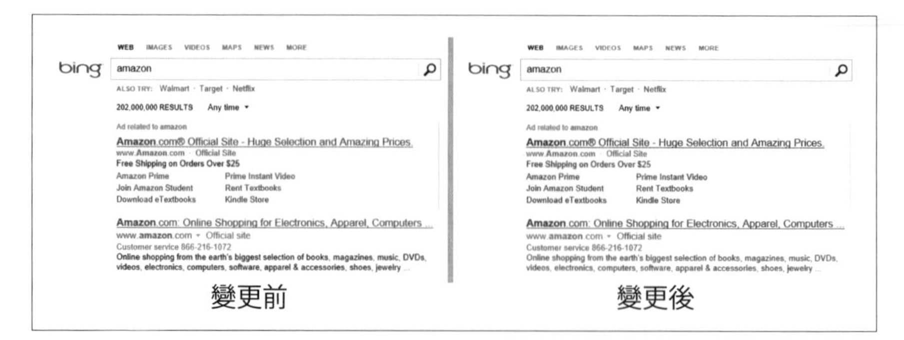


圖 5　根據 2013 年進行的 A/B 測試，修改了 Bing 搜尋結果畫面的設計。截圖引用自 [Kohavi 14]（取自圖 7-1）

我們每天都在使用網路搜尋、社交網路，以及智慧型手機的app，但您知道它們每天都在被「最佳化」嗎？乍看很華麗的技術，譬如Internet、SaaS、DX（Digital Transformation），背後都用到了所謂「網站最佳化」的技術，說它是「現代的改善法（Kaizen）」也不為過，也是超重要的隱形技術。

簡而言之，就是準備A和B兩個版本，用來測試使用者更喜歡哪個版本（A/B測試），然後改善產品使其更符合使用者需求。這樣的事情每天都在以驚人的速度進行著，不僅是在GAFA（Google、Apple、Facebook、Amazon）這樣的大公司，在國內的網路企業以及矽谷的新創公司內也都是如此。

一旦了解這項技術，就會知道「工作時總是無意識地去開app」和「孩子總離不開智慧型手機」的原因。無論怎麼想著「要忍耐」還是會去碰觸。要憑自己的意志力去對抗這項「最佳化」，就像要跟拳擊世界冠軍對戰一樣困難，這項技術就是如此重要而強大。

目前很少有書籍對這項超重要的隱形技術做系統性的整理。本書解釋了該技術的數學背景，用易於理解的方式，以程式碼具體說明其作用。內容基於作者的博士論文並進一步加強，作為教材來說是非常完整的，特別是對於理工科系及工程師來說，應該算容易閱讀。

這種概念對許多今後要進行數位化的產業來說不可或缺，也會從根本改變我們在行銷、產品開發和設計的思維。即使不是理工背景，也請從內容感受基於資料的最佳化世界的「氛圍」。

東京大學研究所工學系研究科
人工智慧工程研究中心 / 技術經營戰略學專攻 教授
松尾豐

# 前言

您是每天寫程式、為了最好的使用者體驗而努力的網站工程師嗎？或者是行銷人員，為了網站服務的成長而需要考慮並實踐各種方案？不論是哪種，只要參與網站服務的開發，就無法忽視「為使用者提供更好的體驗」這個課題。隨著網站服務為了滿足市場需求而不斷增長，越來越多的使用者更深入地使用該服務，沒有什麼比這更令人高興了。

但使用者與開發網站服務的您是不同的人，您對網站的善意改變，可能會對部分使用者產生致命的負面影響；而網站中的某些 bug，卻可能受到某些使用者歡迎。使用者使用該服務的原因各式各樣，有些可能想也想不到，畢竟您對該服務了解太深了，以致於無法如一般使用者操作。

例如您是否聽過 2010 年左右開始的 Burbn 服務呢？ Burbn 是基於位置的社交網路服務，允許使用者在附近的餐館和購物中心等地點簽到，並分享在該地點拍攝的照片，兩位開發者很熱心地增加各種功能，讓更多人可以享受服務，但結果卻不盡人意。當開發者仔細觀察使用者行為時，發現大多數使用者都沒有使用定位功能！使用者熱衷的反而是附加的照片共享功能，尤其是濾鏡。當時智慧型手機的相機畫質不像現在這麼好，需要可將照片變漂亮的功能，因此這兩位開發者決定放棄濾鏡和照片分享以外的所有功能，重新開始新的服務，而這就是今日的 Instagram。即使是現在全世界都在用的 Instagram，其開發者一開始也無法全盤洞見使用者的需求。

開發網站服務時，如果不能依靠自己的感覺，那應該依靠什麼呢？最好的方法之一，就是直接詢問使用者，畢竟知道自己需求的只有使用者自己。即使在 Instagram 的例子中，如果兩位開發者沒有觀察到使用者的行為[1]，也不會如此成功吧。

但這並不意味使用者所說的都是正確的，因為並非每個人都能精準表達需求，還會有「我以為有這個功能會很方便，但實際用了卻覺得很難用」的情形。作為開發者，即使將使用者的需求變成實際的功能，也無法保證使用者就真的會用。

在沒有明確的要求、也沒有明確方式去滿足的情況下，唯一的根據就是使用者實際的**行為**，因為這就是使用者實際體驗所呈現的結果。只有將使用者行為的變化以資料方式呈現，才能量化評估一個網站服務的增長，這就是透過與資料互動，找出開發者與使用者都未曾見過的理想網站的過程。開發者觀察使用者行為，根據所獲得的見解提出假說，並將新的措施導入網站；當使用者對該措施有所反應時，使用者行為就會發生變化。開發者觀察行為的變化來檢驗假說，從而得出新的見解和假說。如此重複**假說檢驗**的循環，雖然問題和解法都不明確，但的確是個能讓網站穩健成長的方法[2]。

假說檢驗的最簡單形式就是 **A/B 測試**。在 A/B 測試中，來訪網站的使用者被隨機分為 A、B 兩組，其中一組所用的服務版本沒有導入新措施，另一組則有；觀察這兩組的使用者行動有何差異，從而評估該措施的效果。這個方法除了用於使用者介面的外觀修改，也可用在包括後端在內的所有措施，例如顯示內容演算法的改變。

想法聽起來簡單，但實際上其中有許多深奧的主題。到底要根據多少使用者數量才能判斷、到底要測什麼、這個指標真的代表網站是否健全成長嗎、目前實驗的措施是否有考慮周全……這麼多的問題，其實都沒有明確的答案。更準確地說，如果不作各種嚴格的假設，就無法正確處理。

---

1 像 Burbn 這樣的大型服務，改變服務的方向稱為 **pivot**（**關鍵轉折**）。因為 pivot 而成功的網站服務故事，請參見 [Holiday14] 和 [Ries11]。

2 基於假說檢驗的網站服務成長方法，通常稱為 **lean startup**（**精實創業**）。有關 lean startup 的更多資訊，請參見 [Ries11]。

在這種情況下，統計學和機器學習的知識，就是從所獲得的使用者行為資料中，獲得一點真確結果的有力武器。利用統計學和機器學習的知識，可以從因為各種因素（包括人類使用者的個性！）而導致的差異性資料中，得出一定的結論。而對分析背後所做的各種假設進行量化處理，也有助於理解分析的局限性。

本書將**網站最佳化（website optimization）**定義為「透過開發者與使用者之間的假說檢驗循環，以最大化或最小化網站服務的某些指標」，並解釋正確進行網站最佳化的數學方式。原本「網站最佳化」一詞有各種含意，譬如最小化網站顯示所需時間（效能最佳化），或是最小化在搜尋引擎顯示的排序（搜尋引擎最佳化）等，但本書並不涵蓋這些主題。

我原先是一位網站工程師，對基本的統計知識也不太有把握，但為了給使用者更好的體驗並根據資料進行決策，不知不覺就接觸到了這門學問。作為網站工程師的我從 A/B 測試開始，學習各種數學的假說檢驗方式，而這本書作為機器學習與統計學基礎的入門書，所遵循的就是當時我所走過的路。希望本書能夠透過網站最佳化，為開發網站服務或手機 app 的相關人員提供機器學習世界的新視角。

# 目標讀者

本書的目標讀者如下。

### 想要入門統計學或機器學習的網站工程師

平常專注於網站的前端開發或伺服器端開發，在工作中沒有太多機會直接接觸機器學習的工程師。透過實際執行本書的範例程式碼以加深理解，獲得使用機器學習系統來改善網站使用者體驗的知識與感覺。

### 參與網路行銷的網站負責人、網路行銷人員

平常就在思考並實行各種措施以增加網站使用人數的網站負責人或行銷人員。透過本書所介紹的各種網站最佳化方案，幫助您了解適合的演算法及思路，解決所面臨的問題。希望能幫助您制定更好的措施，並提高團隊內部的溝通效率。

**對機器學習的應用感興趣的學生，特別是人機互動領域**

影像辨識和自然語言處理等主題是機器學習的典型應用，但網站最佳化這類處理與人互動的系統應用比較少被提及。透過本書介紹的最佳化演算法及其開發流程，希望能以不同於其他書籍的角度來看待機器學習技術。

本書範例程式碼使用的語言是 Python 3。如果您是 Python 新手，建議先閱讀『Python Tutorial』 [Rossum11] 等書籍和網站簡單學習一下。本書假定您已經掌握了高中學過的線性代數（向量、矩陣）和微積分等數學知識，我們將適當補充必要的數學，請放心閱讀。在「附錄 A 矩陣運算的基礎」也整理了閱讀本書所需的線性代數知識，請視情況閱讀參考。

# 本書架構

本書的架構如圖 1 所示。

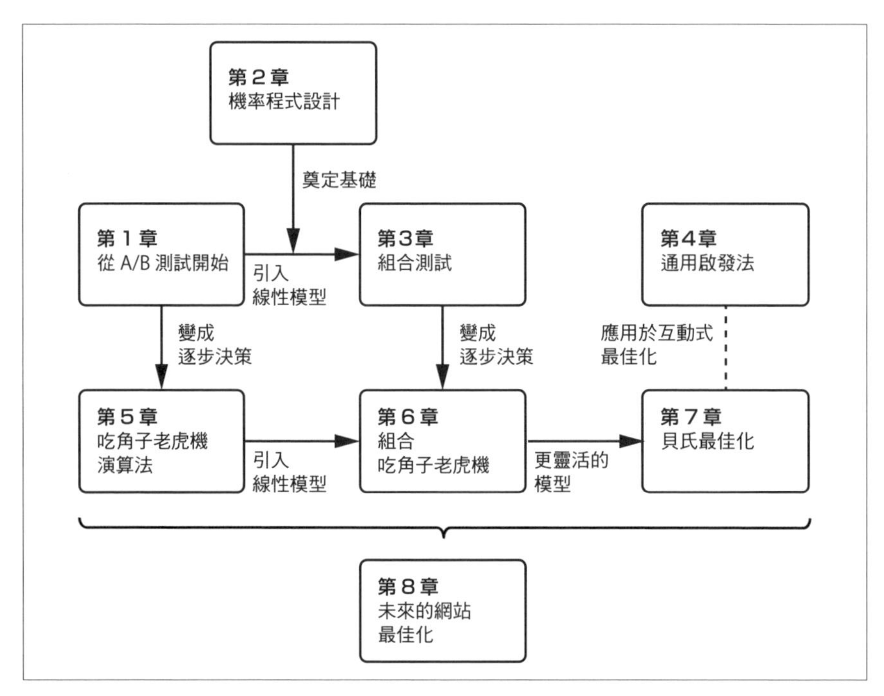


圖 1　本書架構

「第 1 章　從 A/B 測試開始：使用貝氏統計入門假說檢定」介紹假說檢驗的最簡單形式：A/B 測試，並解釋如何以數學方法（特別是貝氏推論）從獲得的資料中做出決策。

「第 2 章　機率程式設計：尋求電腦的幫助」討論馬可夫鏈蒙地卡羅法（MCMC）並將其作為貝氏推論的方法，側重於程式而非展開數學式。這裡會學到如何進行靈活的統計建模，特別是使用 MCMC 函式庫 PyMC3[3]。

「第 3 章　組合測試：分解為元素思考」對簡單的 A/B 測試進行擴充，處理當措施具有某種組合結構的情形。這裡會引入線性模型，介紹一種方法，在較少資料量時仍能有效檢驗假說。

「第 4 章　通用啟發法：不用統計模型的最佳化方法」討論通用啟發法，也是一種尋找最佳措施的方法，異於至今介紹的統計方法。我們會發現即使該方法沒有假設任何模型，也能做到高效率搜尋，同時也能應用在互動式最佳化，也就是人和電腦互動找出最佳解。

「第 5 章　吃角子老虎機演算法：面對測試中的損失」又回到了開頭的 A/B 測試問題，並且改變思維，在實驗過程中逐步做出決策，而不是得到所有試驗資料後才做出決策。接著將介紹這種問題的固定形式「多臂吃角子老虎機問題」以及其解法。

「第 6 章　組合吃角子老虎機：吃角子老虎機演算法遇到統計模型」考慮的是引入線性模型的吃角子老虎機問題。這是將**第 3 章**的內容擴展，成為逐步做出決策的吃角子老虎機演算法。這裡將說明如何加速該方法，以及擴展至個人化。

「第 7 章　貝氏最佳化：處理連續值的解空間」說明如何將線性模型擴展到更靈活的模型「高斯過程」，以將吃角子老虎機演算法應用於更複雜的問題。正如**第 4 章**所解釋的，我們希望貝氏最佳化能成為一種解題方式，解決那些難以對問題作出特定假設的問題，特別是處理人類感性的交互式最佳化問題。

3 PyMC3 文件 https://docs.pymc.io/

最後的「第 8 章　未來的網站最佳化」涵蓋了未來網站最佳化的相關問題。本書所介紹的方法中有各種假設，以便將人類使用者和網站之間的互動視為數學問題來處理。我們將逐一分解這些假設，了解網站最佳化的未解決問題。

# Python 的設定

本書所有的範例程式碼都以 Python 3 寫成，並假設在 Google Colaboratory（Colab）上執行。Colab 是可以在網頁瀏覽器上使用的 Python 執行環境，不但免費還有各種功能，譬如能以 Markdown 格式撰寫註解、以 Google Drive 分享、透過 GPU/TPU 加速執行等。Colab 是互動式執行環境，可以執行每一段範例程式碼並檢查結果以幫助學習。

要使用 Colab，請先造訪 https://colab.research.google.com/，會看到如圖 2 的畫面，點擊「新增筆記本」。

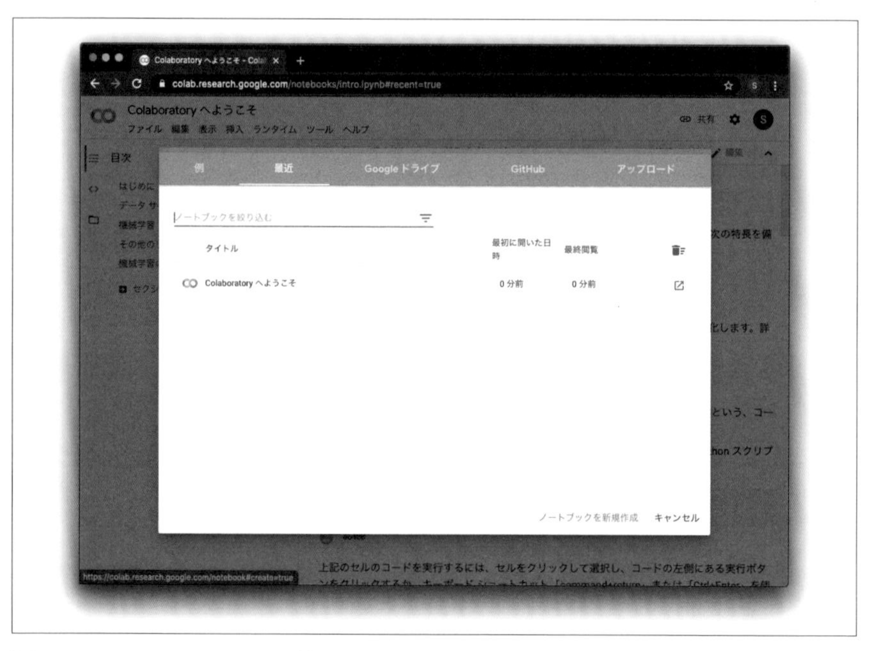


圖 2　Google Colaboratory 的首頁

新增之後會出現新的筆記本，就能輸入 Python 程式碼了。Colab 已經預先裝好一些機器學習常用的函式庫，所以不用特別設定環境，就可以呼叫使用。

**圖 3** 是以 Colab 中繪製簡單圖形的範例，用來繪圖的 NumPy 和 Matplotlib 函式庫都已安裝在 Colab 中，用程式碼開頭的 `import` 語句就能載入並使用，請注意載入它們所使用的名稱分別為 `np` 和 `plt`。NumPy 是用於高效能數值計算的函式庫，而 Matplotlib 則是用於圖形繪製的函式庫，這裡使用 NumPy 產生對應橫軸的數值陣列 `xs`，並以 `plt.plot` 方法繪製輸入到 sin 函數（正弦函數）的 `np.sin(xs)`，還可以執行 `plt.show` 方法立即繪製圖形。

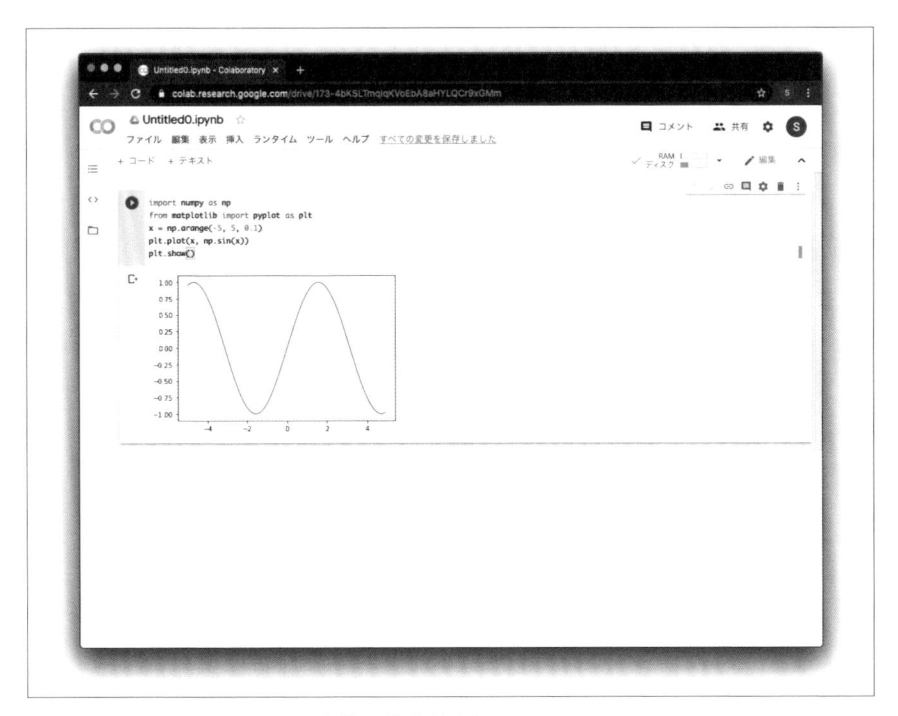


圖 3　Google Colaboratory 中的視覺化範例

有了 Colab，就可以在作業時直觀地看到並確認對程式碼的每次變更所帶來的變化。Colab 是閱讀本書的最佳工具之一，因為本書中許多範例程式碼都是用 Matplotlib 進行視覺化的。另外，更改程式碼中的各種參數值並檢查行為，也有助於理解本書所描述的演算法行為。

本書執筆時，Python 的版本是 3.6.9，另外還使用了以下的 Python 函式庫和版本。

- NumPy 1.18.3
- Matplotlib 3.2.1
- PyMC3 3.9.3
- ArviZ 0.9.0

# 在本機環境中執行時

如果您已經熟悉了 Python 執行環境，也可以選擇不用 Colab，而是在本機環境中執行範例程式。先執行以下 `pip` 指令以安裝所需的函式庫，注意除了上述函式庫之外，還會安裝 `jupyter`。

```
pip install numpy==1.18.3 matplotlib==3.2.1 pymc3==3.9.3 \
            arviz==0.9.0 jupyter==1.0.0
```

安裝函式庫後，執行以下指令以啟動 Jupyter Notebook。

```
jupyter notebook
```

Jupyter Notebook 與 Colab 一樣是可以在瀏覽器上執行的 Python 互動式執行環境[4]。可以建立一個新的 Python 3 筆記本，輸入並執行範例程式碼片段，邊確認結果邊學習，如**圖 4**。

# 意見和問題

雖然我們已盡力驗證並確認本書內容，但可能還是會有錯誤和不準確之處，令人誤解、混淆的表達方式，或是單純的誤植等。如果能告知我們以在日後的版本改善，我們將感激不盡。

本書網址如下：

http://books.gotop.com.tw/v_A675

4 Colab 是將 Jupyter Notebook 架設在 Colab 的伺服器上，背後是相同的。有關 Jupyter 專案的詳細訊息，請參見 https://jupyter.org。

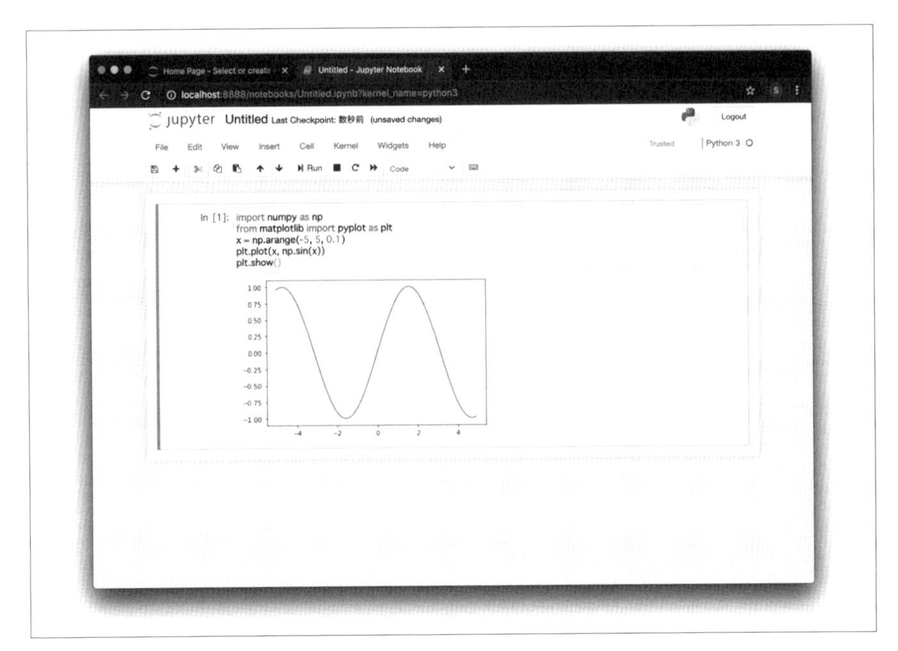


圖 4　Jupyter Notebook 中的視覺化範例

# 本書編排體例

本書遵循以下的表記規則。

**粗體字（Bold）**

表示新的術語、重點或關鍵詞。

定寬字（`Constant Width`）

程式碼、指令、陣列、元素、語句、選項、開關、變數、屬性、鍵、函式、型別、類別、命名空間、方法、模組、參數、值、物件、事件、事件處理方法、XML 標籤、HTML 標籤、巨集、檔案內容以及指令輸出結果。也用於在本文中引用片段（變數、函式、關鍵字等）。

表示提示、建議、對趣事的補充。

表示注意或警告，例如函式庫的 bug 或經常發生的問題。

## 關於使用範例程式碼

本書的目的是對讀者的工作有所幫助。一般來說，本書中的程式碼可用於讀者的程式和文件中，除非您要大規模轉載程式碼，否則無需徵求我們的許可。例如您寫了一個程式，用到了本書一部分程式碼，這種情形不需要徵求許可，但如果您想將 O'Reilly Japan 出版的書籍中的範例程式碼以 CD-ROM 的形式銷售分發，那就必須獲得許可。在回答問題時，引用本書內容或程式碼，不需要許可，但如果要在產品手冊中轉載本書中的大量程式碼，那就需要許可。

可以不用註明引用來源，但有的話我們將不勝感激。請記載標題、作者、出版商、ISBN 等，例如：「ウェブ最適化ではじめる機械学習 by 飯塚修平 (Shuhei Iitsuka) (O'Reilly Japan ). Copyright 2020 飯塚修平 (Shuhei Iitsuka), 978-4-87311-916-8」。

如果您認為範例程式碼的使用超出了合理使用的範圍，或者您認為其超出了上面所允許的範圍，請以 japan@oreilly.co.jp 聯絡我們。

# 目錄

第 1 章

# 從 A/B 測試開始：使用貝氏統計入門假說檢定

## 1.1 A/B 測試的影響

像 A/B 測試這種簡單的實驗，真的可以對使用者行為產生很大的影響嗎？網站設計的細微變化真的會影響我們的行為嗎？為了進一步理解，先來介紹一個 A/B 測試的應用實例。

2008 年 11 月的美國總統選舉中，民主黨候選人巴拉克 · 歐巴馬（Barack Obama）大獲全勝，擊敗了共和黨候選人約翰·麥肯（John McCain）。Internet 在這場選舉中發揮了重要作用，各方陣營在進行宣傳時都熱衷於使用 Twitter 和 Facebook 等社交媒體。

歐巴馬陣營也使用網路進行選舉活動，官方網站有一個功能是讓支持者登記接收最新消息。登記了電子郵件地址就能接收志工招募和募款等訊息。對歐巴馬陣營來說，重點是要提高支持者的註冊率，確保能與更多人溝通。

因此歐巴馬陣營開始了一項提高支持者註冊率的實驗。想法是將歐巴馬在首頁上發布的圖片和註冊按鈕的文字做各種組合，從中找出註冊率最高的。他們準備了 6 種圖片（也包括影片）和 4 種註冊按鈕，如**圖 1-1**（本書開頭的**圖 1**）所示，總共有 $6 \times 4 = 24$ 種變化。然後隨機將網站訪客分配到不同的組合，計算各自的註冊率。那麼到底哪個組合的註冊率最高呢？

圖 1-1 歐巴馬在 2008 年美國總統大選期間進行實驗的圖片和按鈕變化實例。圖片引用自 [Dan10]

答案是歐巴馬與家人的合照以及註冊按鈕標有「LEARN MORE」的組合。據報導，採用這種組合成功讓註冊率從 8.26% 提高到 11.6%。假設支持者擔任志工的比例以及每位支持者的捐款額在實驗前後是固定的，那麼相當於增加了約 290,000 名志工及 6000 萬美元的捐款。這個例子充分說明了網站設計的細微變更能產生的巨大影響。

順帶一提，工作人員最希望放的似乎是歐巴馬演講的影片，但實驗結果顯示此做法反而導致註冊率變差。由此可以看出，無論網站製作者多專業，都很難確定什麼措施才真正能吸引使用者。這也代表，與使用者實際合作檢驗假說的做法是很重要的。若想知道更多關於此實驗的資訊，請參見 Dan Siroker 的部落格文章 [Dan10]，他負責此項宣傳的分析。

## 1.2 Alice 和 Bob 的報告

如前所述，A/B 測試是一項強大的技術，雖然簡單且容易實作，但也能對業務產生巨大影響。不過，要正確地實行並非那麼容易。我們以下面的虛構問題為例，了解如何使用 A/B 測試，用數學做出決策。

> 在某個網站的營運公司 X 工作的網路行銷人員 Alice 和 Bob 帶來了以下的 A/B 測試報告。為了提高兩人各自負責的產品介紹頁面上「索取資訊」按鈕的點擊率，他們各自準備了 A 和 B 兩個提案並顯示給使用者，下面是實驗數據。不過 Alice 和 Bob 負責不同的頁面，各自的 A 案和 B 案也都不同。

| lice 的報告 | A 案 | B 案 |
|---|---|---|
| 顯示次數 | 40 | 50 |
| 點擊次數 | 2 | 4 |
| 點擊率 | 5% | 8% |

| ob 的報告 | A 案 | B 案 |
|---|---|---|
| 顯示次數 | 1280 | 1600 |
| 點擊次數 | 64 | 128 |
| 點擊率 | 5% | 8% |

> 兩份報告都是 B 案的點擊率比 A 案高，對於他們各自的報告，是否能基於其結果，得出結論說 B 案的點擊率均高於 A 案（因此應採用 B 案）？

若只看點擊率，Alice 的報告和 Bob 的報告具有相同的值（都是 5% 和 8%），但它們的顯示次數和點擊次數是不同的。可以看到，Bob 的報告有更多的使用者反應筆數。像這樣透過實驗觀測到的資料稱為**樣本（sample）**，樣本中包含的資料筆數稱為**樣本大小（sample size）**，這裡的顯示次數就相當於樣本大小。

Bob 的報告中，因為顯示次數比較多，看起來似乎更可靠，但僅憑這點還不能確認 Bob 的報告結果是否可靠，也許 Alice 的報告顯示次數也足以提供可靠的結果，若果真如此，那麼 Alice 這邊就能用較少使用者來檢驗假說，反而會是更優秀的。我們該如何確定這些報告足以讓我們決定採用 B 案（或不採用）？這時就該統計學大展身手了。

### 1.2.1 整理資料產生的過程

首先要了解報告背後發生了什麼。Alice 和 Bob 對他們負責的網頁各自有 2 個設計方案，而他們想主張不同方案會導致不同點擊率。而不同方案有不同點擊率，就代表每個方案會有一個固有的點擊率，也就是每個方案有各自的潛力。可能的確 B 案的點擊量比較高，也可能兩案的點擊量其實一樣，只是這份報告得到的結果正好是 B 案比較高。我們試圖從資料來推論其真實性。

這裡我們把某個設計方案的固有點擊率表示為 $\theta$。$\theta$ 是點擊率，也就是機率，所以是 0 到 1 之間的值。亦即 $0 \leqq \theta \leqq 1$。

將這個設計方案顯示給使用者看以後，使用者會有所反應，可能會點擊目標按鈕，也可能不會。這裡將是否有點擊設為 $r$，如果有點擊就是 1，沒有就是 0。有點擊會讓人開心，所以取 reward（報酬）的第一個字母 $r$。

如果 $\theta$ 較大，那麼就有較高機率 $r = 1$，反之較小就是有較高機率會是 $r = 0$。極端一點，若 $\theta = 1$，那麼不管顯示幾次，使用者都會按，也就是 $r = 1$。相反地，$\theta = 0$ 時，不管顯示幾次都會是 $r = 0$。像 $r$ 這樣能以隨機方式取各種值的變數，稱為**隨機變數（random variable）**。

而將某個設計案顯示給使用者，也就是進行某種嘗試並觀察隨機變數的值，就是所謂的**試驗（trial）**。有試驗就會伴隨著結果，這裡所謂的結果就是是否發生點擊。亦即觀測 $r$ 具體的值是 0 或是 1。

這就像是去賭場玩吃角子老虎機一樣，如果拉下吃角子老虎機的拉桿，就會得到掉出硬幣（或沒有硬幣掉出）的結果。可能會有慷慨大放送的吃角子老虎機，也可能會有不怎麼掉硬幣的吝嗇吃角子老虎機。假設將吃角子老虎機有多慷慨（掉硬幣的機率）視為點擊率 $\theta$，將硬幣視為點擊 $r$，就能看出這個問題的構造與 A/B 測試是一樣的。

根據以上討論，從某個方案中產生點擊的過程如**圖 1-2** 所示。

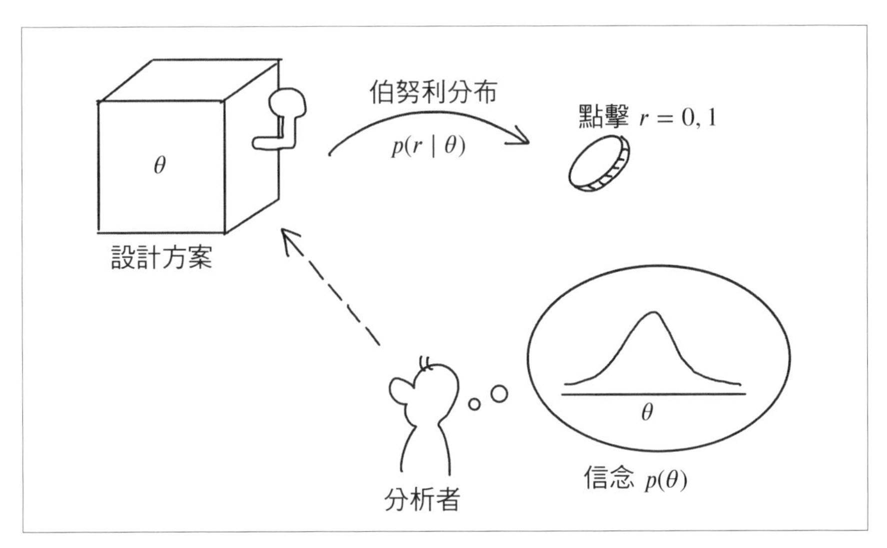


圖 1-2 點擊資料的產生過程

在這裡用吃角子老虎機作比喻，把設計方案以吃角子老虎機的形式表示。該設計方案有個固有點擊率 $\theta$，每次顯示給使用者時，就會產生 $r$，表示是否有點擊。這裡以硬幣的形式來表示點擊，與前面的比喻相對應。像這樣將結果用 0 或 1 這兩種數值表示，且無論重複多少次、成功機率 $\theta$ 都不會改變的試驗，稱為**伯努利試驗（Bernoulli trial）**。而在下面看著這一切的，就是身為**分析者**的我們。

請注意這裡其實有個很重大的思維轉變。實際上是由使用者做出點擊的，但是我們將其視為**是設計方案產生了點擊**。某些使用者可能會到處點擊，也有些可能很謹慎很少點擊。回家慢慢瀏覽的使用者與在工作中急於收集資訊的使用者，行為傾向會有很大的不同。這些資訊有出現在圖中嗎？

一言以蔽之，我們這裡先暫時**無視**該資訊。我們想從這些資料中知道的是設計方案各自的固有點擊率。當然每位使用者都有不同的行為傾向，進行點擊的明明是使用者卻沒出現在圖中，的確有些奇怪。但這裡我們先只關心感興趣的部分以簡化討論。

的確每個使用者都有不同的行為傾向，這是各種複雜因素的組合，譬如時段、地點等，但我們將使用者隨機分配到不同的方案，是想將這些因素當作與想知道的效果無關。這在設計實驗時是非常重要的想法。另外關於透過比較以推論某些效果的其他原則，可參見本章末尾的專欄。

我們忽略了使用者特徵，但難道進行 A/B 測試時就無法考慮使用者特徵嗎？根據使用者特徵並提出最佳措施的架構，就跟所謂的**推薦**（recommendation）和**個性化**（personalization）有關。**第 6 章**末尾的專欄中，將討論考慮到這些使用者特徵的實驗。

觀察**圖 1-2** 下方，分析人員正在看著設計方案。設計方案的固有點擊率 $\theta$ 隱藏其中，分析者無法直接得知。分析者所知道的只有進行試驗的次數以及所得到的點擊次數，分析者需要根據實際觀察到的資料推測 $\theta$。

如果將分析者對於固有點擊率 $\theta$ 的想法量化表示，會像「$\theta = 0$ 的機率約為 0.1，而 $\theta = 0.5$ 的機率約為 0.3 吧」這樣，這就是對話框內的**信念**（belief）$p(\theta)$。這種信念以**機率分布**（probability distribution）的形式表達。

# 1.3 機率分布

機率分布決定了一個隨機變數取某個特定值的機率。目前已經有好幾個機率開頭的詞彙，可能已經把大家搞糊塗了。這裡我們先梳理幾個例子。

## 1.3.1 離散值的機率分布

首先我們考慮一顆骰子，除非骰子有作弊，否則擲出每一面的機率應該都相同。假設擲骰子時出現的面 $X$ 是隨機變數，那麼我們可以繪製隨機變數 $X$ 的機率分布，如**圖 1-3**。

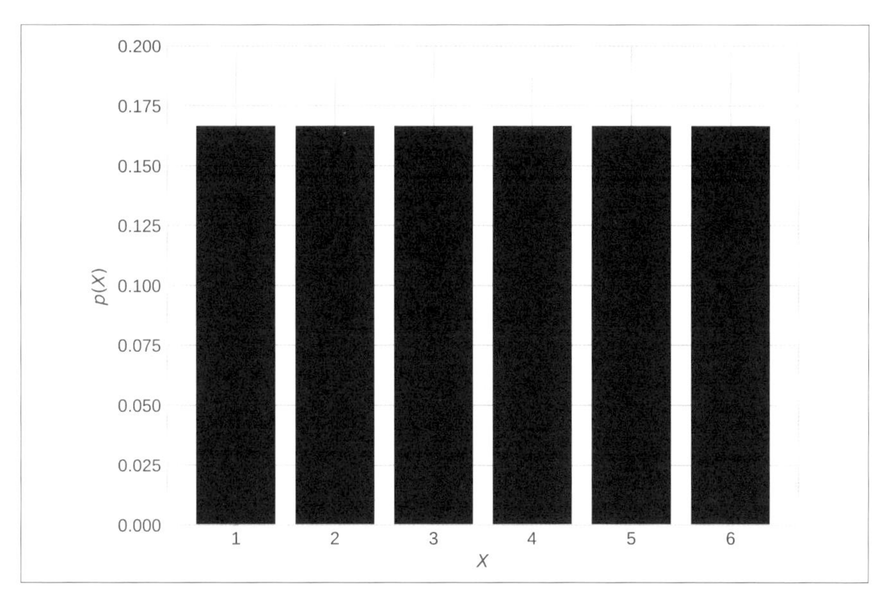


圖 1-3 理想骰子出現各面的機率

對於 1 到 6 每個面來說，出現機率都一樣是 $1/6$。所有值出現機率都相等的這種機率分布，稱為**均勻分布（uniform distribution）**。

再舉一個例子，讓我們思考在某商店街的幸運抽獎中，贏得的獎金 $X$（銘謝惠顧、三等獎、二等獎、一等獎）的機率分布。當然，一等獎比較難抽，所以我們自然會認為這種情況不是均勻分布。例如假設它看起來如圖 1-4。

像骰子和抽獎的例子這種定義為多個選項的機率分布，一般稱為**類別分布（categorical distribution）**。抽獎獎項的類別分布是以各個獎項出現機率來表示的：$p_{\text{銘謝惠顧}} = 0.6, p_{\text{三等獎}} = 0.3, p_{\text{二等獎}} = 0.09, p_{\text{一等獎}} = 0.01$。而代表某個機率分布的變數，稱為**參數（母數，parameter）**。

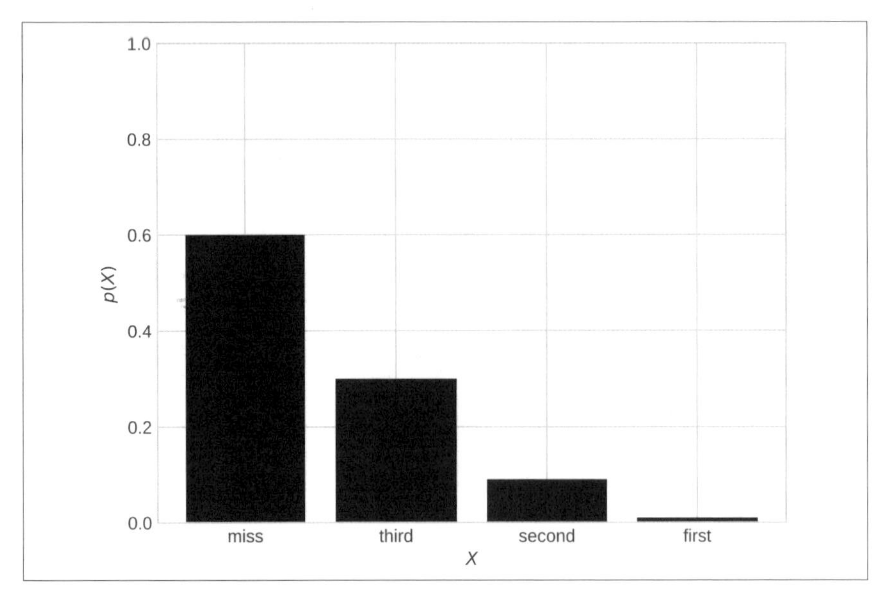


**圖 1-4 抽獎獎項的機率分布**

在進行關於機率分布的溝通時，參數是很有用的工具。例如在抽獎的例子中，即使不說明抽獎細節，只要說是「參數為 $\boldsymbol{p} = (0.6, 0.3, 0.09, 0.01)$ 的類別分布」，就能重現相同的機率分布。但請記得，構成機率分布的參數取決於機率分布的類型。

參數 $\boldsymbol{p}$ 以粗體顯示，表示它是一個**向量**（**vector**）。類別分布的參數以向量表示的原因將在 2.2 節詳述。

機率分布的形狀沒有規則，但必須滿足一些條件。首先考慮隨機變數由有限數量的不連續值（即離散值，例如 1, 2, 3, ...）表示的情況。

離散值的機率分布稱為**離散機率分布**（**discrete probability distribution**）。必須滿足的條件之一，是隨機變數取任何值的機率之和為 1。換句話說，如果隨機變數 $X$ 的可能值是 $X_1, \cdots, X_n$ 的這 $n$ 種類型，那麼就必須滿足

$$p(X = X_1) + \cdots + p(X = X_n) = \sum_{k=1}^{n} p(X = X_k) = 1$$

的條件。此處的 $p(X=X_i)$ 表示隨機變數 $X$ 取某個值 $X_i$ 的機率。

還有一個條件是，任何事件發生的機率都不會是負值。亦即，必須滿足

$$p(X=X_i) \geqq 0 \quad (i=1,\cdots,n)$$

這個條件。反過來說，任何滿足這些規則的函數都可以用在離散機率分布。

## 1.3.2 連續值的機率分布

至此已討論了隨機變數是離散值時的機率分布，接著也來考慮隨機變數為連續值時的機率分布，即**連續機率分布（continuous probability distribution）**，如**圖 1-5** 的均勻分布的連續值版本（連續均勻分布）。連續均勻分布以兩個參數表示，即隨機變數 $x$ 的最小值 $a$ 和最大值 $b$。此例為 $a=0,\ b=1$（實線）和 $a=0,\ b=0.5$（虛線）時的連續均勻分布。

與離散值一樣，連續值的機率分布必須滿足以下條件：隨機變數取任何值的機率之和為 1。但請注意，在連續機率分布中，「機率之和」是用積分 $\int$ 而不是總和 $\sum$。

$$\int_{-\infty}^{+\infty} p(x)dx = 1$$

由於積分是找到特定區域面積的過程，所以換句話說，條件就是：機率分布的函數與水平軸之間所圍面積為 1。例如在**圖 1-5** 中，$a=0,\ b=1$ 的連續均勻分布（實線）下的矩形寬度為 1、高度為 1，所以面積為 1。同樣地，$a=0,\ b=0.5$ 的連續均勻分布（虛線）的矩形寬度為 0.5、高度為 2，所以面積為 1。

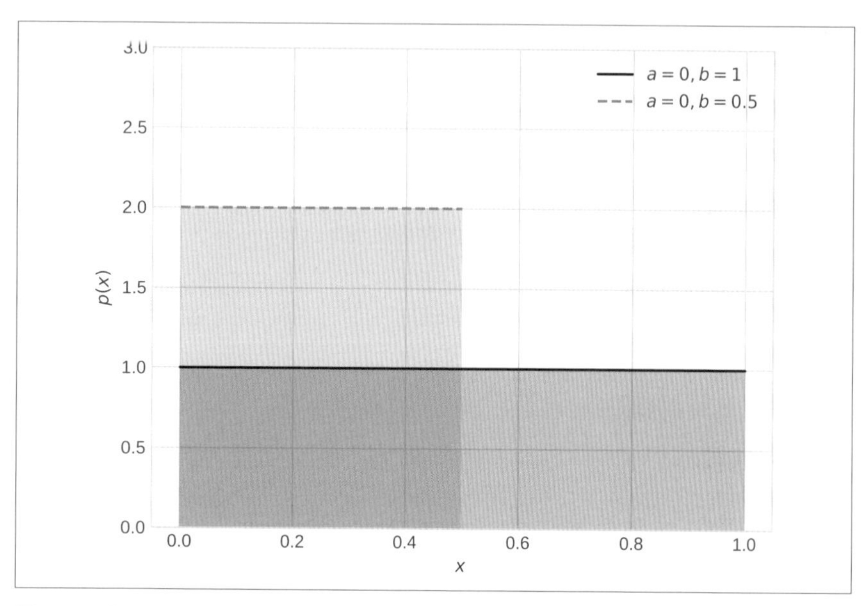


圖 1-5　連續均勻分布的範例

機率分布的另一個條件也一樣，即連續機率分布也必須符合對於任意隨機變數的值 $x$，滿足

$$p(x) \geqq 0$$

的條件。

在了解連續機率分布時，須特別注意無法從給定的機率分布直接得到隨機變數取某值的機率。在剛剛的離散機率分布的例子中，機率分布對應到每種事件發生的機率，譬如骰子出現 2 的機率，可以從**圖 1-3** 的 $X=2$ 對應的長條高度看出，所以知道是 1/6。但在連續機率分布不能這樣解讀，而是要用來找出隨機變數落在一定範圍內的機率。例如在 $a=0,\ b=0.5$ 的均勻分布中，隨機變數 $x$ 落在 0.2 和 0.3 之間的機率為寬度 0.1、高度 2 的矩形面積，即 0.2。

在離散機率分布中，對應垂直軸的值解讀為機率沒有問題，但在連續機率分布中，垂直軸對應的值是機率**密度**，只有考慮所關心的隨機變數所取的值範圍，才能得到機率。在 $a = 0,\ b = 0.5$ 的均勻分布中，函數值可以超過 1，正是因為它表示的是密度而非機率。即使使用相同的機率分布，也會根據隨機變數是離散值還是連續值而有所不同，因此我們將代表離散機率分布的函數稱為**機率質量函數**（probability mass function, PMF），而表示連續機率分布的函數稱為**機率密度函數**（probability density function, PDF），作為區別。

## 1.3.3 以離散化得到機率密度函數的近似

在電腦上處理連續密度函數時，將其離散化（discretize）進行近似處理的方式可能會更容易。換句話說就是將連續值的隨機變數以一定間隔離散化，將其作為機率質量函數處理。

例如考慮這個函數，

$$f(x) = \begin{cases} x+1 & (-1 \leqq x \leqq 0) \\ -x+1 & (0 \leqq x \leqq 1) \end{cases}$$

該函數定義在 $-1 \leqq x \leqq 1$ 的範圍內。這個函數與橫軸之間形成的區域是底為 2、高為 1 的三角形，可知面積為 1（即滿足機率密度函數的條件）。

首先，將此範圍劃分為多個區域，然後計算每塊區域的中心對應的機率密度函數的值。如果畫一個矩形，以劃分的區域為寬，機率密度函數的值為高，就能以大量的細長矩形來近似原始函數 $f(x)$，如圖 1-6。

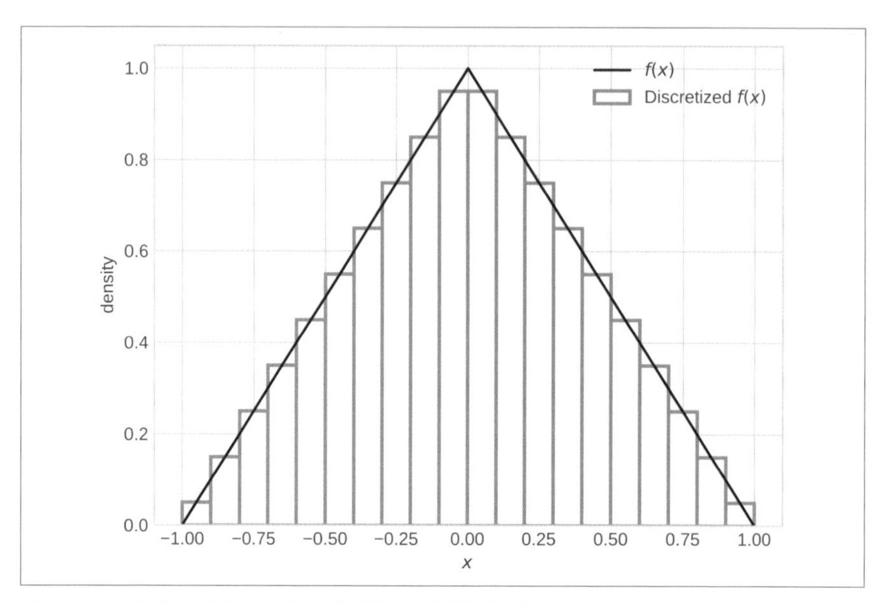


**圖 1-6　機率密度函數 $f(x)$ 和以離散化近似的函數**

該圖中將 $-1 \leqq x \leqq 1$ 的範圍分為 20 個寬度 0.1 的區域，可得知每個區域分別是

- 區域 1：$-1 \leqq x \leqq -0.9$（中心：$x = -0.95$）
- 區域 2：$-0.9 \leqq x \leqq -0.8$（中心：$x = -0.85$）
- ……
- 區域 20：$0.9 \leqq x \leqq 1$（中心：$x = 0.95$）

以每個區域的中心計算 $f(x)$ 的值，並將其當作對應區域的矩形高度。分割的寬度越窄，近似的結果就越好。但請注意這畢竟只是近似，因此矩形面積之和不見得會是 1，這表示可能會無法滿足機率密度函數的條件。

接著為了將此函數轉換為機率質量函數，將各區域中心設為新的離散隨機變數，並將各矩形面積作為與之對應的機率質量。可以想像成是將各區域的機率質量**濃縮**到各區域中心去。

此外如前所述，這些細長矩形的面積總和不一定是 1，所以我們將各機率質量都除以「各隨機變數值所對應機率質量之總和」，將機率質量總和調整為 1（為了滿足機率質量函數的條件）。像這樣將函數之和拿來進行除法以滿足機率分布條件的做法，稱為**正規化（normalization）**，這個方法在之後的章節會不時看到。

經過上面的步驟，以機率質量函數近似機率密度函數 $f(x)$ 的結果如**圖 1-7**。從圖中可以看出結果是一個機率質量函數，該函數保留了與原始函數 $f(x)$ 近似的形狀。看垂直軸可以發現有的值比**圖 1-6** 中的小，這是因為**圖 1-6** 處理的是機率**密度**，而**圖 1-7** 處理的是機率**質量**。

原本的機率密度函數 $f(x)$ 定義了 $-1 \leqq x \leqq 1$ 範圍內的所有值，而近似後的機率質量函數則只定義了各區域中央所對應的 20 個值，請注意這點。例如問這個機率質量函數「 $x = 0.72$ 的機率是多少」是不會有答案的，因為 $x = 0.72$ 不在那 20 個值（-0.95, -0.85, ⋯⋯, 0.95）中。乍看很不方便，但如果將分隔寬度設得夠細，實際上就能覆蓋分析時所需的值。另外，將其視為機率質量函數還有一個優點，就是能避免積分計算。

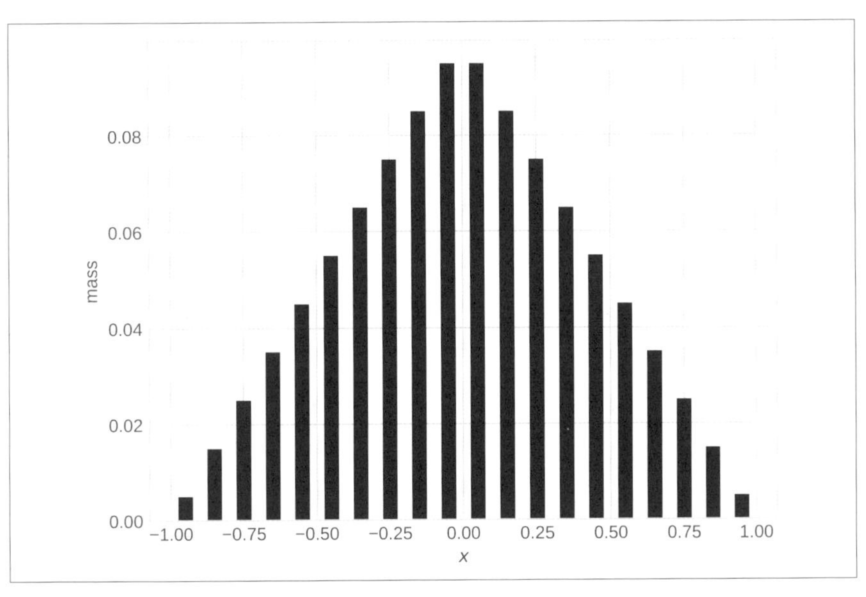


**圖 1-7** 以機率質量函數近似 $f(x)$ 的結果

### 1.3.4　加法法則和乘法法則

目前為止已經考慮了單個隨機變數的機率分布，但其實也可以考慮多個隨機變數的機率分布。先考慮離散值隨機變數 $X$ 和 $Y$，各自分別取值 $X_1, \cdots, X_n$、$Y_1, \cdots, Y_m$。接著考慮這兩個隨機變數同時取特定值 $X = X_i,\ Y = Y_j$ 的機率，並將該機率記為 $p(X = X_i, Y = Y_j)$。像這樣兩個事件 $X = X_i$ 和 $Y = Y_j$ 同時發生的機率 $p(X = X_i, Y = Y_j)$，稱為**聯合機率（joint probability）**，其分布 $p(X, Y)$ 則是**聯合分布（joint distribution）**。

接著考慮將聯合機率中所有隨機變數 $X$ 可能值的機率加總起來。也就是求

$$p(X = X_1, Y = Y_j) + \cdots + p(X = X_n, Y = Y_j) = \sum_{i=1}^{n} p(X = X_i, Y = Y_j)$$

的值。此時由於已涵蓋隨機變數 $X$ 的所有事件，因此可以認定該值與隨機變數 $X$ 無關，相當於只取隨機變數 $Y$ 為 $Y_j$ 時的機率，亦即跟 $p(Y = Y_j)$ 一樣。因此以下等式成立。

$$p(Y) = \sum_{X} p(X, Y) \tag{1.1}$$

這個關係式就是機率的**加法法則**，是機率計算的基本法則之一。需要注意的是，由於無論隨機變數具體能取的值為何，此式都會成立，所以可以省略隨機變數的實際值（如 $X_i$ 和 $Y_j$），寫成對機率分布（如 $p(X)$ 和 $p(X, Y)$）成立的關係式。由於與機率有關的公式都與隨機變數的具體值無關，因此之後都會像這樣省略。

接下來，考慮將該聯合分布 $p(X, Y)$ 除以其中一個隨機變數 $Y$ 的機率分布 $p(Y)$，並將結果記為 $p(X \mid Y)$。

$$p(X \mid Y) = \frac{p(X, Y)}{p(Y)} \tag{1.2}$$

$p(X \mid Y)$ 稱為**條件分布（conditional distribution）**，是指給定隨機變數 $Y$ 的值時，隨機變數 $X$ 的機率分布。此條件分布的定義式稱為機率的**乘法法則**，也是基本法則之一。

為了進一步理解這些法則，下面考慮一個簡單的遊戲。

> 假設你正在參加一個遊戲，用到了撲克牌和骰子。在此遊戲中，首先從撲克牌牌堆上方抽一張牌。牌堆中沒有放鬼牌，因此可以假設總共有 4 種花色（紅心、黑桃、方塊、梅花）的 1 至 13，總共 52 張。如果抽到人頭牌，即 11(J)、12(Q)、13(K)，則擲骰子時擲出 2 以上的話就獲勝。但如果不是人頭牌，那麼骰子就要擲出 5 以上才算獲勝。贏的話可以得到 1 萬元，輸的話損失 1 萬元。那麼參加這個遊戲會賺錢嗎？

思考此類問題時，可以以樹狀圖表示玩家狀態的轉變，有助於理解遊戲的結構，如**圖 1-8**。四方形表示使用者狀態，箭頭代表這些狀態之間的轉換，數字代表發生該轉換的發生機率。

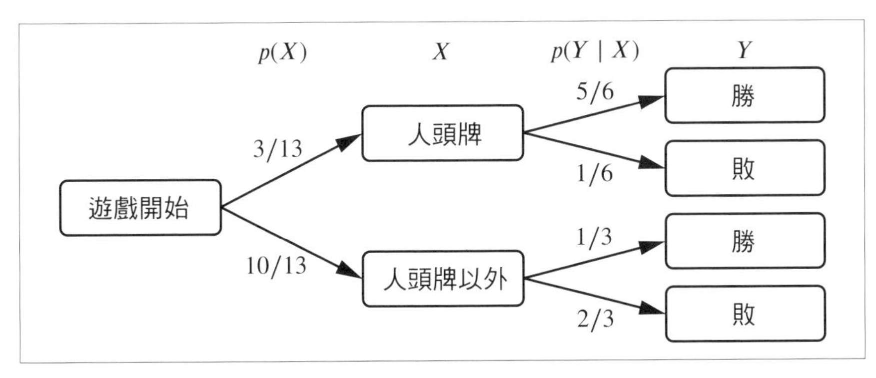


**圖 1-8 「撲克牌與骰子」遊戲構造的樹狀圖**

當玩家開始遊戲並抽牌時，有 3/13 的機率會抽到人頭牌，10/13 的機率抽到非人頭牌。接著是擲骰子：如果是人頭牌，則有 5/6 的機會轉換為獲勝狀態，如果不是人頭牌，則有 1/3 的機會轉換為獲勝狀態。此處若用隨機變數 $X$ 表示玩家是否有人頭牌，隨機變數 $Y$ 表示玩家是否獲勝，則從遊戲開始狀態向外的箭頭所代表的機率為 $p(X)$，從是否為人頭牌的狀態向外的箭頭所代表的條件機率則為 $p(Y \mid X)$。

那麼最終變成獲勝狀態的轉換路徑有幾條呢？有 2 條可能路徑：遊戲開始→人頭牌→勝（路徑 1）；遊戲開始→人頭牌以外→勝（路徑 2）。要得到路徑 1 上轉換為獲勝狀態的機率，可以將該路徑中的機率相乘，也就是 $3/13 \times 5/6 = 5/26$。而路徑 2 上轉換為獲勝狀態的可能性計算方式也一樣，為 $10/13 \times 1/3 = 10/39$。由此可知玩家獲勝的機率為 $5/26 + 10/39 = 35/78$，這個值小於 0.5，所以對玩家來說比較不利。

好的，在剛剛的討論中，其實我們已經用到了加法法則和乘法法則。例如路徑 1 的最終結果是選擇一張人頭牌並獲勝的狀態，轉換為此狀態的機率可以表示為 $p(X = \text{人頭牌}, Y = \text{勝})$。為了計算該機率，我們可以將 $p(X = \text{人頭牌})$ 與 $p(Y = \text{勝} \mid X = \text{人頭牌})$ 相乘。也就是說，是在計算

$$p(X = \text{人頭牌}, Y = \text{勝}) = p(X = \text{人頭牌})p(Y = \text{勝} \mid X = \text{人頭牌})$$

這就是在式 (1.2) 中出現的乘法法則。路徑 2 也一樣，使用乘法法則計算聯合機率 $p(X = \text{人頭牌以外}, Y = \text{勝})$。

然後，最終的玩家獲勝機率 $p(Y = \text{勝})$，就是將這 2 條路徑的機率加總。或者說，我們計算的就是

$$p(Y = \text{勝}) = p(X = \text{人頭牌}, Y = \text{勝}) + p(X = \text{人頭牌以外}, Y = \text{勝})$$

也就是式 (1.1) 出現的加法法則。從以上的例子我們可以了解，加法法則與乘法法則在機率中是自然會成立的定理。

除了**圖 1-8** 之外，為每個事件的聯合機率 $p(X, Y)$ 製作一個類似**表 1-1** 的表格也很有幫助。

**表 1-1　每個事件的聯合機率**

| $p(X,Y)$ | $Y = \text{勝}$ | $Y = \text{敗}$ | $p(X)$ |
|---|---|---|---|
| $X = \text{人頭牌}$ | 5/26 | 1/26 | 3/13 |
| $X = \text{人頭牌以外}$ | 10/39 | 20/39 | 10/13 |
| $p(Y)$ | 35/78 | 43/78 | 1 |

表中每格都記載了走過各條路徑的聯合機率 $p(X, Y)$，此外在周圍還有各列、各行的小計，相當於應用機率的加法法則，因此橫列小計就是 $p(X)$，直行小計則是 $p(Y)$。如此以加法法則消除隨機變數之一的操作，

相當於計算表格**邊緣**的小計，稱為**邊際化**（**marginalization**）。以這種方式得到的機率分布 $p(X), p(Y)$ 稱為**邊際分布**（**marginal distribution**）。

最後，目前為止我們考慮的是離散值的隨機變數 $X, Y$，但是對於連續值隨機變數 $x, y$，加法法則和乘法法則也成立，可表示如下。

加法法則

$$p(y) = \int_{-\infty}^{\infty} p(x, y) dx$$

乘法法則

$$p(x \mid y) = \frac{p(x, y)}{p(y)}$$

### 1.3.5 貝氏定理

即使交換隨機變數，乘法法則也會成立，因此下式會成立。

$$p(x, y) = p(x \mid y)p(y) = p(y \mid x)p(x)$$

將整個方程式除以 $p(y)$，從第二個等號可以得到下式。

$$p(x \mid y) = \frac{p(y \mid x)p(x)}{p(y)}$$

此關係式稱為**貝氏定理**（**Bayes' theorem**）。使用貝氏定理從觀察到的資料推論出某個機率分布的未知參數，特別稱為**貝氏推論**（**Bayesian inference**）。

為了更容易理解貝氏推論的概念，我們不用抽象的 $x, y$，改用代表實際觀測資料（data）的機率變數 $D$，以及代表未知參數的隨機變數 $\theta$，將貝氏定理改寫如下。

$$p(\theta \mid D) = \frac{p(D \mid \theta)p(\theta)}{p(D)} \tag{1.3}$$

需要注意的是，無論各隨機變數是未觀測或已觀測的，貝氏定理都會成立，而這裡是以已觀測的隨機變數 $D$ 和未知的觀測變數 $\theta$ 來套用並賦予意義，運用的是貝氏推論。

我們試圖在此貝氏推論的式子中找出 $p(\theta \mid D)$ 的條件分布。也就是給定資料 $D$ 時，參數 $\theta$ 的機率分布。因為是給定資料 $D$ **後**的機率分布，因此稱為**事後分布（posterior distribution 亦稱後驗分布）**。

根據貝氏定理，可以將條件機率 $p(D \mid \theta)$ 乘以機率分布 $p(\theta)$，再除以機率分布 $p(D)$，就能得到該事後分布。$p(\theta)$ 則稱為**事前分布（prior distribution 亦稱先驗分布）**，代表在觀測資料**前**的參數 $\theta$ 的機率分布。$p(D \mid \theta)$ 稱為**似然（likelihood）函數**，代表對於參數 $\theta$ 來說，會觀測到 $D$ 的可能性。

最後，$p(D)$ 稱為**證據（evidence）**或**正規化常數（normalizing constant）**，作用是正規化事後分布使其滿足機率分布的條件。該值也可以透過將 $p(D \mid \theta)p(\theta)$ 對 $\theta$ 邊際化得到，因此也稱為**邊際似然（marginal likelihood）**。

現在開始當我們使用貝氏定理推論參數 $\theta$ 時，會將 $D$ 視為給定的資料。因此當我們只對隨機變數 $\theta$ 的機率分布感興趣時，構成貝氏定理的元素中唯一不含 $\theta$ 的 $p(D)$ 會被視為常數，因此可以將式子簡化為比例關係 $\propto$，如下式。

$$p(\theta \mid D) \propto p(D \mid \theta)p(\theta) \tag{1.4}$$

利用貝氏定理和觀測資料 $D$，貝氏推論的架構可得到感興趣的參數 $\theta$ 以及有用的事後分布 $p(\theta \mid D)$。另外當我們依次給予多筆資料時，會從前面的資料得到事後分布，將此事後分布作為新的事前分布，並再次應用貝氏定理，就能得到考慮了多筆資料的 $\theta$ 事後分布。以這種方式重複使用貝氏定理的過程，特別稱為**貝氏更新**。

# 1.4 使用貝氏定理來推論點擊率

現在回到 Alice 和 Bob 的報告，如**圖 1-2**，設計方案產生點擊的機率，即設計方案的固有點擊率 $\theta$ ，對於分析者來說是未知的，但它具有稱為信念的機率分布 $p(\theta)$。這就是分析者所設想的參數 $\theta$ 的機率分布，可對應到貝氏推論架構中的事前分布或事後分布。根據觀測資料和貝氏定理，可以更新分析者所設想的信念，以獲得更有用的信念。

分析者需要決定一開始要設定何種事前分布，如果事先有任何線索，也可以反映在信念中。這裡先假設事先沒有任何線索，採用均勻分布作為事前分布，亦即所有值的機率均等。$\theta$ 是代表點擊率的隨機變數，取值範圍是 0 以上、1 以下，因此該均勻分布的參數為 $a = 0, b = 1$。所以在 $0 \leqq \theta \leqq 1$ 區間內的機率密度始終為 $p(\theta) = 1$。

接下來看**圖 1-2** 中設計方案旁邊的箭頭，下面寫著 $p(r \mid \theta)$。這表明點擊 $r$ 是根據某個條件分布 $p(r \mid \theta)$ 產生的。如 1.2.1 節所述，點擊次數 $r$ 是由成功機率（點擊率）為 $\theta$ 的伯努利試驗產生的。如果點擊率為 $\theta$，則顯示設計方案時獲得點擊的機率為 $\theta$，反之，未獲得點擊的機率為 $1 - \theta$。因此，該條件機率可以表示為

$$
\begin{aligned}
p(r = 1 \mid \theta) &= \theta \\
p(r = 0 \mid \theta) &= 1 - \theta
\end{aligned}
\tag{1.5}
$$

可以使用指數改寫成

$$
p(r \mid \theta) = \theta^{r}(1 - \theta)^{(1-r)} = \mathrm{Bernoulli}(\theta) \tag{1.6}
$$

這種離散機率分布稱為**伯努利分布（Bernoulli distribution）**，是遵循伯努利試驗的隨機變數的機率分布。表示伯努利分布的唯一參數，是成功機率 $0 \leqq \theta \leqq 1$。在此將具有參數 $\theta$ 的伯努利分布寫成 $\mathrm{Bernoulli}(\theta)$。我們改變參數 $\theta$ 以得到各種不同的伯努利分布，如**圖 1-9**，幫助讀者掌握伯努利分布的概念。

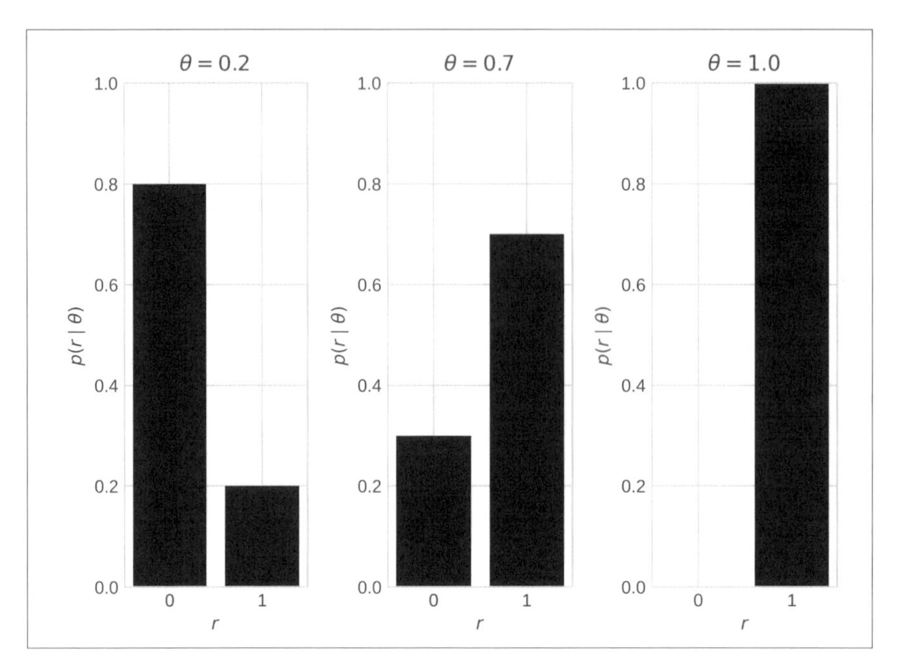


圖 1-9　各種伯努利分布的範例

回到貝氏推論的架構，該條件分布 $p(r \mid \theta)$ 可以看成似然函數。換句話說，我們關注的焦點從「給定參數 $\theta$ 時考慮出現點擊 $r$ 的條件機率」轉變為「觀察到點擊 $r$ 時，考慮最能合理解釋的參數 $\theta$ 」。注意此時條件分布 $p(r \mid \theta)$ 是隨機變數 $r$ 的函數，而似然函數是參數 $\theta$ 的函數，而且似然函數通常不會滿足機率分布的條件。

將一個函數從 $r$ 的函數轉為另一個變數 $\theta$ 的函數，是什麼意思呢？讓我們用視覺化的方式從另一個角度思考這個問題。**圖 1-10**（本書開頭的**圖 2**）在 $r$ 和 $\theta$ 構成的空間中，繪製了伯努利分布的機率質量函數 $\theta^r(1-\theta)^{(1-r)}$。將此函數視為 $r$ 的函數，相當於固定另一個變數 $\theta$ 並考慮其**截面**。在該圖中，當我們固定 $\theta = 0.7$ 時，可以看到右上角的刀（條件機率）切出的截面。該截面形狀與**圖 1-9** 中間的 $\theta = 0.7$ 時的伯努利分布是一樣的。這是給定 $\theta$ 時的條件分布 $p(r \mid \theta)$，也就是隨機變數 $r$ 的機率分布。而根據 $p(r=0 \mid \theta=0.7) + p(r=1 \mid \theta=0.7) = 0.3 + 0.7 = 1$，也可以確認滿足了機率分布的條件。

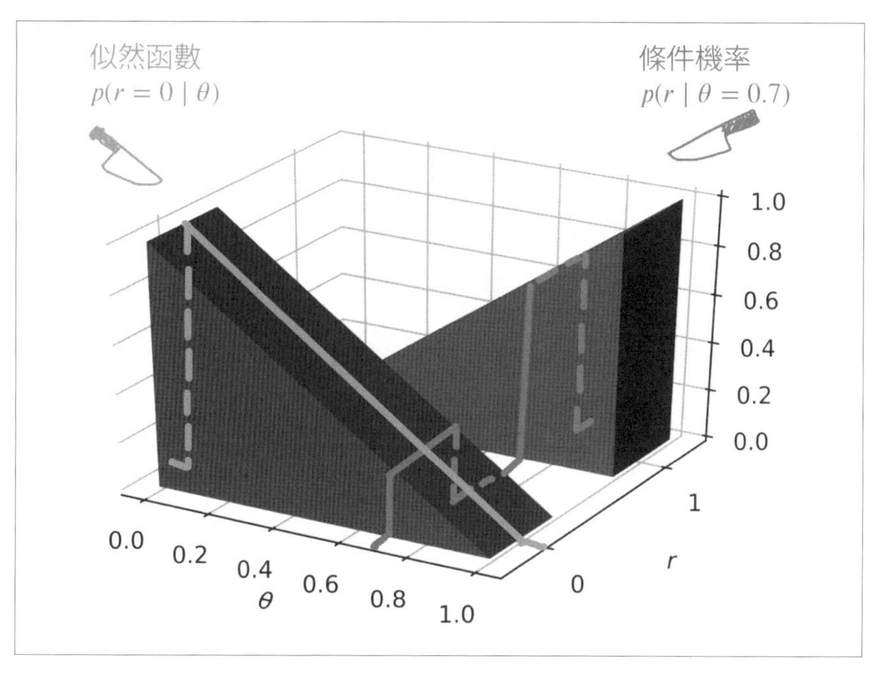


圖 1-10　伯努利分布的 3D 表示

而將該函數視為 $\theta$ 的函數時，相當於考慮另一個變數 $r$ 固定時的截面。在**圖 1-10** 中，當我們固定 $r = 0$ 時，可以看到左上角的刀（似然函數）切出的截面。當我們得到 $r = 0$ 的資料時，這個三角形截面就相當於似然函數 $L(\theta) = p(r = 0 \mid \theta)$。其值隨著 $\theta$ 增加而減小，意味著較小的 $\theta$ 更有可能產生 $r = 0$ 的結果，亦即較小的 $\theta$ 更有解釋資料的可能。另外該截面是寬度為 1、高度為 1 的三角形，面積為 1/2，因此可以確定似然函數並不是機率分布。換句話說，似然函數是將產生資料 $r$ 的機率分布 $p(r \mid \theta)$ 視為 $\theta$ 的函數。

根據以上討論，終於可以確定事前分布 $p(\theta)$ 和似然函數 $p(r \mid \theta)$ 了，接著是用貝氏定理找到事後分布。將事前分布 $p(\theta) = 1$ 和式 (1.6) 中所示的似然函數代入式 (1.4) 的貝氏定理，可以得出下式。注意點擊 $r$ 對應此處的資料 $D$，因此 $D$ 以 $r$ 取代。

$$\begin{aligned} p(\theta \mid r) &\propto p(r \mid \theta)p(\theta) \\ &\propto \theta^r (1-\theta)^{(1-r)} \end{aligned}$$

這次我們將事前分布設為均勻分布，因此最後似然函數還是原來的樣子。將此函數畫成**圖 1-11**，可以確認與**圖 1-10** 中的 $r=0$ 和 $r=1$ 的截面一致。

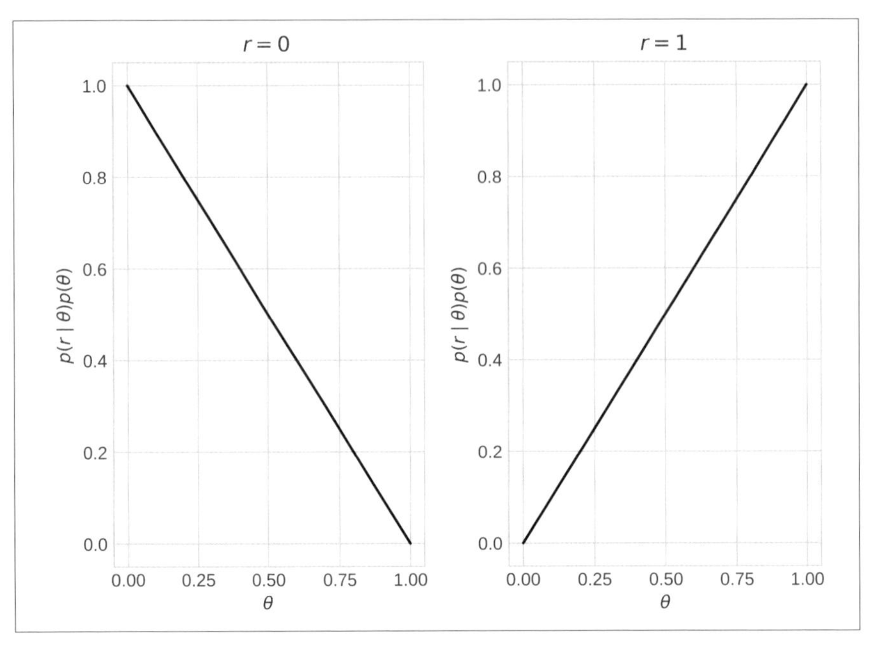


**圖 1-11 事前分布和似然函數的乘積**

該函數和橫軸形成寬 1、高 1 的三角形區域，面積為 1/2，因此該函數不滿足機率分布的條件。為了獲得事後分布，必須先將該函數除以該面積將其標準化，以滿足機率分布的條件。透過以下過程可以確認，求得似然函數和事前分布所形成的區域面積，就相當於求出正規化常數 $p(r)$。

$$
\begin{aligned}
p(r) &= \int_{-\infty}^{\infty} p(r \mid \theta)p(\theta)d\theta \\
&= \int_{0}^{1} \theta^{r}(1-\theta)^{(1-r)}d\theta \\
&= \begin{cases} \int_0^1 (1-\theta)d\theta & (r=0) \\ \int_0^1 \theta d\theta & (r=1) \end{cases} \\
&= \frac{1}{2}
\end{aligned}
$$

因此，根據式 (1.3) 中的貝氏定理，可以得到事後分布，如下式所示。

$$
\begin{aligned}
p(\theta \mid r) &= \frac{p(r \mid \theta)p(\theta)}{p(r)} \\
&= 2\theta^r(1-\theta)^{(1-r)}
\end{aligned}
$$

經過以上步驟所得到的事後分布，如**圖 1-12**。請注意縱軸的刻度與**圖 1-11** 不同。

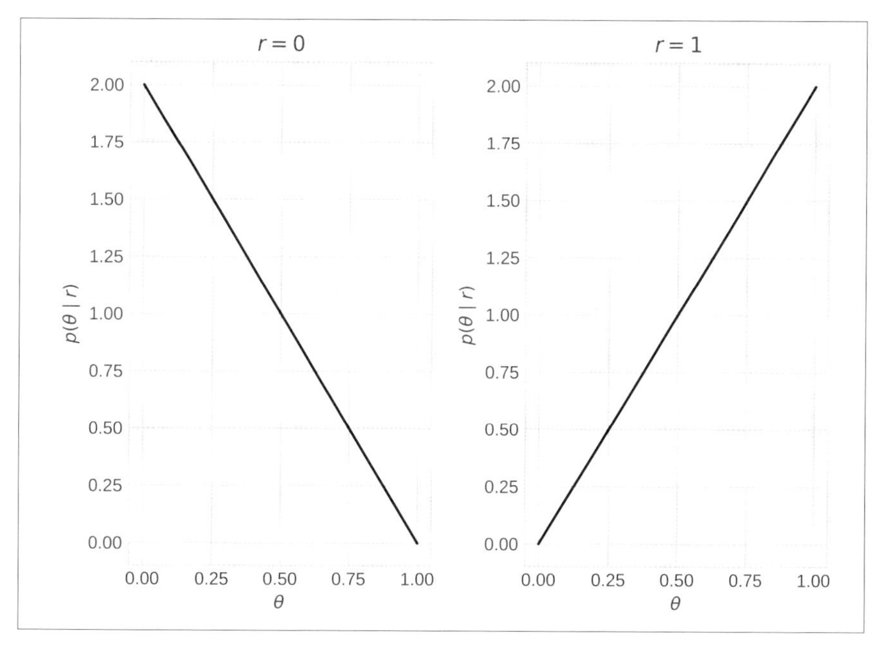


**圖 1-12　根據貝氏定理得到的事後分布**

事後分布代表透過觀測資料 $r$ 而更新的信念。在觀測資料之前表示為均勻分布的信念，在觀測資料之後成了有斜率的函數。可以看出，當 $r=0$ 時，繪製的直線從 $\theta=0$ 到 $\theta=1$ 的機率值是減小的；相反地，當 $r=1$ 時，繪製的直線從 $\theta=0$ 到 $\theta=1$ 的機率值是增加的。換句話說，我們相信當 $r=0$ 時， $\theta$ 越小則機率越大，當 $r=1$ 時，$\theta$ 越大則機率越大。

這個過程只有對單次的伯努利試驗使用貝氏定理。若反覆套用貝氏定理，將這種方式得到的事後分布作為下一個事前分布，我們就能得到考慮多筆資料的信念。**圖 1-13** 是將本為均勻分布的事前分布，以同樣的方式進行貝氏更新後，所得到的事後分布的變化。可以看到如果多次觀察到

$r=0$，就會增強成功機率 $\theta$ 是接近 0 的信念；反之如果觀察到 $r=1$，則會增強成功機率 $\theta$ 接近 1 的信念。另一方面，如果先觀察到資料 $r=0$ 再觀察到 $r=1$，就可以看到以 $\theta=0.5$ 為中心的信念，如第三行中間的圖。

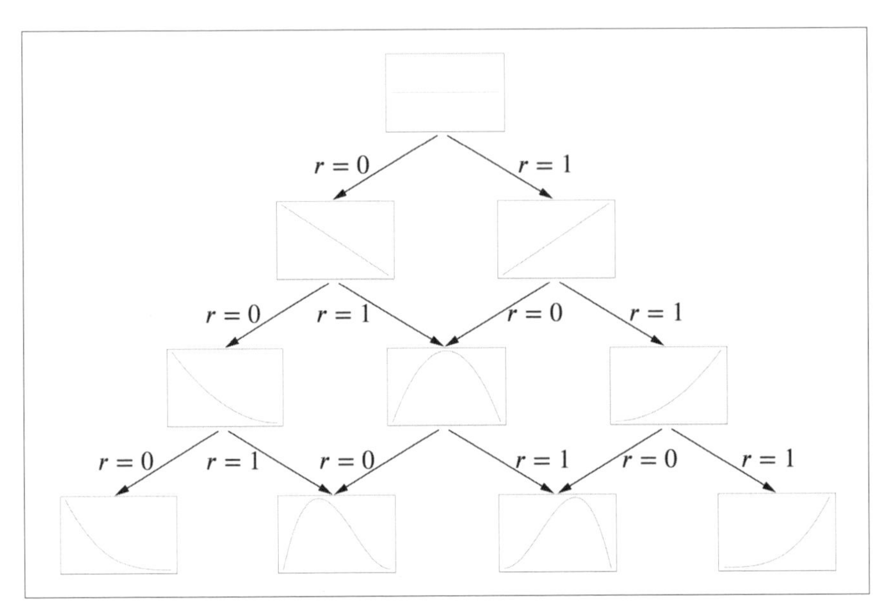


圖 1-13 根據貝氏更新得到的事後分布

例如根據 Bob 的報告，他向使用者顯示了 1600 次的 B 案，相當於觀察了 1600 次的資料 $r$。因此，重複上述過程 1600 次所得到的事後分布，就是我們對 Bob 報告中設計方案 B 固有點擊率 $\theta$ 的信念。

## 1.4.1 實作貝氏推論的程式

我們知道可以重複進行貝氏更新以得到事後分布，但手工計算還蠻困難的，就讓我們借助電腦的力量吧。我們將使用 Python 把上面的過程寫成程式。這裡用到了 NumPy (`numpy`) 模組，如果您還沒有 Python 執行環境，或是尚未安裝 NumPy 模組，請參考前言的「Python 的設定」進行。

首先是將 NumPy 模組引入為 `np`。NumPy 是一個支援數值計算的擴充模組，提供簡單的介面讓我們可以使用標準函式庫中沒有提供的各種功能，從機率分布到產生亂數，還有向量和矩陣計算等。執行以下程式碼，如果沒有出現 `ModuleNotFoundError` 的錯誤，就表示成功引入 NumPy 模組。

```
import numpy as np
```

接著建立一個代表點擊率 $\theta$ 的陣列。$\theta$ 是 0 以上、1 以下的連續值，但是電腦無法直接處理連續值，因此這裡如 1.3.3 節所述，準備一個陣列，將隨機變數切分放入其中，間隔應盡可能小，將信念 $p(\theta)$ 以機率質量函數逼近。

這裡準備了一個陣列 `thetas`，將 0 到 1 的範圍分成 1001 個區間。使用 `np.linspace` 方法並指定該範圍的最小值、最大值、分割數，就會回傳在指定區間內等間隔分割的陣列。請注意，此陣列是 NumPy 陣列，與 Python 的串列（list）型別不同。

```
thetas = np.linspace(0, 1, 1001)
print(thetas)

# [0.    0.001 0.002 ... 0.998 0.999 1.   ]
```

接下來寫似然函數 `likelihood`，我們將代表點擊率 `r` 的式 (1.5) 直接轉成程式碼，為了簡潔，這裡用了 lambda 表達式。`r` 值可以是 0 或 1，`r == 1` 時回傳 `thetas`，`r == 0` 時則回傳 `1 - thetas`。

```
likelihood = lambda r: thetas if r else (1 - thetas)
```

最後要寫一個計算事後分布的函式 `posterior`。事後分布是似然函數與事前分布的乘積，正規化後使其總和為 1。似然函數與事前分布的乘積為 `lp`，除以其總和 `lp.sum()`。

```
def posterior(r, prior):
  lp = likelihood(r) * prior
  return lp / lp.sum()
```

現在我們可以用程式來進行貝氏推論了。我們的第一個信念 $p(\theta)$，即事前分布，是一個均勻分布。因此 theta 也都會有同樣的機率，所以我們將機率平分。

```
p = np.array([1 / len(thetas) for _ in thetas])
print(p)

# [0.000999 0.000999 0.000999 ... 0.000999 0.000999 0.000999]
```

接著使用剛剛實作的 posterior 方法來進行貝氏推論。首先，先計算有一個點擊時（即 r = 1）的事後分布。

```
p = posterior(1, p)  # 點擊
print(p)

# [0.00000000e+00 1.99800200e-06 3.99600400e-06 ... 1.99400599e-03
#  1.99600400e-03 1.99800200e-03]
```

可以看到 posterior 方法改變了信念 p，不過這樣我們看不太出來長什麼樣子，因此讓我們使用 Matplotlib（matplotlib）模組對其進行視覺化。Matplotlib 是用來繪製圖形的模組，可以像下面這樣引入為 plt。與 NumPy 一樣，請確認沒有發生 ModuleNotFoundError 的錯誤。

```
from matplotlib import pyplot as plt
```

將代表橫軸和縱軸的陣列傳給 plt 模組的 plot 方法，就可以畫出其關係。我們要視覺化的是參數 $\theta$ 的信念 $p(\theta)$，因此我們橫軸給的是 thetas，縱軸是 p，xlabel 和 ylabel 則是在軸上標記刻度的方法。執行 plt.show 方法，可以畫出如**圖 1-14** 的圖形。看得出是一條朝右上的直線，就跟**圖 1-12** 右圖的事後分布一樣。

```
plt.plot(thetas, p)
plt.xlabel(r'$\theta$')
plt.ylabel(r'$p(\theta)$')
plt.show()
```

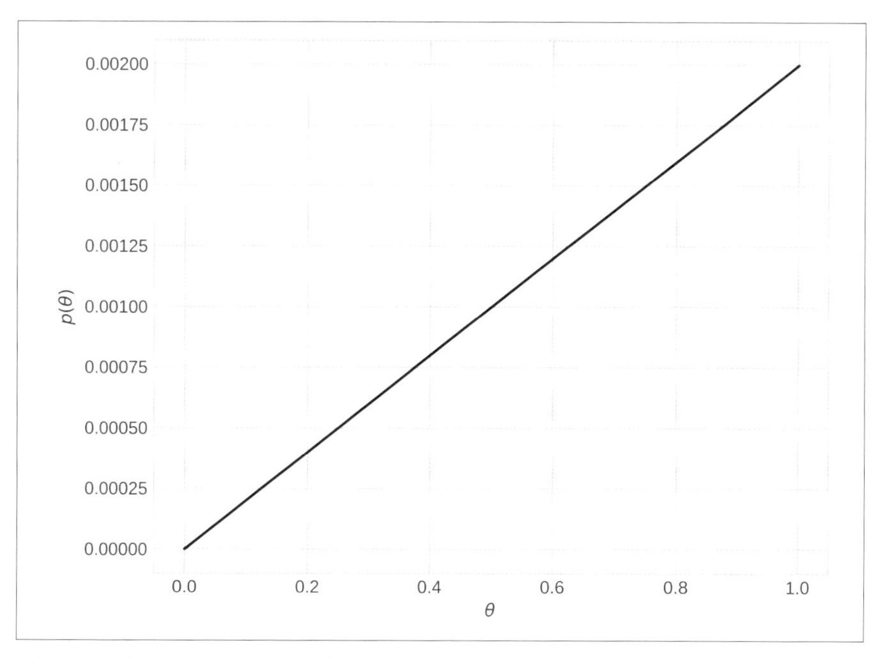


圖 1-14 使用 Matplotlib 進行事後分布的視覺化

重複相同的過程，可以推論出先前 Alice 和 Bob 的設計方案點擊率 $\theta$ 的事後分布。我們從 Alice 的設計 A 案開始。將顯示 A 案時的點擊數和不點擊數，分別代入 `clicks` 和 `noclicks` 變數。

```
clicks = 2
noclicks = 38
```

接著定義事前分布為均勻分布，跟剛剛一樣。接著進行貝氏更新，總共是 `clicks` 次的 $r = 1$ 和 `noclicks` 次的 $r = 0$。

```
p = np.array([1 / len(thetas) for theta in thetas])
for _ in range(clicks):
  p = posterior(1, p)
for _ in range(noclicks):
  p = posterior(0, p)
plt.plot(thetas, p)
plt.xlabel(r'$\theta$')
plt.ylabel(r'$p(\theta)$')
plt.show()
```

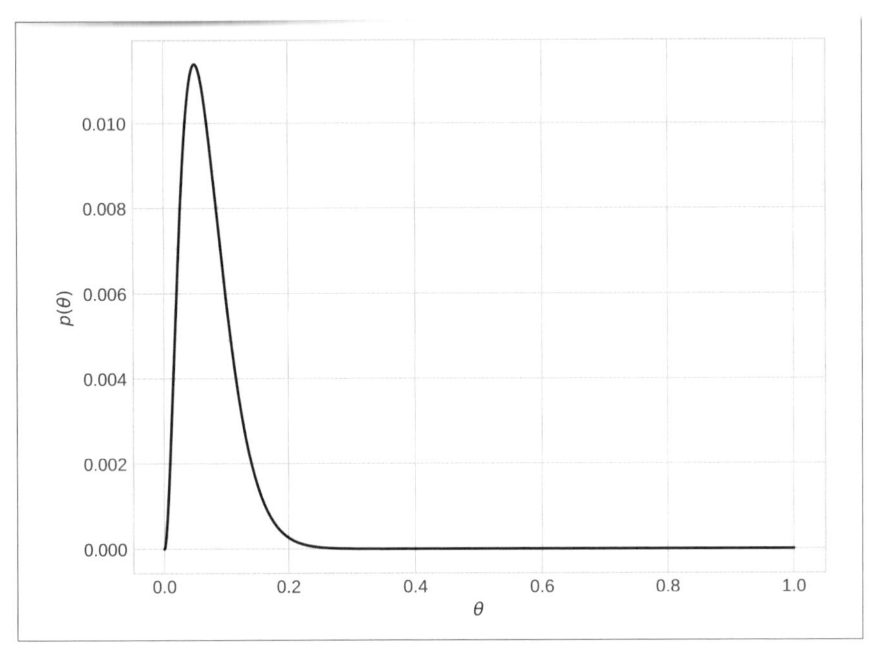


圖 1-15　Alice 報告的設計 A 案點擊率 $\theta$ 的事後分布

視覺化結果如**圖 1-15**，是一個以 0.05 為中心、尾巴很長的曲線。這讓我們相信，將 Alice 的 A 案點擊率 $\theta$ 假設在 0.05 左右是合理的。

同樣的方式也能算出其他設計方案的事後分布，如**圖 1-16**。請注意橫軸 $\theta$ 的範圍與**圖 1-15** 的不同。我們可以看到，Alice 的設計方案比 Bob 的設計方案更平，尾巴也較長。因此可以知道，Alice 的設計方案 A 和 B 具有很大的重疊區間。另一方面，Bob 的設計方案的事後分布有比較集中的高峰，A 案和 B 案的重疊區間也很小。這表示 Bob 的報告在特定點擊率 $\theta$ 附近有信念較強的事後分布。如果只關心點擊率，那麼 Alice 的 A 案和 Bob 的 A 案，Alice 的 B 案和 Bob 的 B 案是相同的，但是當使用貝氏推論計算事後分布的話，得到的信念反映出支持這些數字的樣本大小。

貝氏推論的好處是可以看到這種機率分布的**尾巴**。點擊率可以簡單地將點擊次數除以顯示次數計算得到，但無法顯示背後的信心。正如在 Alice 和 Bob 的報告中看到的，光看比例無法判斷背後是否有大量的資料支撐。但若使用貝氏推論獲得**機率分布**的結果，就可以評估是巧合還是有高度可信度。

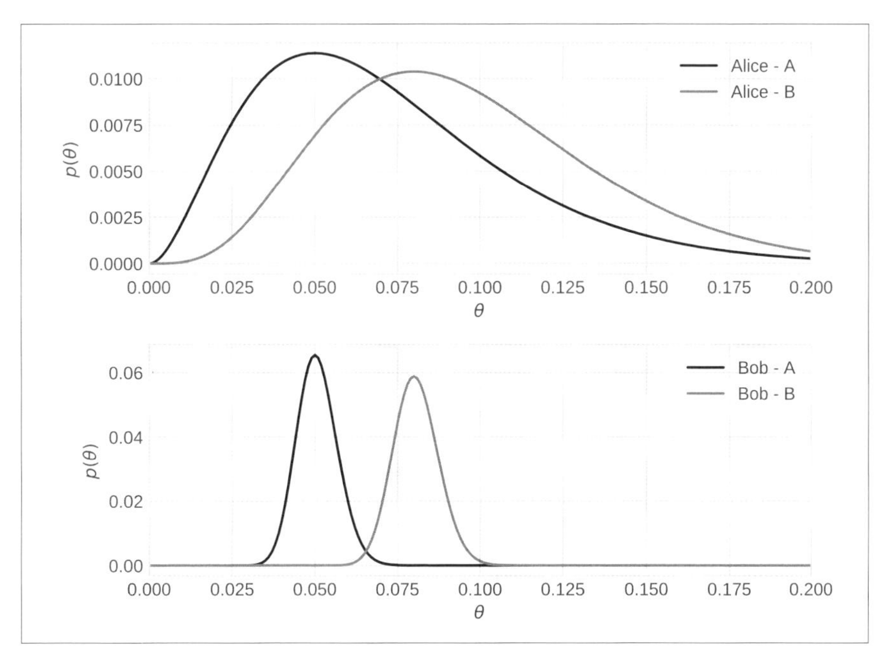


圖 1-16 根據 Alice 和 Bob 的報告得到的點擊率 $\theta$ 的事後分布

即使 Alice 和 Bob 都說「A 案點擊率是 5%，B 案點擊率是 8%」，但是如果背後支持該數字的樣本數量不同，那麼支持該主張的證據強度也會不同。支持該主張的信念差異，表現在貝氏推論架構內事後分布的尾巴長度上。如果只看圖中的事後分布，在 Alice 的報告中，A 案的事後分布與 B 案的事後分布重疊很多，因此實際上 A 案和 B 案之間沒有區別，甚至也有可能 A 案優於 B 案。而從 Bob 的報告可以看出，A 案的事後分布與 B 案的事後分布幾乎沒有重疊，至少 B 案不太可能低於 A 案。這些從視覺化圖形中看到的見解，我們該如何用定量的方式評估？這就是**統計假說檢定**發揮的地方了。

不過在進行具體的統計假說檢定之前，我們將先介紹另外兩種獲得事後分布的方式，從不同的角度看相同的結果，應該能使我們對這個問題有更深刻的理解。

# 1.5 其他解法 1：歸納重複動作

## 1.5.1 統計建模

目前為止，我們已經在 1.2.1 節的討論基礎上考慮了產生資料的過程。用機率分布來表示其過程，可以表達如下。

$$
\begin{aligned}
\theta &\sim p(\theta) = \text{Uniform}(0, 1) \\
r &\sim p(r \mid \theta) = \text{Bernoulli}(\theta)
\end{aligned}
\tag{1.7}
$$

$\sim$ 表示左側的值是從右側的機率分布中抽樣得到的。分析者對設計方案的點擊率 $\theta$ 有一定的信念 $p(\theta)$ ，我們將其表示為參數 $a = 0, b = 1$ 的均勻分布，並將其稱為事前分布。這表示所提出的設計方案的點擊率 $\theta$ 遵循均勻分布 Uniform$(0, 1)$，而我們將參數為 $a, b$ 的均勻分布寫為 Uniform$(a, b)$。

然後我們認為，點擊 $r$ 是從以 $\theta$ 為參數的伯努利分布 Bernoulli$(\theta)$ 產生（抽樣）的。而像這樣以機率分布之間的關係來表示資料的產生過程，就是所謂的**統計模型（statistical model）**。設計統計模型的工作稱為**統計建模（statistical modeling）**。

如 1.2.1 節所述，我們在整理產生資料的過程中做了各種假設。具體來說，我們一直在討論的是設計方案具有固有且恆定的點擊率，而忽略了每個使用者的任何特徵。而統計模型則體現了分析者如何掌握眼前的情況，其中也包括了這些假設。因此請注意在某種意義上這只是分析者的主觀觀點，並不一定能代表對現實的正確看法。但以機率分布的方式來表示資料產生過程，我們就能使用貝氏統計學簡單而強大的工具來進行各種推論。

## 1.5.2 資料產生過程的新觀點

反覆使用貝氏推論，我們就能得到點擊率的事後分布，但因為 A/B 測試通常會將同一個設計方案顯示多次，所以得重複同樣次數的貝氏推論，有點麻煩。有沒有什麼方法可以計算一次就得到事後分布，而不用因為做了多少次伯努利試驗，就得重複進行同樣次數的貝氏推論呢？

因此，我們想引入一個資料產生過程的新觀點，如**圖 1-17**。目前為止，我們考慮的都是顯示了一次設計方案，然後是否有得到單一的點擊 $r$ 。但這裡我們要考慮的是顯示 $N$ 次設計方案時獲得的總點擊次數 $a$。

要注意的是，設計方案的固有點擊率 $\theta$ 對於分析者來說仍然是看不到的。另外還要假設，相同的設計方案顯示 $N$ 次，每次試驗之間沒有任何關聯。這表示無論之前的試驗結果如何，每次都會以相同的機率分布產生資料。如此產生資料的性質，稱為**獨立同分布（independent and identically distributed, i.i.d.）**。

我們已經了解了伯努利分布，現在我們以此為基礎進一步思考。舉例來說，有一台吃角子老虎機，掉出硬幣的機率是 $\theta$ ，那麼拉 3 次會得到什麼結果呢？如果用 1 代表會掉出硬幣，0 代表不會掉出硬幣，總共有 8 種可能，如**表 1-2**。

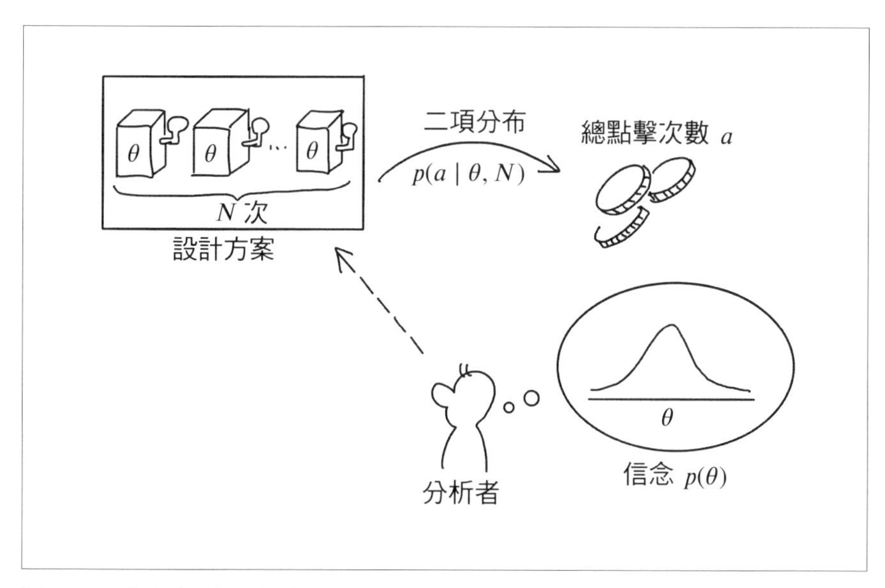


圖 1-17　產生總點擊次數資料的過程

表 1-2　吃角子老虎機拉 3 次後掉硬幣的情形

| 結果 | 掉硬幣次數 | 機率 |
| --- | --- | --- |
| 1, 1, 1 | 3 | $\theta^3$ |
| 1, 1, 0 | 2 | $\theta^2(1-\theta)$ |
| 1, 0, 1 | 2 | $\theta^2(1-\theta)$ |
| 1, 0, 0 | 1 | $\theta(1-\theta)^2$ |
| 0, 1, 1 | 2 | $\theta^2(1-\theta)$ |
| 0, 1, 0 | 1 | $\theta(1-\theta)^2$ |
| 0, 0, 1 | 1 | $\theta(1-\theta)^2$ |
| 0, 0, 0 | 0 | $(1-\theta)^3$ |

根據伯努利分布，掉硬幣的機率為 $\theta$ ，不掉的機率為 $1-\theta$，將它們相乘可以計算各事件的機率。根據掉硬幣的次數，可以將**表 1-2** 統整為**表 1-3**。

表 1-3　根據掉硬幣次數統整機率

| 掉硬幣次數 | 機率 |
| --- | --- |
| 3 | $\theta^3 = {}_3C_3\theta^3$ |
| 2 | $3\theta^2(1-\theta) = {}_3C_2\theta^2(1-\theta)$ |
| 1 | $3\theta(1-\theta)^2 = {}_3C_1\theta(1-\theta)^2$ |
| 0 | $(1-\theta)^3 = {}_3C_0(1-\theta)^3$ |

如果我們忽略順序，只關心掉硬幣次數，那麼可以用組合的方式計算，然後再乘上組合數，就可以得到各自的發生機率。將其一般化的話，就是當發生機率為 $\theta$ 的事件重複進行 $N$ 次伯努利試驗時，該事件總發生次數 $a$ 遵循

$$p(a \mid \theta, N) = {}_NC_a\theta^a(1-\theta)^{N-a} = \text{Binomial}(\theta, N) \tag{1.8}$$

的機率分布。

這種離散機率分布稱為**二項分布（binomial distribution）**，是執行 $N$ 次伯努利試驗時成功 $a$ 次所遵循的機率分布。**表 1-3** 中所舉的例子正是 $N=3$ 時的二項分布。二項分布 $\mathrm{Binomial}(\theta, N)$ 的參數除了伯努利試驗的成功機率 $\theta$ 外，還多了一個試驗次數 $N>0$。當 $N=1$ 時，它就跟伯努利分布一樣，因此伯努利分布可以視為二項分布的一個特例。

回頭看**圖 1-17**，從吃角子老虎機指向硬幣的箭頭，表示二項分布 $p(a \mid \theta, N)$。這代表我們假設資料產生過程是遵循二項分布的。我們也發現，二項分布可以從伯努利分布發展而自然得到。最後為了掌握二項分布的概念，我們在**圖 1-18** 畫了一些二項分布的例子。

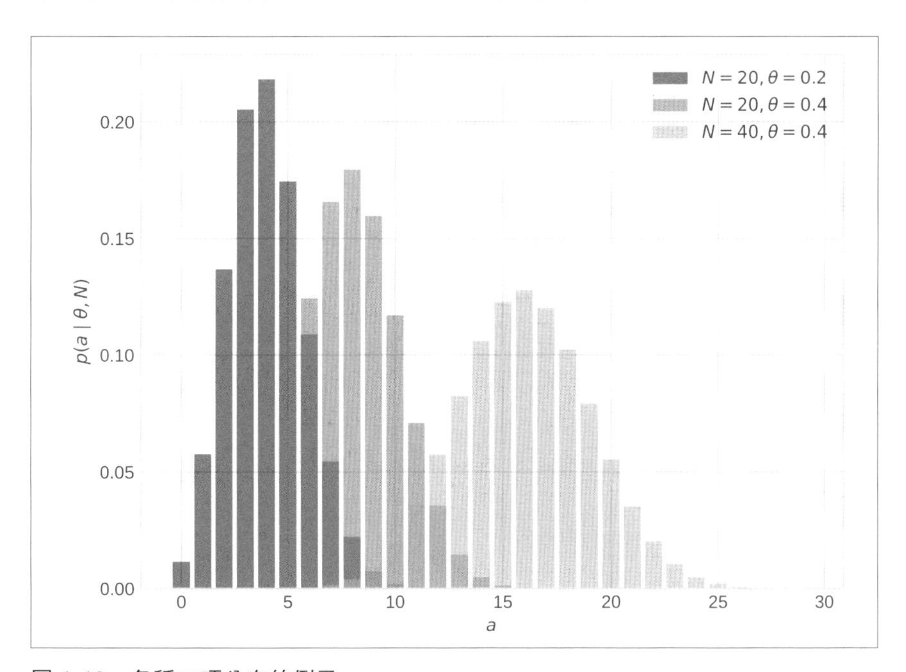


**圖 1-18** 各種二項分布的例子

使用二項分布，可以將式 (1.7) 的統計模型重寫如下。

$$
\begin{aligned}
&\theta \sim \mathrm{Uniform}(0, 1) \\
&a \sim \mathrm{Binomial}(\theta, N)
\end{aligned}
\tag{1.9}
$$

$\theta$ 的事前分布仍是均勻分布 Uniform$(0,1)$，但採用二項分布 Binomial$(\theta, N)$ 作為產生資料的分布，只需要一次操作就可以推導出事後分布，不用進行多次貝氏推論。

讓我們使用此統計模型改寫貝氏推論的程式吧。由於似然函數已從伯努利分布改為二項分布，因此根據式 (1.8)，我們可以寫成

```
likelihood = lambda a, N: thetas ** a * (1 - thetas) ** (N - a)
```

請注意，這裡省略了式 (1.8) 中的組合數 ${}_NC_a$。如 1.4 節所述，似然函數是我們要推論的參數 $\theta$ 的函數，而且不必滿足作為機率分布的條件。由於在進行貝氏定理計算事後分布時會將其正規化，所以尺度差異不會影響最終結果，因此這裡可以省略不含 $\theta$ 的係數。

接下來改寫 posterior 以接受二項分布的參數 a 和 N。正規化似然函數和事前分布乘積的過程與之前相同。

```
def posterior(a, N, prior):
  lp = likelihood(a, N) * prior
  return lp / lp.sum()
```

現在我們已經準備好了，我們可以定義均勻分布的事前分布 prior，使用各報告的資料求出事後分布，並畫成圖 1-19 的結果。雖然我們將統計模型中的伯努利分布改為二項式分布，但得到的結果與圖 1-16 的相同。我們可以直接使用報告中所記載的數字 $N, a$，從這點來說，這個解法是更為優雅的。

```
prior = 1 / len(thetas)
plt.subplot(2, 1, 1)
plt.plot(thetas, posterior(2, 40, prior), label='Alice - A')
plt.plot(thetas, posterior(4, 50, prior), label='Alice - B')
plt.xlabel(r'$\theta$')
plt.ylabel(r'$p(\theta)$')
plt.xlim(0, 0.2)
plt.legend()
plt.subplot(2, 1, 2)
plt.plot(thetas, posterior(64, 1280, prior), label='Bob - A')
plt.plot(thetas, posterior(128, 1600, prior), label='Bob - B')
plt.xlabel(r'$\theta$')
plt.ylabel(r'$p(\theta)$')
plt.xlim(0, 0.2)
plt.legend()
plt.tight_layout()
plt.show()
```

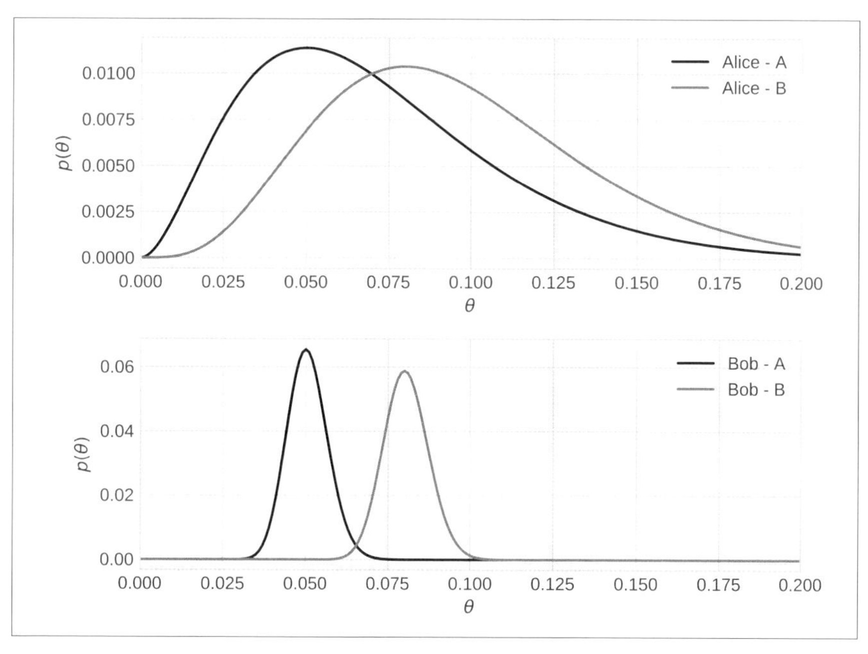


圖 1-19 根據 Alice 和 Bob 的報告得到的點擊率 $\theta$ 的事後分布（使用二項分布的解法）

# 1.6 其他解法 2：Beta 分布

如式 (1.4) 所述，事後分布正比於事前分布和似然函數的乘積。由於事前分布是均勻分布，因此我們在 1.4 節中進行的貝氏更新，相當於將伯努利分布的似然函數 $\theta^r(1-\theta)^{1-r}$ 逐一相乘。如**圖 1-20**，每當獲得新資料 $r$ 時，$\theta$ 和 $1-\theta$ 的乘積就會逐步疊加。

$$1 \xrightarrow{r=1} \theta \xrightarrow{r=1} \theta^2 \xrightarrow{r=0} \theta^2(1-\theta) \dashrightarrow \theta^a(1-\theta)^{N-a}$$

圖 1-20 每次獲得資料 $r$ 時，事前分布和似然函數的乘積形式都會改變

如果將其一般化的話就是，在 $N$ 次試驗中觀察到 $a$ 次的 $r = 1$ 時，事前分布與似然函數的乘積就是 $\theta^a(1-\theta)^{N-a}$。由於將其正規化後就是事後分布，可表示如下。

$$p(\theta \mid a, N) = \frac{\theta^a(1-\theta)^{N-a}}{\int_0^1 \theta^a(1-\theta)^{N-a}d\theta} \tag{1.10}$$

出現在事後分布中的這種機率分布稱為 **beta 分布（beta distribution）**。Beta 分布是連續機率分布，具有 $\alpha > 0$ 和 $\beta > 0$ 兩個參數，它是隨機變數的機率分布，其連續值在 0 以上、1 以下。Beta 分布可表示為下式，**圖 1-21** 也有一些 beta 分布的例子可以參考。

$$p(\theta \mid \alpha, \beta) = \mathrm{Beta}(\alpha, \beta) = \frac{\theta^{\alpha-1}(1-\theta)^{\beta-1}}{\int_0^1 \theta^{\alpha-1}(1-\theta)^{\beta-1}d\theta} \tag{1.11}$$

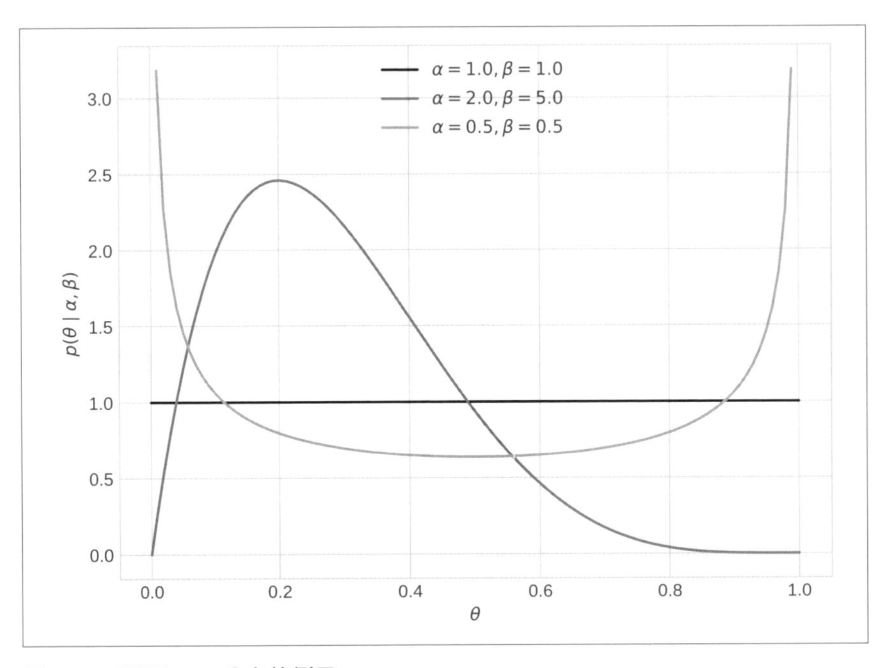


圖 1-21　不同 beta 分布的例子

當 $\alpha = 1, \beta = 1$ 時，就會變成 $p(\theta \mid \alpha, \beta) = 1$，形成均勻分布，因此本分析中的事前分布也會用 beta 分布來表示。由於事後分布和事前分布均由 beta 分布表示，因此本分析中所有信念均由 beta 分布表示。所以式 (1.9) 的統計模型可以改寫如下。

$$\begin{aligned} \theta &\sim \text{Beta}(1, 1) \\ a &\sim \text{Binomial}(\theta, N) \end{aligned} \tag{1.12}$$

在這個例子中，無論重複進行多少次貝氏推論，代表信念的機率分布都是 beta 分布，但一般來說，事前分布和事後分布並非都是相同的機率分布。對於某個似然函數，如果事前分布的特徵是與事後分布為同一類型的機率分布，那麼就叫做**共軛事前分布（conjugate prior）**。

將式 (1.10) 和式 (1.11) 進行比較，可看到事後分布由 $\alpha = a + 1$, $\beta = N - a + 1$ 的 beta 分布表示。我們用機率的工具從很多不同面向討論了這個問題，但我們發現，只要藉助一些數學的力量，就能得到這樣簡單的結論。

最後，以上討論以程式視覺化的結果如**圖 1-22** 所示。`betaf` 是 beta 分布的實作。這裡也用了離散機率分布的近似方法，所以是以總和 `sum` 進行正規化，而非積分計算。再來的事後分布 `posterior` 只是呼叫 beta 分布，代入 $\alpha = a + 1, \beta = N - a + 1$ 而已。程式碼雖然比較簡潔，但得到的結果跟**圖 1-16** 和**圖 1-19** 是一樣的。

```
def betaf(alpha, beta):
  numerator = thetas ** (alpha - 1) * (1 - thetas) ** (beta - 1)
  return numerator / numerator.sum()

def posterior(a, N):
  return betaf(a + 1, N - a + 1)

plt.subplot(2, 1, 1)
plt.plot(thetas, posterior(2, 40), label='Alice - A')
plt.plot(thetas, posterior(4, 50), label='Alice - B')
plt.xlabel(r'$\theta$')
plt.ylabel(r'$p(\theta)$')
plt.xlim(0, 0.2)
plt.legend()
plt.subplot(2, 1, 2)
plt.plot(thetas, posterior(64, 1280), label='Bob - A')
plt.plot(thetas, posterior(128, 1600), label='Bob - B')
plt.xlabel(r'$\theta$')
```

```
plt.ylabel(r'$p(\theta)$')
plt.xlim(0, 0.2)
plt.legend()
plt.tight_layout()
plt.show()
```

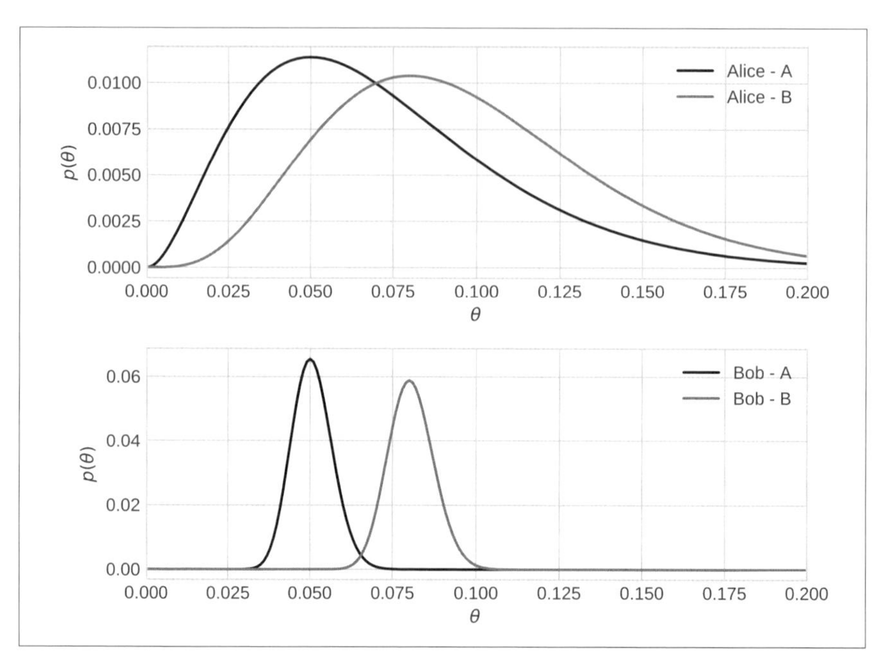


圖 1-22 根據 Alice 和 Bob 的報告得到的點擊率 $\theta$ 的事後分布（使用 beta 分布的解法）

# 1.7 根據事後分布做出決策

至此我們已經使用各種方法來推論各設計方案的點擊率 $\theta$ 事後分布。貝氏推論的智慧就濃縮在這事後分布中，只要看一眼就能幫助您做出各種決策。

但在實際應用中，可能必須以某種方式量化評估事後分布才能做出決定，在這種情況下，我們是否可從此事後分布的視覺化結果中得到結論「Alice 的 A 案與 B 案的點擊率存在差異」呢？將貝氏推論得到的事後分布的特徵作為**概括統計量（summary statistics）**，並利用事後分布所得到的樣本，我們就能對這類問題進行定量的評估。

## 1.7.1 概括統計量

首先說明用來表示機率分布特徵、具代表性的概括統計量。

### 1.7.1.1 期望值

**期望值**（**expected value, mean**）是將隨機變數根據機率權重取平均的值。連續機率分布、離散機率分布的期望值分別定義如下。這裡隨機變數 $x$ 的機率密度函數和機率質量函數表示為 $p(x)$，期望值表示為 $\mathbb{E}[x]$。

$$\mathbb{E}[x] = \int_{-\infty}^{\infty} xp(x)dx \quad （連續機率分布）$$

$$\mathbb{E}[x] = \sum_{x} xp(x) \quad （離散機率分布）$$

期望值是機率密度或機率質量 $p(x)$ 乘以隨機變數 $x$ 本身的總和，但對於使用函數 $f(x)$ 變換的隨機變數來說，也可用相同的定義。

$$\mathbb{E}[f(x)] = \int_{-\infty}^{\infty} f(x)p(x)dx \quad （連續機率分布）$$

$$\mathbb{E}[f(x)] = \sum_{x} f(x)p(x) \quad （離散機率分布）$$

例如想計算買樂透所得獎金的期望值時，可以用機率變數 $X$ 作為中獎獎項、用函數 $f(X)$ 作為對應獎金來計算，結果表示預期獲得的獎金金額。

### 1.7.1.2 變異數

**變異數**（**variance**）是隨機變數與其期望值兩者之間距離的期望值。隨機變數 $x$ 的變異數 $\mathbb{V}[x]$ 定義如下。

$$\mathbb{V}[x] = \mathbb{E}[(x - \mathbb{E}[x])^2]$$

如果遵循某個機率分布的隨機變數 $x$ 大多集中在期望值 $\mathbb{E}[x]$ 附近，則它們之間的距離 $(x - \mathbb{E}[x])^2$ 就較小，反之如果離期望值較遠，距離就較大。變異數就是該距離的期望值，通常作為「隨機變數大概有多分散」的指標。而變異數的正平方根則稱為**標準差**（**standard deviation**），也很常用到。

### 1.7.1.3　樣本平均、樣本變異數

目前為止處理的是概括了機率分布 $p(x)$ 的統計量，但對於從機率分布獲得的樣本，也可以定義類似的統計量。這類為樣本定義的統計量，稱為**樣本統計量（sample statistic）**。這裡我們假設是考慮從機率分布 $p(x)$ 得到的 $n$ 個樣本 $x_1, \cdots, x_n$。

樣本統計量中，具有代表性的其中之一就是**樣本平均（sample mean）**。將得到的樣本除以樣本數而獲得的值 $\bar{x}$，就是所謂的平均。

$$\bar{x} = \frac{x_1 + \cdots + x_n}{n} = \frac{\sum_{i=1}^{n} x_i}{n}$$

當這些樣本是獨立同分布且 $n$ 夠大時，樣本平均 $\bar{x}$ 會收斂到產生樣本的機率分布 $p(x)$ 的期望值 $\mathbb{E}[x]$。此定理稱為**大數法則（Law of large numbers）**。在此使用箭頭代表收斂，箭頭上方記述的是收斂條件。

$$\bar{x} \xrightarrow{n \to \infty} \mathbb{E}[x]$$

本書在各處使用了各種技巧，從給定的機率分布產生大量樣本並製造人工資料，從中獲得洞察。大數法則是個很重要的定理，它將我們實際接觸到的樣本與背後的機率分布相連起來。

**樣本變異數** $s^2$ 是樣本與樣本平均之間距離的平均值，類似機率分布的變異數，定義如下。

$$s^2 = \frac{(x_1 - \bar{x})^2 + \cdots + (x_n - \bar{x})^2}{n} = \frac{\sum_{i=1}^{n} (x_i - \bar{x})^2}{n}$$

### 1.7.1.4　HDI

接著是 **HDI（highest density interval）**，描述的是在某個區間裡，隨機變數有很高機率會出現的統計量 [1]。HDI 是對連續機率分布定義的值，涵蓋所有隨機變數的值，從高機率密度開始一直到特定機率為止。因此，在 HDI 中的隨機變數的值，其機率密度高於任何其他值的機率密度。例如從最高機率密度開始，一直到某個地方為止，總共佔有 0.95 的區域，這就稱為 95% HDI。

1 以貝氏推論得到的事後分布的 HDI 有時特別稱為 HPD（highest posterior density）或 HPDI（highest posterior density interval），根據軟體或文獻不同，有的主要會用這種說法。

一般來說，機率分布 $p(x)$ 的 $\alpha\%$ HDI 表示成 $p(x) > t$，也就是機率密度大於某個閾值 $t$，且該閾值 $t$ 滿足以下條件。

$$\int_{p(x)>t} p(x)dx = \alpha/100$$

**圖 1-23** 是各種機率分布的 95% HDI，供讀者參考。注意當機率分布中有多個峰值時，HDI 也會分為多個區域，如該圖下方的例子。以這種方式將機率分布概括為一個區間，可以更容易與其他數值或其他分布進行比較。

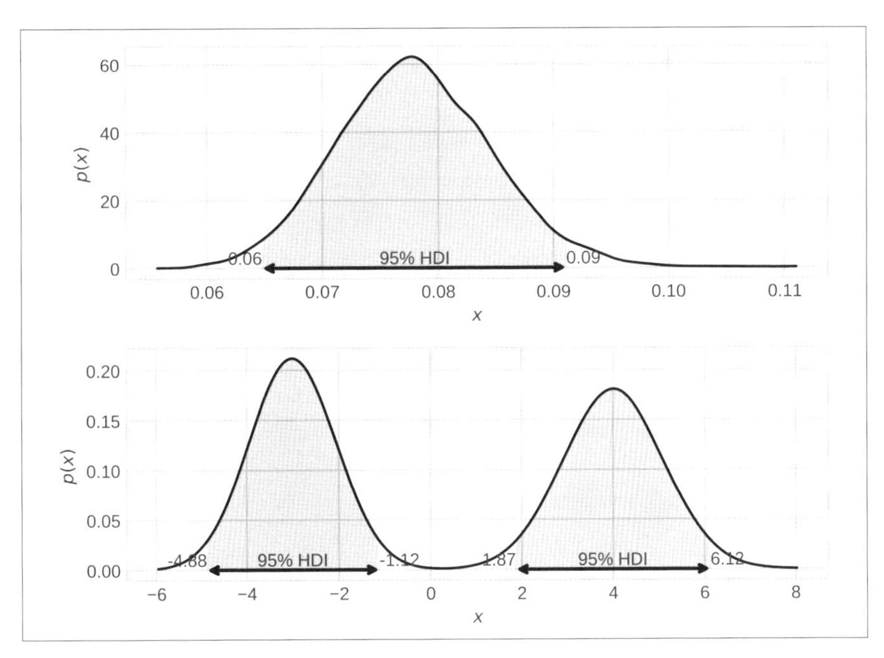


圖 1-23　各種 HDI 的例子

## 1.7.2　使用 HDI 進行假說檢定

只要能從事後分布求出 HDI，就能用於各種決策。我們回到 Alice 和 Bob 的報告，找到每個設計方案的點擊率事後分布的 HDI。在前面的點擊率推論中，我們將點擊率的連續機率分布 $p(x)$ 離散化，近似為機率質量函數。這裡我們也考慮使用已離散化的機率分布求得 HDI 估計值。

HDI 的定義原本是針對機率密度函數的，但也能對機率質量函數進行，就從具有最大機率質量的隨機變數開始，依降序逐步涵蓋其他值。這裡我們試試看 hmv（highest mass values，最高質量值）方法，它會回傳最高機率質量的一群值。

```
def hmv(xs, ps, alpha=0.95):
  xps = sorted(zip(xs, ps), key=lambda xp: xp[1], reverse=True)
  xps = np.array(xps)
  xs = xps[:, 0]
  ps = xps[:, 1]
  return np.sort(xs[np.cumsum(ps) <= alpha])
```

hmv 方法接受的引數有離散機率變數 xs 陣列，與其相對應的質量 ps 陣列，以及 HDI 要涵蓋的機率 alpha。首先，將隨機變數和相應的機率質量合在一起，並按照機率質量降序排列。此時回傳的陣列是 Python 陣列，轉換為 NumPy 陣列以供後續計算使用。然後取出隨機變數的 NumPy 陣列 xs 和機率質量的 NumPy 陣列 ps。接著將這個已排序的機率質量取累積和 np.cumsum(ps)，並取出對應的隨機變數，直到總和滿足機率 alpha。再將取出的隨機變數陣列排序輸出，以備將來使用。

請注意此方法的結果是隨機變數值的陣列，而不是一個區間。一般來說 HDI 可以分為多個部分，但是如果事先知道機率分布中只有一個峰值且不會被分成多個部分，則此陣列的最小值和最大值就相當於該區間的兩端。

回到 Alice 和 Bob 的報告，我們可以用這個方法視覺化各個方案點擊率的 HDI。首先從 Alice 的 A 案開始。這裡的事後分布 ps 是根據 1.6 節介紹的方法，以 beta 分布計算所得。

```
thetas = np.linspace(0, 1, 1001)

def posterior(a, N):
  alpha = a + 1
  beta = N - a + 1
  numerator = thetas ** (alpha - 1) * (1 - thetas) ** (beta - 1)
  return numerator / numerator.sum()

ps = posterior(2, 40)
```

這裡得到一個（離散化的）事後分布，再使用之前定義的 hmv 方法，我們得到了一個陣列 hm_thetas。假設區間沒有分成多段，所以可以將此陣列的最小值和最大值當成區間的兩端，並且與原始機率分布一起畫成圖，如圖 1-24。

```
hm_thetas = hmv(thetas, ps, alpha=0.95)
plt.plot(thetas, ps)
plt.annotate('', xy=(hm_thetas.min(), 0),
             xytext=(hm_thetas.max(), 0),
             arrowprops=dict(color='black', shrinkA=0, shrinkB=0,
                             arrowstyle='<->', linewidth=2))
plt.annotate('%.3f' % hm_thetas.min(), xy=(hm_thetas.min(), 0),
             ha='right', va='bottom')
plt.annotate('%.3f' % hm_thetas.max(), xy=(hm_thetas.max(), 0),
             ha='left', va='bottom')
plt.annotate('95% HDI', xy=(hm_thetas.mean(), 0),
             ha='center', va='bottom')
hm_region = (hm_thetas.min() < thetas) & (thetas < hm_thetas.max())
plt.fill_between(thetas[hm_region], ps[hm_region], 0, alpha=0.3)
plt.xlabel(r'$\theta$')
plt.ylabel(r'$p(\theta)$')
plt.xlim(0, 0.3)
plt.tight_layout()
plt.show()
```

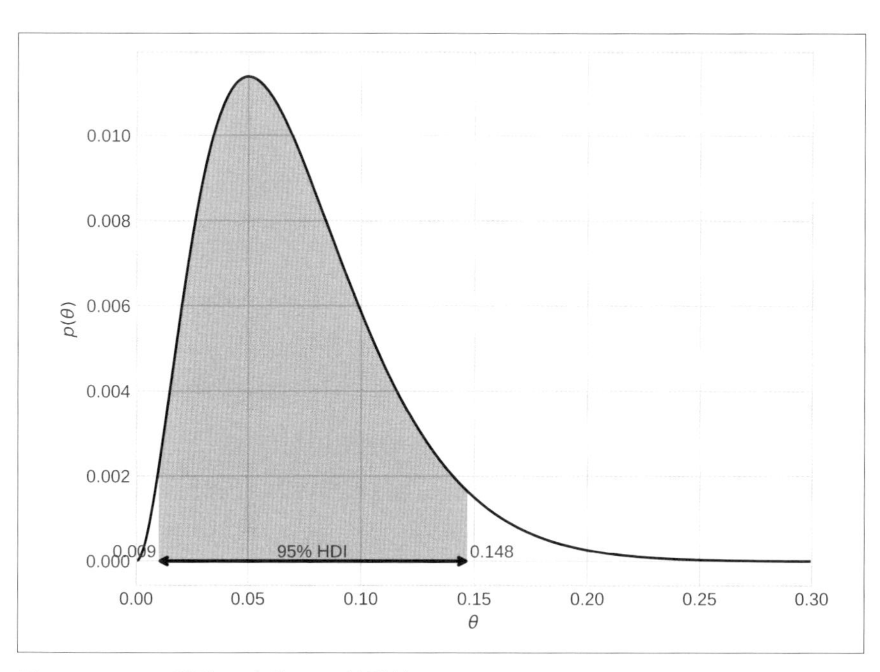


圖 1-24 Alice 設計 A 案的 HDI 估計值

從結果可以發現，Alice 的設計 A 案的點擊率 95% HDI，大概是 0.009 至 0.148 的區間。也就是說，從點擊率 0.9% 到 14.8% 之間佔了 95% 的機率。可知以點擊率來說範圍非常廣泛。

同樣方式計算其他設計方案的 HDI，如圖 1-25。

```
def plot_hdi(ps, label):
  hm_thetas = hmv(thetas, ps, 0.95)
  plt.plot(thetas, ps)
  plt.annotate('', xy=(hm_thetas.min(), 0),
               xytext=(hm_thetas.max(), 0),
               arrowprops=dict(color='black', shrinkA=0, shrinkB=0,
                               arrowstyle='<->', linewidth=2))
  plt.annotate('%.3f' % hm_thetas.min(), xy=(hm_thetas.min(), 0),
               ha='right', va='bottom')
  plt.annotate('%.3f' % hm_thetas.max(), xy=(hm_thetas.max(), 0),
               ha='left', va='bottom')
  hm_region = (hm_thetas.min() < thetas) & (thetas < hm_thetas.max())
  plt.fill_between(thetas[hm_region], ps[hm_region], 0, alpha=0.3)
  plt.xlim(0, 0.3)
  plt.ylabel(label)
  plt.yticks([])

plt.subplot(4, 1, 1)
alice_a = posterior(2, 40)
plot_hdi(alice_a, 'Alice A')
plt.subplot(4, 1, 2)
alice_b = posterior(4, 50)
plot_hdi(alice_b, 'Alice B')
plt.subplot(4, 1, 3)
bob_a = posterior(64, 1280)
plot_hdi(bob_a, 'Bob A')
plt.subplot(4, 1, 4)
bob_b = posterior(128, 1600)
plot_hdi(bob_b, 'Bob B')
plt.xlabel(r'$\theta$')
plt.tight_layout()
plt.show()
```

從總體趨勢來看，Bob 提案點擊率的 HDI 比 Alice 的提案要窄。可見對 Bob 的設計方案來說，我們更有信心說點擊率是在某個特定值附近。Alice 的 A 案和 B 案的 HDI 重疊區間很大，而 Bob 的 A 案和 B 案 HDI 並不重疊。

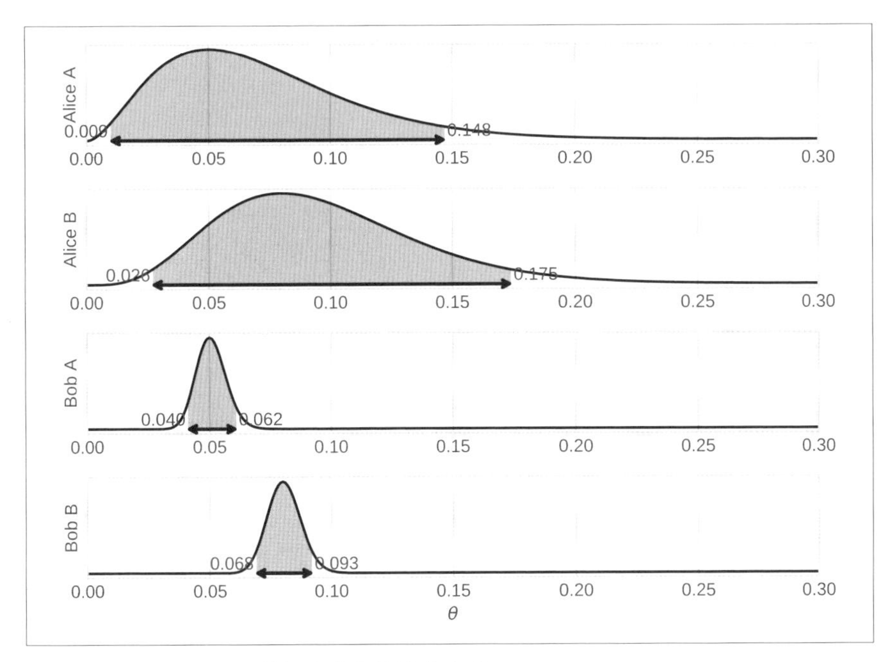


圖 1-25 Alice 和 Bob 的報告中各設計方案的 HDI

讓我們用這個結果來檢驗各種假說。首先，考慮以下假說。

假說：

設計 B 案的點擊率大於 5%。

這裡我們將此假說解讀為以下的量化評估。

量化評估：

設計 B 案點擊率的 95% HDI 的最小值大於 5%。

通常會將 95% 和 99% 等數值當作「夠高的機率」的閾值，所以這裡也將 95% HDI 用於假說檢定。但是合適的閾值會因領域和應用而有所不同，因此解讀時需要團隊內部達成共識。例如在關乎生命的醫療和藥物研發領域，與追求快速改善的行銷領域，兩者所要求的機率就不太一樣。即使都是網站開發，可接受的機率也取決於服務規模和成長期等因素，總之這裡我們先以 95% 作為準則。

Alice 的報告中，B 案的 HDI 為 [0.026, 0.175]，而 Bob 的報告 B 案 HDI 為 [0.068, 0.093]，所以 Alice 的 HDI 中包含 5％（0.05），Bob 的 HDI 則處在大於 5% 的範圍內。因此，在 Alice 的報告中，無法下結論說 B 案點擊率大於 5％，而 Bob 的報告可以得到結論說 B 案的點擊率大於 5％。

而在這些討論中，即使 HDI 最小值是 0.0501，也會得到大於 5％的結論。有時候根據網站或應用，也會將這種程度的差異視為誤差。因此，我們認為可將 5% 前後 0.5% 的範圍，也就是 [0.045, 0.055]，當作與 5% 實質相同，以這個區間跟 HDI 比較。如此在特定數值附近定義「實質相同」的區間，也稱為 **ROPE（region of practical equivalence）**。

在以下的決策規則中應用 ROPE 和 HDI，就能檢驗某個參數是否等於某個目標值（此例為 5%）的假說。這個利用 ROPE 和 HDI 的決策規則參考了 [Kruschke 14] 的方法。

- 當目標值的 ROPE 完全在 HDI 之外時，將棄卻（拒絕）該目標值，亦即做出「相異」的結論。
- 當 HDI 完全在目標值的 ROPE 中時，將採用該值，亦即做出「相等」的結論。
- 其他情況則不要下結論。

對這次的假說，我們將這個方法詮釋為如下的量化評估。

量化評估：

- 當 ROPE[0.045, 0.055] 在設計 B 案點擊率的 95％ HDI 之外時，設計 B 案的點擊率不是 5％。
  - 特別是如果 95 HDI 最小值大於 0.055，表示 B 案的點擊率大於 5％。
  - 特別是如果 95 HDI 最大值小於 0.045，表示 B 案的點擊率小於 5％。
- 當 ROPE 包含了 B 案點擊率的 95％ HDI 時，表示 B 案的點擊率是 5％。
- 其他情況則不要下結論。

根據此決策規則來看 Alice 的提案，目標值 ROPE 沒有完全在 HDI 外，ROPE 也沒有完全涵蓋 HDI，所以無法下結論說是不同或相同。而在 Bob 這邊，95% HDI 的最小值大於 0.055，因此可以得出結論：Bob 的 B 案點擊率大於 5%。

接下來，考慮以下假說。

假說：

設計 B 案的點擊率高於 A 案。

使用 HDI，可以將假說重新解讀為以下量化評估。

量化評估：

- 設計 B 案點擊率的 95% HDI 完全在 A 案點擊率的 95% HDI 之外時，表示兩者點擊率不同。
  - 特別是當前者最小值大於後者最大值時，表示 B 案點擊率大於 A 案點擊率。
  - 特別是當前者最大值小於後者最小值時，表示 B 案點擊率小於 A 案點擊率。
- 其他情況則不要下結論。

在 Alice 的報告中，設計 A 案的 95% HDI 為 [0.009, 0.148]，B 案的 95% HDI 為 [0.026, 0.175]。因此，Alice 的報告無法得出兩者之間點擊率大小的結論。而在 Bob 的報告中，兩案的 HDI 分別為 [0.040, 0.062] 和 [0.068, 0.093]，而且 B 案的最小值大於 A 案的最大值，因此在 Bob 的報告中，可以得到 B 案點擊率高於 A 案的結論。

### 1.7.3 引入新的隨機變數

目前為止已經用感興趣的參數的事後分布 HDI 做出各種決策，也可以來看看對該參數進行簡單轉換所得到的隨機變數的分布。也就是說，我們為假說檢定引入了一個新的隨機變數，並使用該統計量進行判斷。為了說明，採用與以前相同的假說。此方法參考自 [DP15]。

假說：

設計 B 案的點擊率高於 A 案。

這裡我們想知道的是 A 案和 B 案之間的差距，因此定義一個新的隨機變數來表示差距，應該會有所幫助。如果代表 A 案點擊率的隨機變數為 $\theta_A$，B 案的為 $\theta_B$，則表示差距的新隨機變數 $\delta$ 定義為

$$\delta = \theta_B - \theta_A$$

現在該如何找到該隨機變數 $\delta$ 所遵循的機率分布 $p(\delta)$ 呢？一旦知道該機率分布，就可以計算出 95% HDI，並考慮所能接受的點擊率差距範圍，以及與 0（即點擊率無差距）相比的大小。這裡藉助電腦的力量，我們可以大量抽樣並推論出點擊率差異 $\delta$ 的機率分布。

在 1.6 節的討論中，我們知道每個設計方案的點擊率 $\theta$ 遵循具有以下參數的 beta 分布。

| 報告 | 設計方案 | $\alpha = a + 1$ | $\beta = N - a + 1$ |
|---|---|---|---|
| Alice | A | 3 | 39 |
| | B | 5 | 47 |
| Bob | A | 65 | 1217 |
| | B | 129 | 1473 |

了解了機率分布，我們就可以利用亂數獲得隨機變數 $\theta$ 的樣本。要從機率分布中取得樣本有很多不同的技術，但是各種函式庫都支援從一些具有代表性的機率分布（例如 beta 分布和稍後介紹的常態分布）產生樣本。當然，NumPy 也是支援的。

我們先產生 Alice 的 A 案點擊率 $\theta_A$ 的大量樣本，然後繪製**直方圖（頻率分布圖）**。視覺化的結果如**圖 1-26** 所示。

```
data = np.random.beta(3, 39, size=100000)
plt.hist(data, range=(0, 0.3), bins=60)
plt.xlabel(r'$\theta$')
plt.ylabel('Frequency')
plt.show()
```

直方圖是將值分類，並按照分類統計其次數與彙整。換句話說，按照數值大小準備好各種桶子（`bins`）然後分類，再按照桶內的個數記在一張表上。對應到直方圖縱軸上的值稱為**頻率（frequency）**。觀察直方圖，我們就可以看出所產生樣本的數值趨勢。NumPy 可以使用 `np.random.beta` 方法從 beta 分布產生亂數。這裡我們先產生 100,000 個樣本。另外，`plt.hist` 是將資料畫成直方圖的便利方法。

觀察所畫出的直方圖形狀，我們可以看到它與**圖 1-24** 的事後分布形狀非常相似。不過它們完全不同，前者是機率分布，後者是計算樣本頻率所得到的直方圖。但如果由大量樣本繪製的直方圖和產生樣本的事後分布兩者形狀相似，是否有可能從樣本推論產生來源的機率分布？

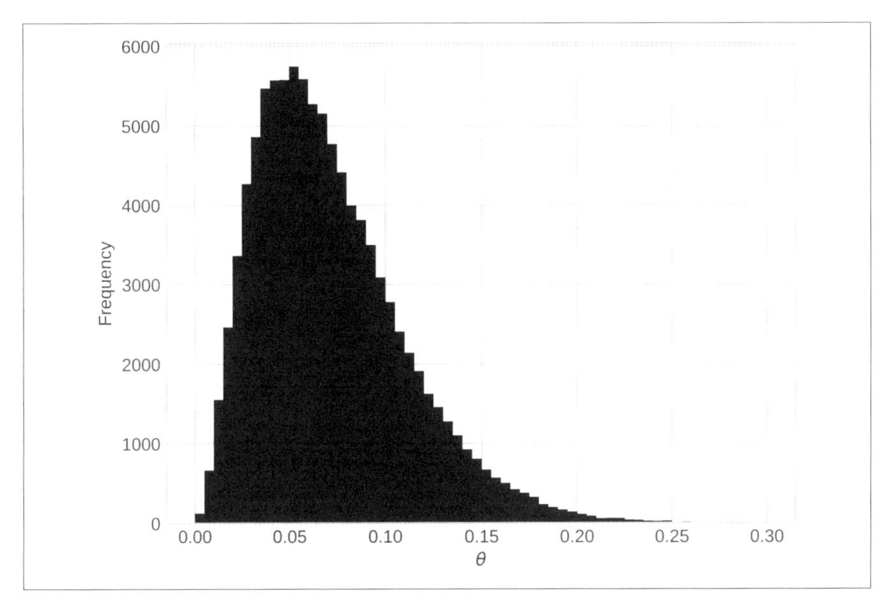


**圖 1-26　從 Alice 報告的設計 A 案點擊率的事後分布取得樣本所繪製的直方圖**

這裡先回顧一下 1.7.1 節提到的大數法則，如果樣本是獨立同分布且**樣本的數量很大的話**，就能從其樣本平均估計出樣本來源機率分布的期望值。如果將此規則用於某個隨機變數的頻率（桶）的樣本，就能根據這些樣本的樣本平均來推定與隨機變數的值相對應的機率質量。如果套用到任意隨機變數的值，我們可以從手中的樣本推論出樣本產生來源的機率分布。

利用這個想法，我們可以推論代表點擊率差距的隨機變數 $\delta$ 的機率分布。這裡首先從 Alice 的 A 案點擊率的事後分布 Beta(3, 39) 和 B 案點擊率的事後分布 Beta(5, 47) 分別產生 100,000 個樣本，設為 `theta_a` 與 `theta_b`。然後將兩組樣本的差作為一組新的樣本 `delta`。最後將 `delta` 繪製成直方圖，如**圖 1-27** 所示。

```
theta_a = np.random.beta(3, 39, size=100000)
theta_b = np.random.beta(5, 47, size=100000)
delta = theta_b - theta_a
plt.hist(delta, range=(-0.3, 0.3), bins=60)
plt.xlabel(r'$\delta$')
plt.ylabel('Frequency')
plt.show()
```

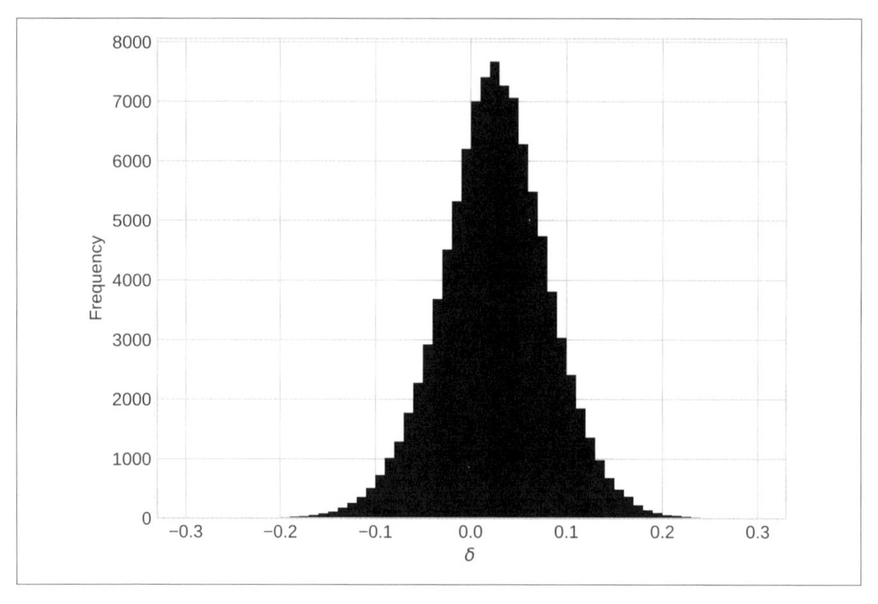


圖 1-27　隨機變數 $\delta$ 的直方圖，表示 Alice 報告中設計方案的點擊率差距

觀察直方圖的形狀，可以看到是左右對稱的鐘形頻率分布，且隨機變數在 -0.2 到 0.2 之間廣泛分布。將該直方圖的頻率除以樣本數，可得到機率質量函數，該函數還能推論出原始機率分布，但此結果用於確認形狀已經足夠了。

現在我們已經推論出代表點擊率差異的隨機變數 $\delta$ 的機率分布 $p(\delta)$，讓我們繼續檢驗開頭的假說。使用點擊率差距 $\delta$ ，可以將該假說轉為以下量化評估。

量化評估：

$\delta$ 有 95%的機率是正值。

這裡與之前的 HDI 評估一樣，用 95%作為一個足夠大的值的準則。要進行評估，可以按以下方式進行。

```
print((delta > 0).mean())  # 0.6823
```

這是要計算 $\delta$ 的 100,000 個樣本中，有多少比例是正值。根據大數法則，這相當於在機率密度函數 $p(\delta)$ 中，計算大於 0 的區域面積。在筆者的環境中執行此程式得到的數值是 0.6823。因為不到 95%，因此不能斷定 Alice 的 B 案點擊率很高。同樣地，對於 Bob 的報告計算 $\delta > 0$ 的機率，得到 0.9995 的值。因此可以得出結論，對於 Bob 的報告，B 案點擊率高於 A 案點擊率。

讓我們用數學式子來整理思考看看。此處 $\delta_1, \cdots, \delta_n$ 是 $\delta$ 的樣本，並且 $\mathbb{1}(x)$ 是**指示函數（indicator function）**。指示函數是當給定的條件 $x$ 滿足時回傳 1、不滿足時回傳 0 的函數。

$$\mathbb{1}(x) = \begin{cases} 1 & (x \text{ 為真}) \\ 0 & (x \text{ 為偽}) \end{cases} \tag{1.13}$$

此時計算樣本中正值的比例，相當於取各個樣本指示函數 $\mathbb{1}(\delta > 0)$ 的樣本平均。而根據大數法則，這會收斂到期望值 $\mathbb{E}[\mathbb{1}(\delta > 0)]$。

$$\begin{aligned} \frac{\mathbb{1}(\delta_1 > 0) + \cdots + \mathbb{1}(\delta_n > 0)}{n} \xrightarrow{n\to\infty} \mathbb{E}[\mathbb{1}(\delta > 0)] &= \int_{-\infty}^{\infty} p(\delta)\mathbb{1}(\delta > 0)d\delta \\ &= \int_{0}^{\infty} p(\delta)d\delta \end{aligned}$$

因此，我們可以看出這等同於找到機率分布 $p(\delta)$ 的正區域面積。

**圖 1-28** 是點擊率差距的推論機率密度函數。請注意，直方圖已正規化為機率密度函數，如在縱軸所見。找到點擊率差距為正的機率，等於找到該圖中 0 以上的區域面積。

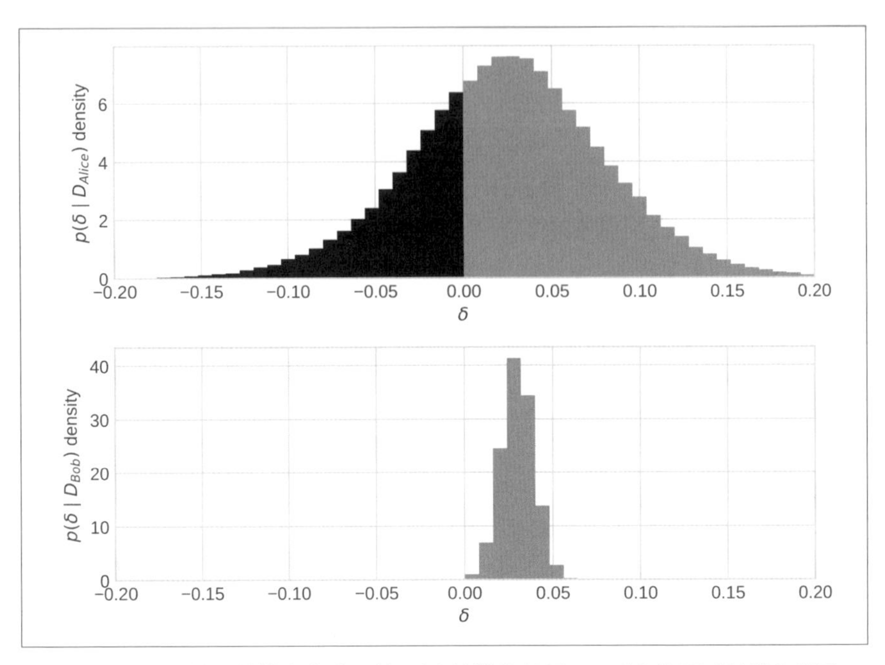


圖 1-28　點擊率差距的機率密度函數 $p(\delta)$ 的推論結果。0 以上的區域以淺色顯示

另外，雖然我們定義了代表點擊率差距的隨機變數，但您也可以定義其他隨機變數，以進行更靈活的假說檢定。例如若想評估點擊率是否差了 3 個百分點以上，可以定義一個新的變數

$$\delta = \theta_B - \theta_A - 0.03$$

然後求出該機率分布 0 以上的區域面積，作為評估之用。而如果想知道相對的增加量，那麼定義

$$\delta = \frac{\theta_B - \theta_A}{\theta_A}$$

也是可以的。另外，如果要評估點擊率差距 $\delta$ 是否等於特定值，也可以設定 ROPE 來制定決策規則。

此外，如果您要推論的是除了點擊率之外，與獲利能力相關的多個隨機變數的事後分布，還可以將這些隨機變數組合起來，定義一個代表最終獲利能力的隨機變數。有關預期收益假說檢定的更多資訊，請參見 [DP15]。

我們引入了兩種方法來檢驗命題「B 案的點擊率高於 A 案」，一種是使用機率分布的概括統計量 HDI，另一種則是使用新的隨機變數 $\delta$ 來代表點擊率差距。即使是相同的假說，也有多種方法可以進行量化評估。但請記住，它們並不一定會得到相同的結果。如果要將假說檢驗納入量化評估，就跟 95% 這個「很高的機率」的準則或 ROPE 的寬度一樣，都需要團隊內部達成共識。貝氏推論為決策提供了參數的事後分布作為材料，但在此基礎上的決策規則設定就超出了貝氏推論的架構，還需要考慮目標領域的知識以及所容許的誤差才能決定。關於將貝氏推論的結果與決策連結起來的方法，也可參見 [Kruschke14]。

## 1.8 本章總結

在本章中，我們利用 A/B 測試這個簡單的課題，概述了根據貝氏推論進行的假說檢定方法。首先解釋了 A/B 測試這個簡單的實驗架構是如何對使用者行為產生重大影響的。然後以統計模型的形式，整理了 A/B 測試中資料產生的過程。

如果能以大家熟知的機率分布當作零件建構一個統計模型，那麼要解決的問題就可以簡化為尋找其參數的問題，而這就是貝氏推論能發揮力量的地方。貝氏推論利用觀察到的資料和貝氏定理，更新我們對參數的信念（也是用機率分布表示）。而由於參數本身也是遵循某個機率分布的隨機變數，所以可以產生大量樣本，運用大數法則，推論背後的機率分布，這樣我們就得到了檢驗假說的材料。

在此介紹的是貝氏推論架構如何處理有無點擊的問題，但只要可以同樣用 0 或 1 來表示結果的話（譬如有無契約），就可以直接沿用這個方法。同樣的方法也適用於停留時間（非負連續值）和購買數量（0 以上的整數），只需將構成統計模型的機率分布替換成適當的機率分布即可。引入適當的機率分布、描述統計模型、使用貝氏定理計算事後分布、從事後分布產生樣本然後研究及檢定，這部分的作業流程都沒有改變。是不是覺得光是本章所學就能處理很多事了呢？

不過我們確實也用了一些計算來獲得此次事後分布。我們對於伯努利過程的簡單（但深奧）現象進行了各種研究及計算，最終能以漂亮的 beta 分布形式來描述事後分布，但並非所有統計模型的事後分布都能以這種簡潔方式描述。下一章將介紹一種計算量更**少**、以程式撰寫為中心的方法，達成更靈活的統計建模。

## 實驗設計的基本原則

自古以來人們都想知道，進行某個操作後得到的效果如何。我們想知道施用某種肥料是否能增加作物產量，我們想知道某種藥物是否確實能減輕症狀，類似結構的問題不勝枚舉。**對照實驗（control experiment）**對比操作的效果並驗證，是回答這些問題的一種實驗方法。

一般會準備兩組，一組是加了某種操作的實驗組（treatment），另一組則是不加操作的對照組（control），將兩組出現的結果進行比較以驗證操作的效果。在網站上進行的 A/B 測試也是以使用者為樣本的對照實驗，也就是利用對照來驗證某些設計或功能改變的效果 [Kohavi11]。

而有效進行比較對照實驗的技術，總稱為**實驗設計（design of experiments, DoE）**。實驗設計最初是 Fisher 想出來的，目的是為了正確評估農業中施肥的效果 [栗原 11]。實驗設計遵循以下三個原則：局部控制、重複、隨機化。

### 局部控制原則

將實驗環境劃分為較小的區域，以便只評估目標操作的因素。例如在評估施用某種肥料對產量的影響時，若用同一塊農地比較施用前後狀況，可能會因為連續種植失調或季節等因素對結果產生影響，無法正確驗證效果。而如果將農地分成兩個區域，同時比較施肥組和未施肥組，就能消除這類的時間因素以驗證效果。如此將實驗環境劃分為小區域，除了要評估的效果以外，維持其他條件都相同，這就是局部控制原則。

以網站最佳化來說，相當於將使用者分到不同組別，分別顯示不同的設計方案。如果是上午給所有使用者看 A 案，下午看 B 案，那麼除了想評估的方案改變之外，也有時間變化因素，很難區別是何者造成的效果。為了防止這種情況，就要將使用者分成幾個小組同時進行評估，才能避免時間因素的影響。

**重複原則**

在同一個條件下要有多個樣本，就能將群組內的樣本變異（誤差變異、組內變異）和操作引起的群組間變異（因素變異、組間變異）分開評估。譬如想評估採用某個設計方案後點擊率的變化，就得給好幾個人看才能了解效果。如果每個提案只顯示給一個使用者，而看到提案 A 的使用者正好是一個什麼都喜歡點的人，看到提案 B 的使用者則是一個很少點擊的人，那麼就很難區別這種效果是來自於提案的不同，還是使用者的特徵差異。只要行為因使用者而異，就應該為每個方案分配多名使用者。

**隨機化原則**

對局部控制無法處理的因素進行隨機化。即使遵循局部控制原則將使用者分成不同小組並顯示不同的方案，如果分組方式存在一定的規律性，那麼也無法正確評估結果。舉例來說，若將瀏覽電腦版網站的使用者都分到顯示 A 案的組別，用手機版的使用者都分到顯示 B 案的組別，那麼即使兩組之間有一定差異，也很難區別是因為提案相異、還是使用裝置不同所造成的影響。

而若將網站使用者隨機分配到不同組別，相當於將他們所使用的相異裝置或其他屬性等未知因素也一起隨機分配到不同組別。因此雖然組內差異很大，但組與組之間除了顯示方案不同外，不會有其他因素造成偏差，就能更正確地評估效果。

在 1.2.1 節中，之所以忽略每位使用者的特徵來建立模型，是因為使用者行為背後有著分析者難以想像的大量因素，不可能掌握所有因素並納入模型，所以也只能隨機化並將其視為變異。

無論是網站最佳化或其他領域，在比較對照實驗中，為了有把握地驗證假說，這些原則都是應該要注意的。

# 第 2 章
# 機率程式設計：尋求電腦的幫助

上一章中以 A/B 測試為主題，我們學習了貝氏推論的流程以及統計假說檢定的方法。從一個簡單的伯努利試驗開始，試驗中資料有一定的機率為 0 或 1，透過機率計算，我們得到了各種見解。

然而事情並不總是那麼容易。目前我們已經可以利用相對簡單的計算得到事後分布，但如果目標資料的種類不同，還是必須從頭開始計算。例如在購物網站，若想最大化使用者購買數量，資料可以用 0 以上的整數（0 件、1 件……）來表示。而若想最大化使用者停留時間，可以用 0 以上的連續值（5.3 秒、10.8 秒等）來表示。每次改變最佳化目標時都得如此計算，的確有點麻煩。

此時 1.5 節中提到的統計模型就成了有力的武器，透過統計模型的形式描述資料產生過程，可以將具體問題抽象化，與其他人及電腦共享。此外，若統計模型是用**機率程式語言（probabilistic programming language, PPL）**撰寫的，電腦就可以推論事後分布並計算輸出各種統計量。也就是說分析者可以暫時忘掉具體的計算，專注在創造性的工作上，把眼前的問題放進統計模型。

機率程式設計這個架構允許我們將統計模型寫成程式碼進行自動推論，而支援這種方式的程式語言及函式庫，就稱為機率程式語言。本章將使用 Python 的函式庫 PyMC3，介紹以軟體進行的貝氏推論方法。讀完本章，就能自信地設計和分析 A/B 測試，也能最佳化點擊率以外的指標。

# 2.1 撰寫統計模型並進行抽樣

我們先回到 Alice 和 Bob 的報告，用機率程式設計進行統計假說檢定。首先引入必要的模組，為了充分利用 PyMC3 的視覺化方法，需要安裝 ArviZ，此模組提供了分析貝氏統計模型的便利功能。目前 Colab 的預設執行環境中已安裝了 ArviZ 與 PyMC3，可跳過此步驟直接使用，不過此處還是介紹一下模組安裝方式，就是在區塊中執行以下指令：

```
!pip install -U arviz==0.9.0 pymc3==3.9.3
```

在 Colab 和 Jupyter 的筆記本（notebook）的區塊中開頭輸入 ! 可以執行 shell 指令。用這種方式執行 shell 指令 `pip` 安裝 Python 模組，就能在執行環境中安裝指定版本的模組，之後就能在筆記本中使用。

接著執行以下程式碼引入 PyMC3 和其他必要模組，並確保沒有出現 `ModuleNotFoundError`。這裡我們將 `pymc3` 模組引入為 `pm`。

```
import numpy as np
from matplotlib import pyplot as plt
import pymc3 as pm
```

再來要描述式 (1.9) 中的統計模型，這次要處理的統計模型其事前分布是均勻分布、似然函數是二項分布，我們直接放入程式碼。首先從 Alice 報告的 A 案點擊率的事後分布取得一個樣本。

```
N = 40  # Alice 設計 A 案的顯示次數
a = 2   # Alice 設計 A 案的點擊次數

with pm.Model() as model:
  theta = pm.Uniform('theta', lower=0, upper=1)
  obs = pm.Binomial('a', p=theta, n=N, observed=a)
  trace = pm.sample(5000, chains=2)
```

一開始執行 `pm.Model` 方法，產生統計模型物件 `model`。在此情境（context）下，我們繼續描述構成統計模型的機率分布及其關係。`pm.Uniform` 是代表均勻分布的類別，這裡給定了隨機變數 `theta` 的取值範圍 $0 \leqq \theta \leqq 1$。當然這裡事前分布也可以寫成 $\alpha = 1, \beta = 1$ 的 beta 分布（1.6 節提過，這跟均勻分布一樣），所以可以寫成

```
theta = pm.Beta('theta', alpha=1, beta=1)
```

這裡先假設不知道事前分布可以寫成 beta 分布，繼續進行。

接著由於似然函數是二項分布，我們用 pm.Binomial 表示。二項分布 $\mathrm{Binomial}(\theta, N)$ 由兩個參數表示：試驗的成功機率 $\theta$ 和試驗次數 $N$ 。將它們分別傳給 pm.Binomial 的引數 p 和 n 以設定機率分布。最後，由於此二項分布產生的隨機變數 $a$（即總點擊次數）已經觀測到了，所以將該觀測資料 a 傳入引數 observed。

接著執行 pm.sample 就會進行推論，並且從所描述的統計模型的事後分布中得到大量樣本。pm.sample 的第一個引數是要取出的樣本數，這裡產生 5000 個亂數。chains 是同時進行多少抽樣工作，這裡我們設定 2，所以總共會得到 $5000 \times 2 = 10000$ 個樣本。

在筆者的環境中執行以上程式碼，過程中會顯示以下訊息。

```
Auto-assigning NUTS sampler...
Initializing NUTS using jitter+adapt_diag...
Sequential sampling (2 chains in 1 job)
NUTS: [theta]
  100.00% [6000/6000 00:02<00:00 Sampling chain 0, 0 divergences]
  100.00% [6000/6000 00:02<00:00 Sampling chain 1, 0 divergences]
Sampling 2 chains for 1_000 tune and 5_000 draw iterations
(2_000 + 10_000 draws total) took 5 seconds.
```

這裡要注意的是，本來應該會得到 2 次的 5000 個樣本，但輸出結果顯示有 6000 個，表示其實 PyMC3 在背後取樣比指定的多 1000 次，達到 6000 次。為什麼要額外取樣 1000 次？這是因為在推論初期階段所獲得的樣本品質較差。

本書不會涉及 PyMC3 推論所使用的具體演算法，但大略來說，它的動作就像是從某個初始值開始、到處徘徊尋找最佳參數。這種演算法會產生大量亂數並穩定更新狀態，通常稱為 **MCMC（Markov chain Monte Carlo，馬可夫鏈蒙地卡羅）**。蒙特卡羅法（Monte Carlo method）是透過產生大量亂數來解決某些問題的方法總稱。馬可夫鏈（Markov chain）則是狀態隨（離散）時間逐漸轉移的過程，而且還有個性質：未來狀態僅由現有狀態決定（馬可夫性質，Markov property）。

MCMC 從初始值開始遷移狀態，逐步靠近最佳參數附近，但因為初始值是隨機設定的，有可能離最佳參數很遠。因此為了得到高品質的樣本，要盡量減少初始值的影響，只使用適度搜尋後得到的樣本。為了消除搜尋初始值的影響而進行丟棄的這段期間，稱為**預燒（burn-in）**。PyMC3

預設是丟棄前 1000 個樣本，所以才增加了 1000 個樣本。這些是要去棄的樣本而已，不會留在最終的樣本中。具體的 MCMC 演算法內容，請參見 [Kruschke14] 的第 7 章。

以 MCMC 得到的樣本會存在 trace 中。PyMC3 有各種方便的方法可以用來解釋所得到的樣本，譬如將 trace 傳進 pm.traceplot，就能將 MCMC 得到的樣本畫成圖。

```
with model:
  pm.traceplot(trace)
```

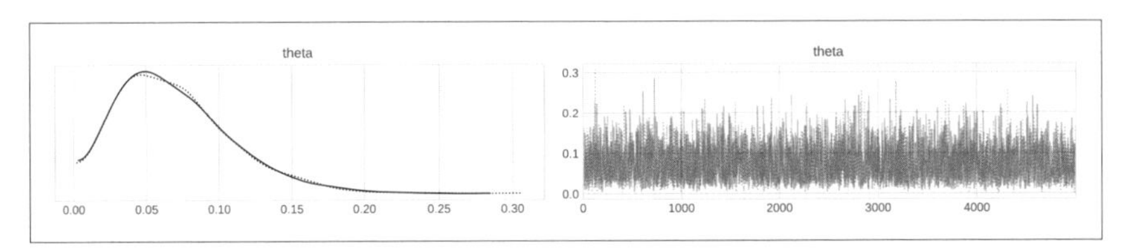


**圖 2-1**　以 pm.traceplot 將事後分布的樣本視覺化

**圖 2-1** 左側說明了目標隨機變數的事後分布推論，右側則是預燒之後獲得樣本的軌跡。橫軸表示採樣次數，縱軸表示樣本的隨機變數值。這張圖要注意的是樣本是否已收斂至特定分布。如果隨機變數的樣本軌跡分布在某一帶附近，我們就可以知道樣本是來自某個分布的。

而如果樣本軌跡蛇行如**圖 2-2**，代表還沒固定在某個分布上，這表示馬可夫鏈沒有收斂的徵兆，MCMC 不太順利。如果遇到這種情況，需要採取一些對策，包括足夠長的預燒期、檢查先前的事前分布，或者檢查統計模型本身等。

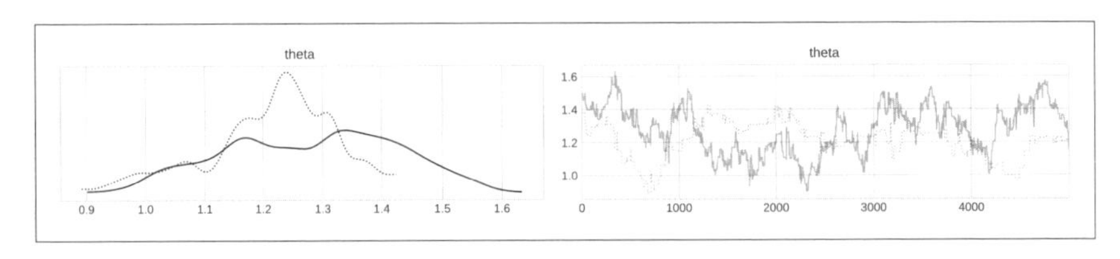


**圖 2-2**　馬可夫鏈無法收斂、MCMC 不順利的例子

如果將樣本傳入 pm.summary，會顯示一些主要的概括統計量。假設 HDI 為 95%，所以傳入 0.95 到 hdi_prob 參數。

```
with model:
  print(pm.summary(trace, hdi_prob=0.95))
```

| | mean | sd | hdi_2.5% | hdi_97.5% |
|---|---|---|---|---|
| theta | 0.071 | 0.039 | 0.009 | 0.149 |

pm.summary 方法輸出的概括統計量取決於 PyMC3 的版本，在此僅列出較具代表性的統計量。

mean 是從事後分布獲得樣本的樣本平均值，sd 是標準差。hdi_2.5% 和 hdi_97.5% 分別是 95% HDI 的下端和上端。

PyMC3 還提供了 pm.plot_posterior 方法，可用來視覺化推論的事後分布以及概括統計量。這裡一樣傳入 HDI 所佔機率的參數 hdi_prob，執行此視覺化的結果如圖 2-3 所示。

```
with model:
  pm.plot_posterior(trace, hdi_prob=0.95)
```

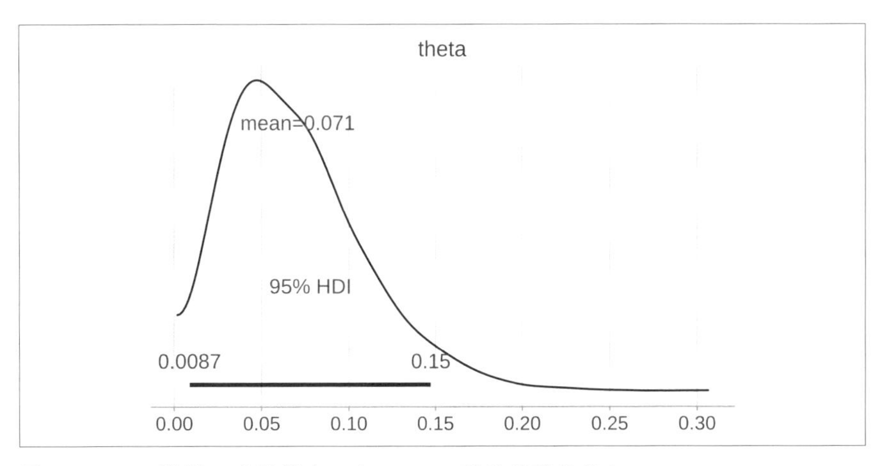


圖 2-3 Alice 設計 A 案點擊率，由 PyMC3 推論的事後分布

我們看分布的形狀，可以發現與**圖 1-24** 的 Alice 設計 A 案點擊率的事後分布很相似。對比 95% HDI 也會看到數值幾乎相同。我們在統計模型中並沒有直接指定 beta 分布，但可以看到結果還是推論出形狀相似的機率分布。

現在我們有了點擊率參數 $\theta$ 的樣本，之後就可以考慮要驗證的假說以及相應的量化評估，並進行統計假說檢定。例如，您會如何回答以下假說？

假說：

Alice 的設計 A 案點擊率在 1%以上。

對此，我們採用以下的量化評估方式進行檢驗。

量化評估：

新的隨機變數 $\delta = \theta - 0.01$ 的樣本有 95% 的機率為正值。

由 MCMC 獲得的隨機變數 `theta` 的事後分布樣本，以 NumPy 陣列的形式，儲存在 `trace['theta']` 中。由於我們只需對此樣本進行量化評估，因此只要執行

```
print((trace['theta'] - 0.01 > 0).mean()) # 0.9919
```

在筆者的環境中得到的值為 0.9919。因此根據此種量化評估方式可以得到結論，Alice 的設計 A 案點擊率在 1%以上。

我們以相同的方式對 Alice 的設計 B 案撰寫程式，並驗證假說。

```
with pm.Model() as model:
  theta = pm.Uniform('theta', lower=0, upper=1, shape=2)
   obs = pm.Binomial('obs', p=theta, n=[40, 50], observed=[2, 4])
  trace = pm.sample(5000, chains=2)
```

這裡我們要推論 2 個隨機變數，也就是 A 案點擊率 $\theta_A$ 和 B 案點擊率 $\theta_B$。雖然也可以獨立宣告各個變數，但在 PyMC3 中可以用 `shape` 引數，一次指定多個遵循同樣事前分布的隨機變數。同樣地，也可以將多筆觀測資料以陣列方式一次傳入二項分布的引數 `observed`。

```
with model:
  pm.traceplot(trace, ['theta'], compact=True)
```

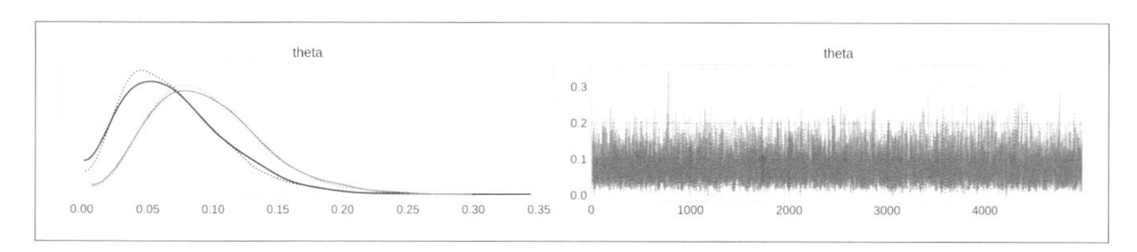


圖 2-4 Alice 的設計 A 案和 B 案的點擊率樣本視覺化

看了**圖 2-4** 的樣本軌跡，可以知道有 2 個事後分布的推論，一個是 A 案的分布，另一個則是 B 案的分布。雖然分布不同，但可看出大部分是互相重疊的。

現在我們使用從該事後分布得到的樣本，來評估 B 案點擊率高於 A 案點擊率的機率。

假說：

設計 B 案的點擊率高於設計 A 案。

量化評估：

$\delta = \theta_B - \theta_A$ 的樣本有 95% 的機率為正值。

由 MCMC 獲得的隨機變數 $\theta$ 的樣本 `trace['theta']` 是大小為 ( 產生樣本數量 , 隨機變數數量 ) = (10000, 2) 的陣列。因此若想得到每個設計方案的樣本，我們只需要在陣列的第 2 個維度指定索引就能得到，如 A 案樣本為 `trace['theta'][:, 0]`，B 案樣本為 `trace['theta'][:, 1]`。然後用產生的樣本計算得到差，並算出正值的比例。

```
print((trace['theta'][:, 1] - trace['theta'][:, 0] > 0).mean())  # 0.674
```

在筆者的環境中，執行上面程式碼的結果為約 67%。雖然有些微差異，但可以看出與 1.7.3 節中得到的結果（約 68%）大致相同。

接著也來看看 Bob 的報告，MCMC 獲得的樣本如**圖 2-5**。

```
with pm.Model() as model:
  theta = pm.Uniform('theta', lower=0, upper=1, shape=2)
  obs = pm.Binomial('obs', p=theta, n=[1280, 1600], observed=[64, 128])
  trace = pm.sample(5000, chains=2)
  print((trace['theta'][:, 0] < trace['theta'][:, 1]).mean())  # 0.9985
  pm.traceplot(trace, ['theta'], compact=True)
```

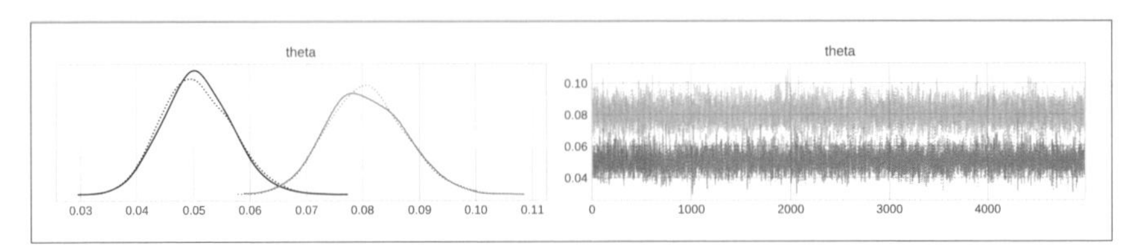


圖 2-5　Bob 的設計 A 案和 B 案的點擊率樣本視覺化

看了 Bob 報告中點擊率的事後分布，可以發現這 2 個分布比 Alice 的兩個設計案相距更遠，從圖表的比例也可看出其分布的尾巴比 Alice 的報告還短。接著計算 B 案點擊率比 A 案高的比例，在筆者環境算出的結果是 99.9%。我們一開始就將決策的基準定為 95%，所以對於 Bob 的報告，似乎已經可以得到 B 案點擊率高於 A 案的結論。

以上概述了使用 PyMC3 進行機率程式設計對 Alice 和 Bob 的報告進行統計假說檢定的流程。我們只要在程式中描述統計模型，無需處理貝氏定理來計算事後分布，就能得到統計假說檢定的樣本。這種靈活性使我們能用類似方法來解決各種問題。既然如此，我們就試著用機率程式設計來解決點擊率以外指標的問題吧。

## 2.2　真實評論分數

各種電子商務網站或評價網站都允許使用者對商品進行評分，而這些分數對我們的消費行為有很大的影響。一件商品即使符合需求，但若其他使用者對其評價很低，我們也會猶豫是否要買；但如果其他人評價很高，我們可能會有興趣進一步了解。我們把使用者投票得到的評分稱為**評論分數（review score）**。

不過若對評論分數有錯誤觀點，會導致錯誤決策。評論之中有的可能是垃圾評論，也有人是什麼都能抱怨的，平均分數背後潛藏著各種差異因素。

那麼什麼才是產品的真實評論分數呢？直觀來說，評論該產品的使用者越多，平均分數就越可靠，因為這些因素會互相抵消；而如果給出評價的使用者較少，可靠性就值得懷疑，因為會受到少數使用者的意見影響。我們就使用貝氏推論來量化評估這個直觀的看法吧。

這裡我們虛構一個電子商務網站，假設某個商品類別中有 A 和 B 兩個產品。網站允許使用者評論給分，滿分是 5 分，各分數的使用者數量如下。

| 產品 | 1 分 | 2 分 | 3 分 | 4 分 | 5 分 | 總人數 | 平均分數 |
|---|---|---|---|---|---|---|---|
| A | 20 | 10 | 36 | 91 | 170 | 327 | 4.17 |
| B | 0 | 0 | 4 | 0 | 6 | 10 | 4.20 |

如果只看平均分數，兩者皆是 4.2 分左右的高分，但我們也能看到，平均分數背後支撐的人數相差很大。直觀來看，A 產品的平均得分似乎更可靠，但 B 產品平均得分略高，更有吸引力，而且說不定只要 10 個人就能得到可靠的平均分數。到底這兩個平均分數的可靠性如何？

在應用貝氏推論前，先整理一下這些資料的產生過程。過程可以畫成**圖 2-6**，與 1.2.1 節的方法相同。當某項產品被評論時，是遵循某個機率分布 $p(r \mid \boldsymbol{\theta})$ 產生評論分數 $r$ 的。在產品中，每個評論分數都有個潛在的產生機率 $\boldsymbol{\theta}$，但我們分析者是看不到的。這個 $\boldsymbol{\theta}$，以點擊率 A/B 測試的情境來說，就相當於各設計方案的真實點擊率。我們所擁有的只是對該機率的信念 $p(\boldsymbol{\theta})$ 以及觀測資料 $r$。與點擊率推論一樣，這裡先忽略所有評論者的特徵。

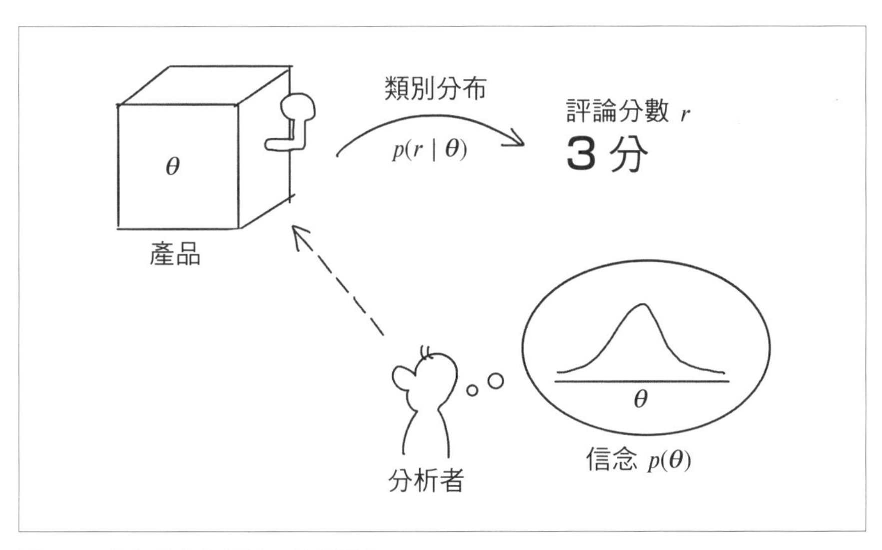


圖 2-6　從產品產生評論分數的過程

注意各評論分數的產生機率 $\boldsymbol{\theta}$ 是以粗體表示。粗體的數學符號表示其為**向量（vector）**。這裡沒有對向量做任何特殊操作，因此可以將其視為一系列的數字，也就是陣列。作為對比，實數有時也稱為**純量（scalar）**。

向量還有一種表示法 $\vec{x}$，但在本書中我們採用粗體 $\boldsymbol{x}$ 的方式。

之所以要將隨機變數 $\boldsymbol{\theta}$ 以向量表示，是因為所要處理的資料不像點擊率那樣只有 2 種值，而是有 5 種類別，因此我們必須考慮各類別的期望值。也就是說，

$$\boldsymbol{\theta} = (\theta_{1\,分}, \theta_{2\,分}, \theta_{3\,分}, \theta_{4\,分}, \theta_{5\,分})$$

我們要推論的未知參數 $\boldsymbol{\theta}$ 向量，就是像這樣將各評論分數產生機率並排在一起。

現在我們已經大致了解資料產生過程了，接著考慮似然函數 $p(r \mid \boldsymbol{\theta})$ 和事前分布 $p(\boldsymbol{\theta})$。首先是似然函數。這次想要的機率分布是一種輸出多種類別離散值的機率分布。在**圖 1-4** 的抽獎例子中，用到的類別分布 $\text{Categorical}(\boldsymbol{\theta})$ 正符合此目的。

類別分布可視為伯努利分布的擴展，使其可處理 2 種以上的類別。難道不能對事前分布進行同樣的擴展嗎？或者說，有沒有什麼機率分布可以將 beta 分布（即伯努利分布的共軛事前分布）擴展成可處理 2 類以上的情況？相應的機率分布就是**狄利克雷分布（Dirichlet distribution）**。

狄利克雷分布是一種連續機率分布，它是 $K$ 維向量隨機變數 $\boldsymbol{\theta}$ 所遵循的機率分布。但 $\boldsymbol{\theta}$ 每個元素都取值在 $0 \sim 1$ 的範圍內，且總和為 1。換言之，遵循狄利克雷分布的隨機變數滿足作為機率質量函數的條件。狄利克雷分布有一個 $K$ 維向量 $\boldsymbol{\alpha}$ 的參數，稱為集中度，其中的各元素都以正實數表示。而當該集中度參數的值均為 1 時，就相當於多類別的均勻分布。這裡我們以狄利克雷分布 $\text{Dirichlet}(\boldsymbol{\alpha})$ 作為事前分布。

基於以上討論，這次處理的統計模型可以表示如下。由於我們對此問題沒有任何事前知識，因此我們採用的事前分布為集中度參數所有值皆為 1 的狄利克雷分布（即均勻分布）。

$$\boldsymbol{\theta} \sim \text{Dirichlet}(\boldsymbol{\alpha} = (1,1,1,1,1))$$

$$r \sim \text{Categorical}(\boldsymbol{\theta})$$

現在我們已經有了貝氏推論的所有要角，可以開始用 PyMC3 進行推論了。首先是關於 A 產品的推論。

```
n_a = [20, 10, 36, 91, 170]
data = [0 for _ in range(n_a[0])]
data += [1 for _ in range(n_a[1])]
data += [2 for _ in range(n_a[2])]
data += [3 for _ in range(n_a[3])]
data += [4 for _ in range(n_a[4])]

with pm.Model() as model_a:
  theta = pm.Dirichlet('theta', a=np.array([1, 1, 1, 1, 1]))
  obs = pm.Categorical('obs', p=theta, observed=data)
  trace_a = pm.sample(5000, chains=2)
```

首先按照分數由低到高，將對應的評論數存入 n_a。然後對於每種分數，根據評論數將對應數量的值放入存放觀測資料的 data 陣列。請注意，該值不是評論得分（1 分、2 分、……），而是對應到類別分布的類別索引值（0、1、……）。

接著宣告 A 產品的模型 model_a 並描述統計模型。由於我們使用狄利克雷分布作為事前分布，因此我們先呼叫 pm.Dirichlet 類別。我們將元素全為 1 的向量 np.array([1, 1, 1, 1, 1]) 作為參數傳入。至於似然函數，我們使用前面討論的類別分布 pm.Categorical，並傳入觀測資料。

圖 2-7 是 MCMC 結果所獲軌跡的視覺化。我們可看到 5 個隨機變數的軌跡是如何得到的，這些軌跡對應了各自的評論分數的期望值。

```
with model_a:
  pm.traceplot(trace_a)
```

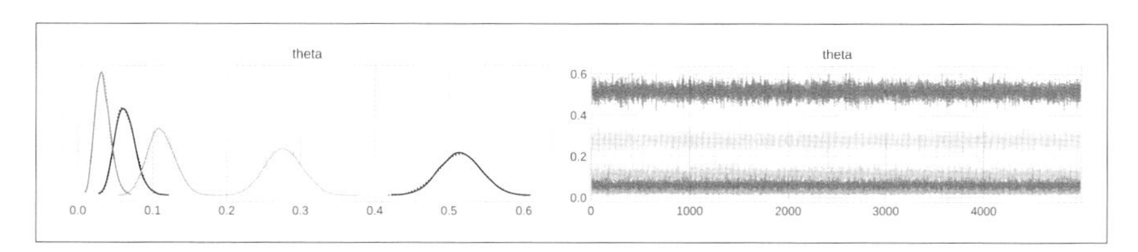


圖 2-7　對於 A 產品來說，產生各評論分數的機率 $\theta$ 的樣本視覺化

讓我們仔細看看參數 $\theta$ 的事後分布，圖 2-8 畫出了事後分布。

```
with model_a:
  pm.plot_posterior(trace_a, hdi_prob=0.95)
```

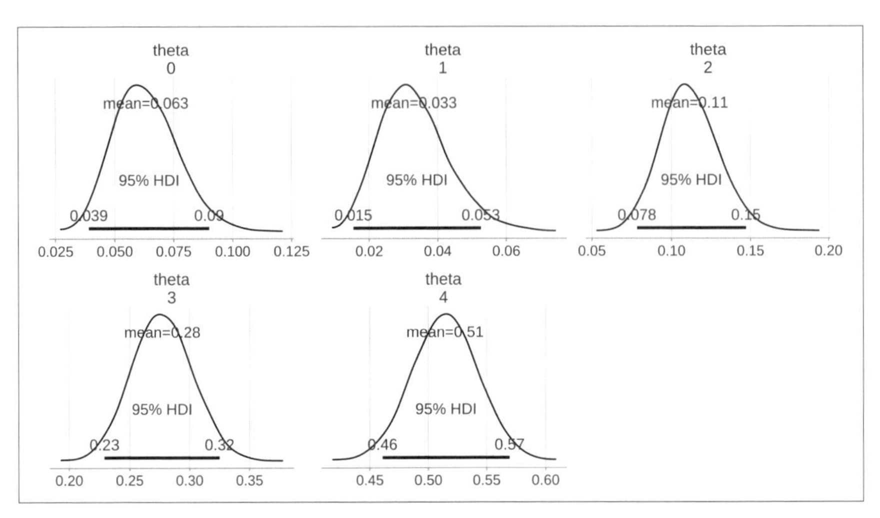


圖 2-8　對於 A 產品來說，產生各評論分數的機率 $\theta$ 的事後分布視覺化

按照順序，這些分別是各評論分數 1 分、2 分、3 分、4 分、5 分的期望值 $(\theta_{1\text{分}}, \theta_{2\text{分}}, \theta_{3\text{分}}, \theta_{4\text{分}}, \theta_{5\text{分}})$ 的事後分布。看了 `theta 0` 和 `theta 1` 的分布，可以知道是在 0.1 以下的區域，由此可見 A 產品獲得 1 分或 2 分的機率很低。而 `theta 4` 的分布顯示 95% HDI 在 0.5 左右，由此可知 A 產品有一半左右的機率會得 5 分。

以這種方式觀察每種分數（類別）的機率分布可以得到各種見解，但我們最終想知道的還是平均評論分數的分布。為了得到答案，我們引入一個新的隨機變數 $m$，對應平均評論分數。

$$m = 1\theta_{1\text{分}} + 2\theta_{2\text{分}} + 3\theta_{3\text{分}} + 4\theta_{4\text{分}} + 5\theta_{5\text{分}}$$

這個隨機變數 $m$ ，是各評論分數與發生機率的加權平均。我們將評論分數定義為權重 `weight`，並寫一個運算，將其乘以機率 `theta`，求出總和。

```
weights = np.array([1, 2, 3, 4, 5])
m_a = [sum(row * weights) for row in trace_a['theta']]
```

對形狀（行及列）相等的兩個 NumPy 陣列進行乘法，會輸出一個 NumPy 陣列，每個元素都是前面兩個陣列中相對應元素的乘積。請注意這種行為與沒有定義陣列乘法的 Python 串列（list）型別不同。

另外，一般認為對 NumPy 陣列使用 Python 的 for 迴圈進行操作是不好的做法，因為這樣無法受益於 NumPy 內部 C 語言或 Fortran 的高速處理。這裡我們使用 Python 的 for 語句執行計算，是因為優先考慮可讀性而非性能。

將相同長度的陣列中的對應元素相乘並加總的操作，就相當於**第 6 章**會討論的向量內積。若考慮到這一點，也可以使用內積用的 `np.matmul` 方法來進行如下操作，不但簡單也不會犧牲效能。

```
m_a = np.matmul(trace_a['theta'], weights)
```

如果我們把這樣得到的機率分布 $p(m)$ 畫成直方圖，會得到**圖 2-9**。但請注意，這裡的圖是在 `plt.hist` 方法中用 `density=True` 正規化為機率密度函數畫出來的。

```
plt.hist(m_a, range=(3, 5), bins=50, density=True)
plt.xlabel(r'$m_A$')
plt.ylabel(r'$p(m_A)$')
plt.show()
```

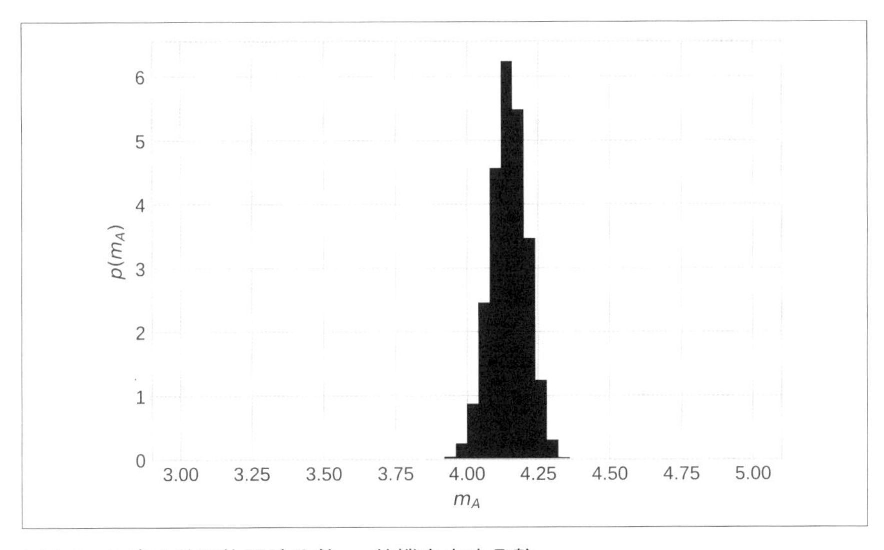


圖 2-9　A 產品的平均評論分數 $m$ 的機率密度函數

觀察此結果，可以看到 A 產品的平均評論分數集中在 4.0 分到 4.3 分之間的狹窄區域。即使考慮偶然因素，也至少還能說是高於 4.0 分，因此我們可以用 `(m_a > 4).mean()` 來量化評估假說。

同樣地，我們也想畫出 B 產品平均評論分數的分布。但在這之前，我們想再調整一下一直使用的統計模型，讓解法更加簡潔。

在 1.5 節中，解法從反覆使用貝氏推論，升級至使用二項分布將更新合併為一次。對於這裡的評論分數問題，我們也想將解法升級，這表示要重新審視資料產生過程，如**圖 2-10**。這次的變更使我們只需直接傳遞各評論分數的總和就能進行貝氏推論，不必重複輸入各評論資料。

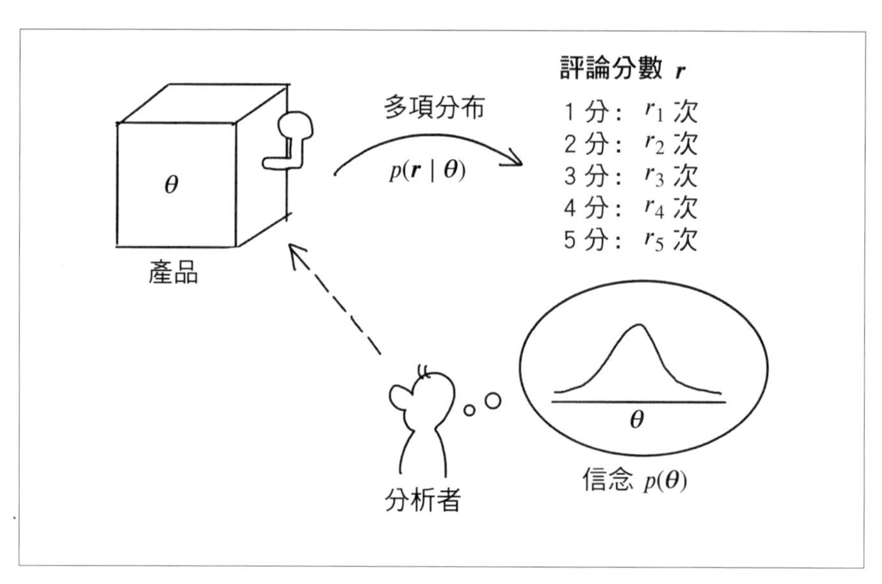


圖 2-10　從產品產生多筆評論分數的過程

在 1.5 節中，我們介紹了二項分布，可以將 $N$ 次伯努利分布匯總在一起。同理，**多項分布（multinomial distribution）**是 $N$ 次類別分布的匯總。多項分布屬於離散機率分布，可以處理 $K$ 個類別。多項分布的參數包括 $N$，代表試驗次數以及 $K$ 維向量 $\boldsymbol{\theta}$，代表各類別的發生機率。隨機變數 $\boldsymbol{r}$ 遵循多項分布，代表 $N$ 次試驗的結果中，各類別的發生次數。

按照以上討論，可以將處理的統計模型重寫如下。事前分布與前面一樣使用集中度全部為 1 的狄利克雷分布（即均勻分布），但請注意我們似然函數採用多項分布。

$$\boldsymbol{\theta} \sim \mathrm{Dirichlet}(\boldsymbol{\alpha} = (1, 1, 1, 1, 1))$$

$$\boldsymbol{r} \sim \mathrm{Multinomial}(\boldsymbol{\theta})$$

我們把這個統計模型寫成程式，並尋找產品 B 各評論分數出現機率 $\boldsymbol{\theta}$ 的事後分布。首先將產品 B 各評論分數出現次數存到陣列 n_b，然後呼叫多項分布 pm.Multinomial 作為似然函數，並將各結果出現機率 theta 和試驗次數 n_b.sum() 作為參數傳入。最後將觀測資料以 observed 傳入，並執行 MCMC。因為可以直接傳入各類別的發生次數，我們現在能更簡單地描述統計模型。

```
n_b = np.array([0, 0, 4, 0, 6])
with pm.Model() as model_b:
  theta = pm.Dirichlet('theta', a=np.array([1, 1, 1, 1, 1]))
  obs = pm.Multinomial('obs', p=theta, n=n_b.sum(), observed=n_b)
  trace_b = pm.sample(5000, chains=2)
  pm.traceplot(trace_b)
```

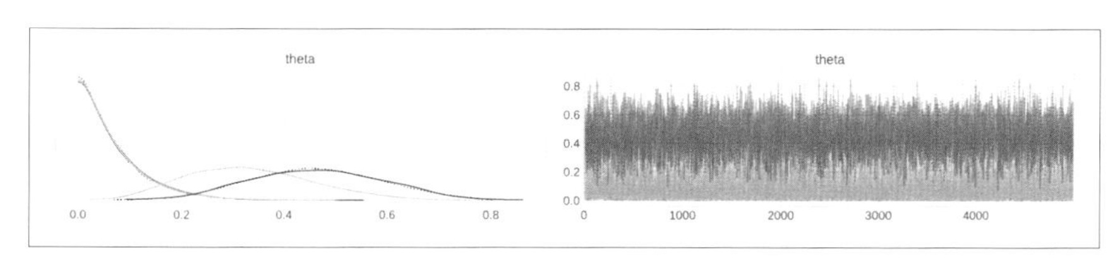


圖 2-11　對於 B 產品來說，產生各評論分數的機率 $\theta$ 的樣本視覺化

MCMC 結果軌跡如**圖 2-11**。與 A 產品相比，可以看出是尾巴很長的事後分布。由於觀測資料的樣本數量很小，可以看到信念分布範圍也很廣。

最後，與 A 產品一樣，我們定義一個平均評論分數的隨機變數 $m$ 並求出其機率分布。A 產品與 B 產品的平均評論分數的機率分布如**圖 2-12**。

```
m_b = [sum(row * weights) for row in trace_b['theta']]
plt.hist(m_a, range=(2, 5), bins=50, density=True, label='A',
         alpha=0.7)
plt.hist(m_b, range=(2, 5), bins=50, density=True, label='B',
         alpha=0.7)
plt.xlabel(r'$m$')
plt.ylabel(r'$p(m)$')
plt.legend()
plt.show()
```

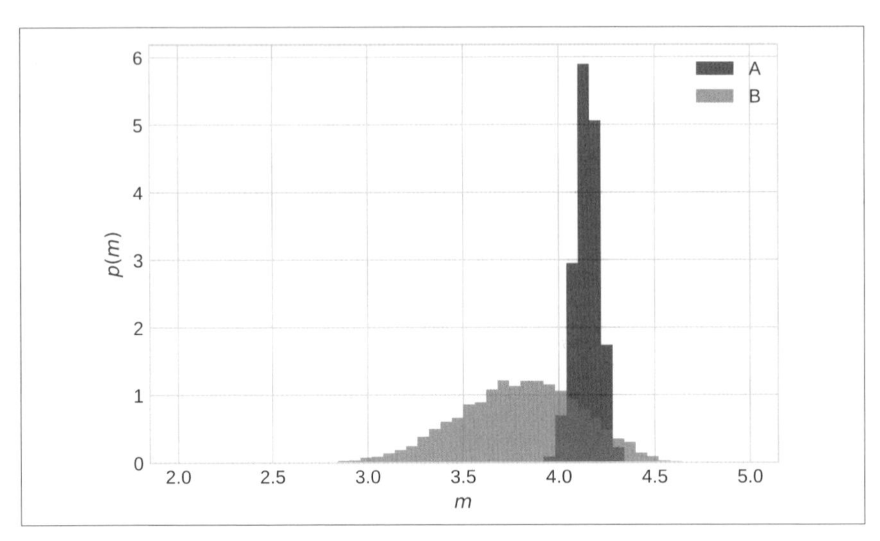


圖 2-12　A 產品和 B 產品的平均評論分數的機率密度函數

從視覺化結果中，可看到 B 產品的平均評論分數比 A 產品的分布更廣。在這樣的樣本大小條件下，最多就只能說 B 產品的平均評論分數介於 3.0 到 4.5 分之間。而當我們只關心平均分數時，兩者得分幾乎相同，但我們也發現兩者尾巴寬度差異很大。雖然只關心平均分數時，事件看起來都一樣，但我們仍感覺得到，只要用了貝氏推論，就能得到背後各種可信度的資訊。

對了，本節出現了幾個新的機率分布。整理一下這些分布之間的關係（圖 2-13）。

圖上半部是用於似然函數的機率分布，下半部則是事前分布和事後分布，也就是用於信念的機率分布。標有「$N$ 次試驗」的實線箭頭表示對機率分布的擴展，使其能處理 $N$ 次試驗的總次數。標有「$K$ 個類別」的實線箭頭表示對機率分布的擴展，使其從處理 2 種值擴展為處理 $K$ 個類別。而似然函數和信念之間的虛線箭頭，則表示共軛事前分布的關係。

如 1.5 節所述，伯努利分布擴展到 $N$ 次試驗結果就相當於二項分布。而將伯努利分布從處理 2 種值擴展為處理 $K$ 種離散值，則相當於類別分布。再來，將二項分布擴展為 $K$ 個類別，或是將類別分布擴展為 $N$ 次試驗結果，都相當於多項分布。因此，伯努利分布、二項分布、類別分布，都可以視為多項分布的特例。

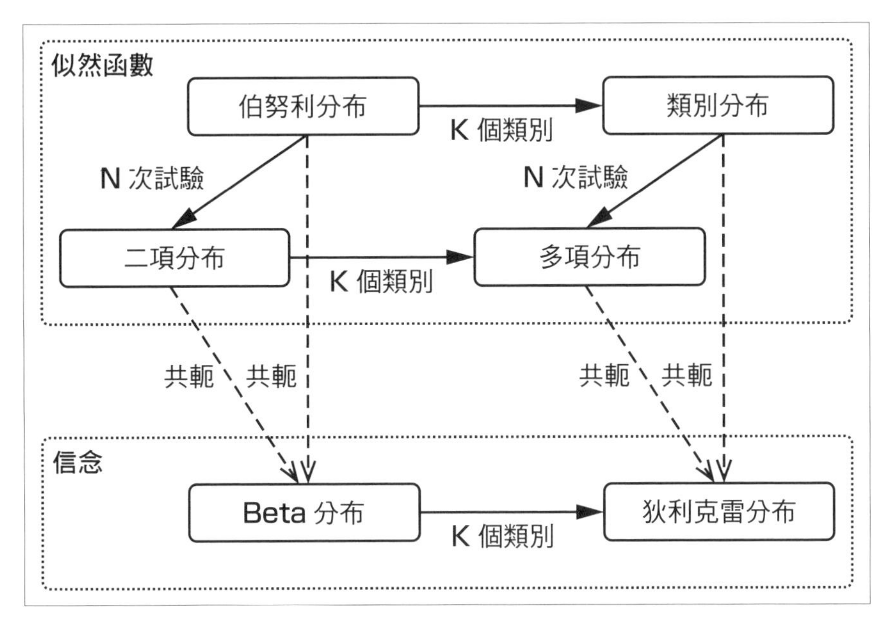


圖 2-13 本節登場的機率分布關係

另一方面，beta 分布是 0 ～ 1 連續值的機率分布，擴展到 $K$ 維就是狄利克雷分布。Beta 分布是伯努利分布和二項分布的共軛事前分布，狄利克雷分布則是類別分布和多項分布的共軛事前分布。根據問題處理對象的資料性質，選擇適當的事前分布和似然函數，就能設計出運作良好的統計模型。

## 2.3 測試停留時間

目前處理的是離散值資料，在某些情況下我們可能也希望對連續值的指標進行假說檢定，例如使用者在特定網站的停留秒數、網站內容顯示在螢幕上的比例等，這些指標都是以連續值表示的。在機率程式設計中，我們該如何處理這類指標呢？這裡以使用者在網站停留秒數（停留時間）作為例子，進行統計假說檢定。

我們準備了一個資料集，是在虛構網站上的停留時間。請從這個 URL 下載使用：

https://www.oreilly.co.jp/pub/9784873119168/data/time-on-page.csv

下面範例程式碼使用 Python 標準模組 `urllib` 下載 CSV 檔案。這個 CSV 檔案中的每一行都代表了某次到訪網站所停留的時間（秒數）。將資料繪製成直方圖可以看到資料整體的樣貌，如**圖 2-14**。

```
import urllib
url = 'https://www.oreilly.co.jp/pub/9784873119168/data/time-on-page.
csv'
response = urllib.request.urlopen(url)
data = [int(row.strip()) for row in response.readlines()]
plt.hist(data, bins=50)
plt.show()
```

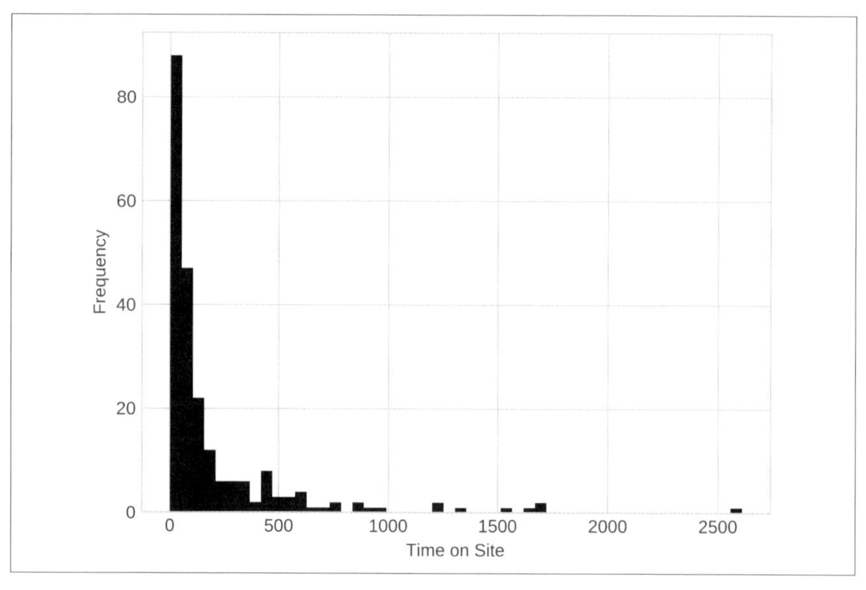


**圖 2-14　在某網站的停留時間（秒）直方圖**

一眼看過去，可以發現大多數資料都集中在 0 附近。這表示大部分使用者短時間內就離開網站，只有極少數人會長時間停留。根據筆者的經驗，不同網站上的時間資料在畫成圖後也能看到類似趨勢，各位開發的網站又如何呢？

為了用機率程式設計處理這些資料，首先需要考慮統計模型。本案例的資料產生過程如**圖 2-15**。向使用者顯示某個設計方案時，觀測其停留時間 $t$。在貝氏推論的架構中，將其視為來自某個具有期望值的機率分布 $p(t \mid \theta)$ 的樣本，然後進行討論。

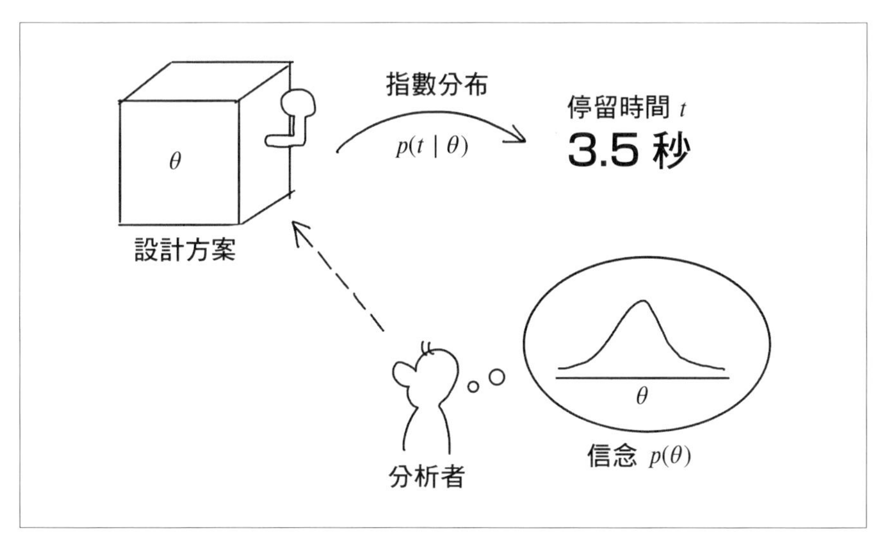


圖 2-15 停留時間資料產生過程

應該假設是哪種機率分布 $p(t \mid \theta)$ 才會產生如此的連續值資料？可以處理連續值的機率分布有很多種，**指數分布（exponential distribution）**也是其一，通常用於處理以一定機率發生的事件的時間間隔。如果我們把使用者離開網站看作是每秒都有一定機率發生的事件，那麼停留時間就是事件的時間間隔，似乎適用這裡的狀況，這裡就採用指數分布作為似然函數進行分析。

指數分布是正連續值的機率分布，具有正實數表示的尺度參數（scale parameter）$\theta > 0$。期望值為 $\theta$ ，變異數為 $\theta^2$ 。指數分布的機率密度函數 $p(x \mid \theta)$ 以下式表示。其中 e 代表納皮爾常數（Napier's constant，自然對數的底數，又稱 Euler's number，歐拉數）。

$$p(x \mid \theta) = \frac{\mathrm{e}^{-x/\theta}}{\theta}$$

圖 2-16 列出了幾種指數分布的例子作為參考。

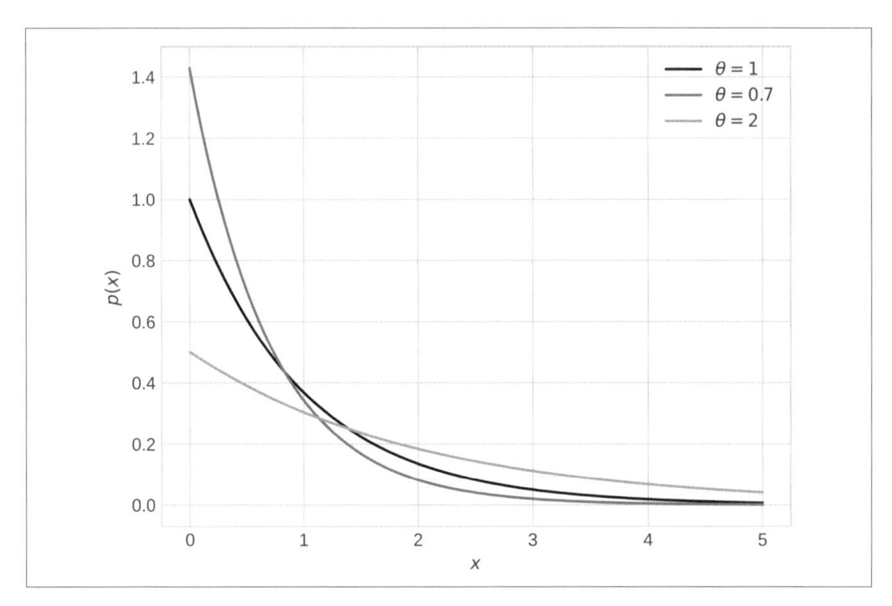


圖 2-16 各種指數分布的例子

現在我們考慮一個統計模型，就像是這個指數分布在產生資料一樣。目前為止對於指數分布的參數 $\theta$，我們都還沒有任何了解。這裡暫且跟前面一樣，將均勻分布作為參數 $\theta$ 的事前分布。要設定均勻分布，需要確定其最小值參數 $a$ 與最大值參數 $b$ ，由於 $\theta$ 是正數，我們設 $a=0$ 。接著是最大值，鑒於指數分布的期望值以 $\theta$ 表示，只要 $\theta$ 能覆蓋足夠的可能停留時間範圍就夠了。從**圖 2-14** 可以看到，停留時間幾乎都保持在 3000 秒以下，所以這裡我們就假設均勻分布最大值參數 $b=3000$ 。

基於以上討論，統計模型可表示如下。

$$\theta \sim \mathrm{Uniform}(0, 3000)$$
$$t \sim \mathrm{Exponential}(\theta)$$

此統計模型可用 PyMC3 描述如下。PyMC3 的指數分布類別 `pm.Exponential` 用的引數不是尺度參數 $\theta$，而是其倒數的比率參數（rate parameter）$\lambda = 1/\theta$。因此請注意，傳給指數分布類別 `pm.Exponential` 的是倒數 `1/theta`。圖 2-17 是將 MCMC 執行結果所獲得的軌跡給視覺化。

```
with pm.Model() as model:
  theta = pm.Uniform('theta', lower=0, upper=3000)
  obs = pm.Exponential('obs', lam=1/theta, observed=data)
  trace = pm.sample(5000, chains=2)
  pm.traceplot(trace)
```

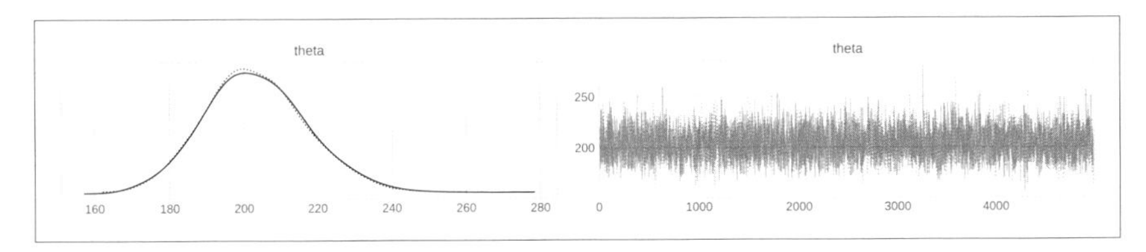


圖 2-17 隨機變數 $\theta$ 的樣本軌跡

從樣本軌跡來看，似乎是成功收斂。最後，由 MCMC 得到的隨機變數 $\theta$ 的事後分布如圖 2-18。

```
with model:
  pm.plot_posterior(trace, hdi_prob=0.95)
```

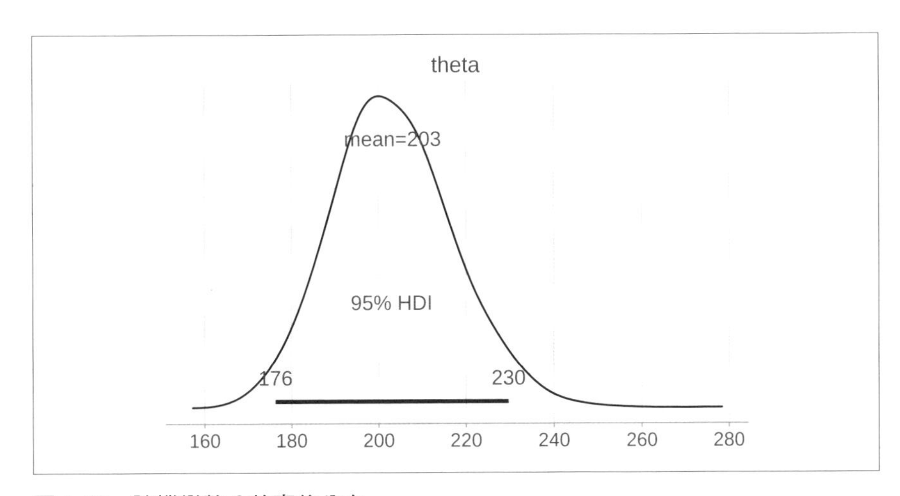


圖 2-18 隨機變數 $\theta$ 的事後分布

由於指數分布的期望值為 $\theta$ ，所以可以直接將其理解為停留時間期望值的機率分布，結果發現幾乎都在 176 到 230 秒之間。由於指數分布形狀右側尾巴很長，實際上很少有使用者的停留時間真有期望值這麼長，很多使用者不到幾秒鐘就離開網站，但也有的使用者停留時間較長，因此樣本平均收斂到該期望值。某種意義上，我們可以說期望值 $\theta$ 是一個衡量設計方案潛力的數字。如果我們想確認是否在增加某項操作後停留時間就會變長，我們可以比較隨機變數 $\theta$ 的事後分布得到的統計量來進行量化評估。

## 2.4　為什麼要用貝氏推論進行統計假說檢定？

至此本書已介紹了基於貝氏推論的統計假說檢定方法，然後這並非進行統計假說檢定的唯一方法，我們也可以不靠貝氏定理進行統計假說檢定。這裡簡要說明沒有貝氏推論的統計假說檢定並做個比較，了解使用貝氏推論有何優點及其注意事項。

不使用貝氏推論的典型統計假說檢定方法，稱為**虛無假說顯著性檢定（null hypothesis significance testing, NHST）**，使用虛無假說（null hypothesis）與對立假說（alternative hypothesis）。NHST 是基於如下的反證法進行假說檢定的討論。

首先設定一個虛無假說，即某個統計量等於某個值。然後假設虛無假說成立時，我們計算該統計量（稱為**檢定統計量，test statistic**）會遵循的機率分布以及**抽樣分布（sampling distribution）**。接著計算實際觀測值或更極端值在抽樣分布所佔的面積，亦即觀測到該值的機率。若機率小於預先設定的閾值（如 5%），就會得到結論認為虛無假說是錯誤的，並採用否定了虛無假說的對立假說。反之若機率不小，則不拒絕（不棄卻）虛無假說，擱置判斷。

我們以**第 1 章** Alice 和 Bob 的報告為例來說明上述內容。我們評估，在 Alice 和 Bob 各自的報告中 B 案點擊率都大於 6%。我們設定的虛無假說是「B 案點擊率為 6%」，另一邊的對立假說則是「B 案點擊率大於 6%」。由於 $N$ 次伯努利試驗的成功次數 $a$ 遵循二項分布，因此作為檢定統計量的總點擊數抽樣分布，也以二項分布表示。

先看 Alice 報告中的抽樣分布。由於在 Alice 的報告中，B 案顯示了 50 次，因此基於虛無假說的抽樣分布可表示為 $N = 50, \theta = 0.06$ 的二項分布，**圖 2-19** 畫出了抽樣分布。從中可以看出總點擊數 $a$ 在 4 以上的部分佔了不少的比例，計算其機率大約為 35%。所以即使 B 案點擊率為 6%，也會得到類似 Alice 報告的結果。因此無法拒絕虛無假說，無法得到 B 案點擊率大於 6% 的結論。

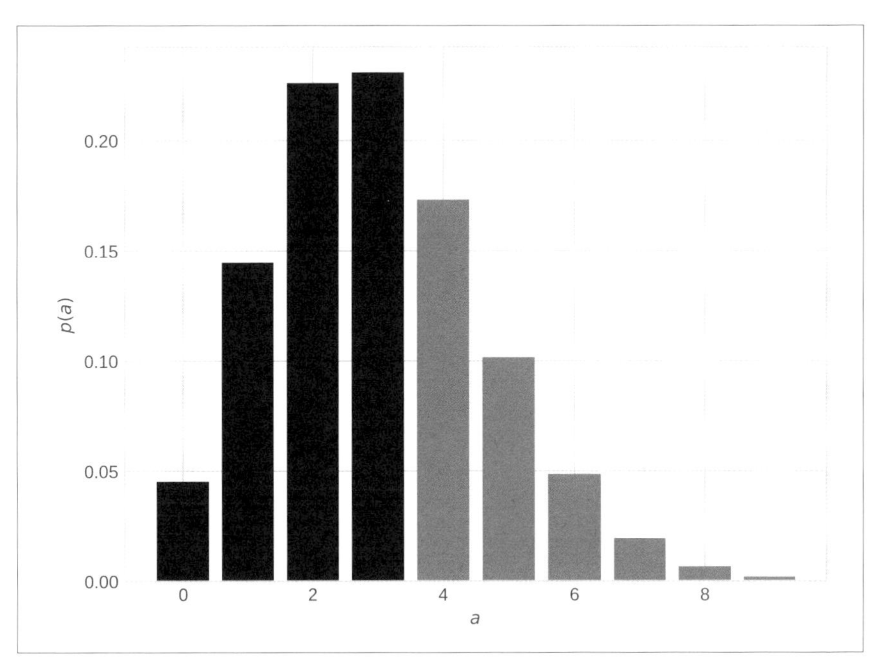


圖 2-19　Alice 報告中點擊次數的抽樣分布。總點擊數 $a$ 為 4 以上的區域以淺色表示

另一方面，在 Bob 的報告中，B 案顯示了 1600 次，因此基於虛無假設的抽樣分布可表示為 $N = 1600, \theta = 0.06$ 的二項分布，**圖 2-20** 是該抽樣分布。從中可以看出總點擊數 $a$ 在 128 以上的部分只佔尾巴的一小塊區域，其機率非常小，計算其機率可知在 0.1% 以下。根據虛無假設，B 案被點擊 128 次以上的情況極為罕見。由此可知虛無假設成立的可能性不大，因此我們拒絕虛無假設，採用對立假設，得到的結論是點擊率大於 6%。以上就是 NHST 進行假說檢定的一般流程，注意在這段討論中，完全沒有用到貝氏定理。

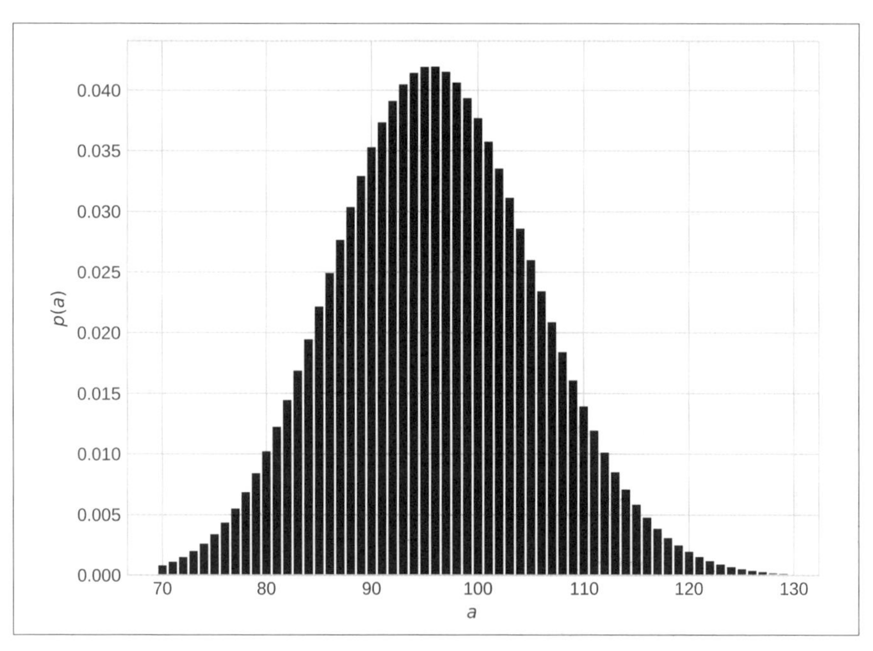


圖 2-20 Bob 報告中點擊次數的抽樣分布。總點擊數 $a$ 為 128 以上的區域以淺色表示

這裡我們設定的對立假說是「點擊率**大於** 6%」，所以我們評估的是抽樣是否位於分布右邊尾巴的 5% 機率區域中，如此用分布單側的機率進行評估，稱為**單尾檢定**（**one-tailed test**）。而如果對立假說是「不是 6%」，那麼評估的是抽樣是否位於左側與右側尾巴的 2.5%（合計 5%）機率區域中，這種評估方法稱為**雙尾檢定**（**two-tailed test**）。

目前為止本書所介紹的方法（方便起見稱為**貝氏方法**）是根據資料更新感興趣參數的信念，並計算由此產生的各種統計量以作出決策。而 NHST 則是先根據虛無假說決定檢定統計量的抽樣分布，然後計算觀測資料以及抽樣分布中較極端情況的機率，再考慮是否拒絕（棄卻）虛無假說。這兩種方法的差異，可以概括為圖 2-21。

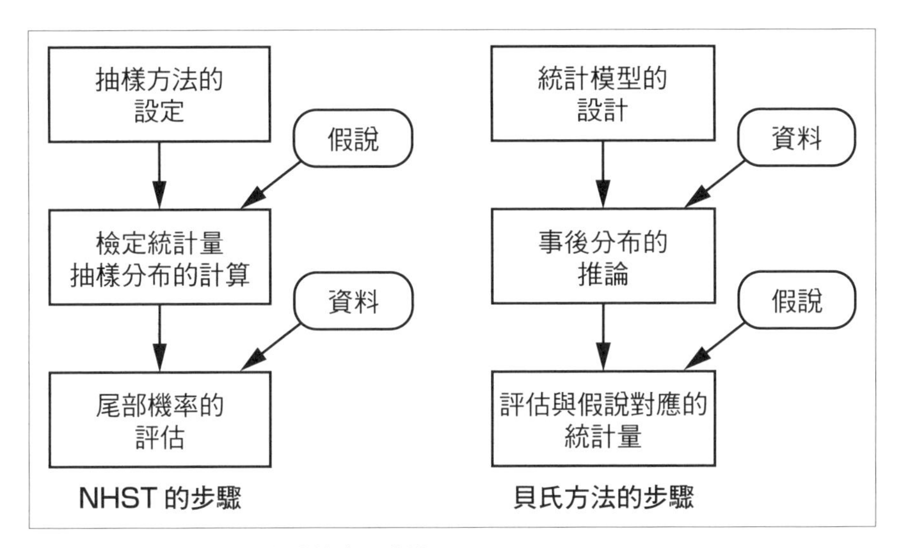


圖 2-21 NHST 與貝氏方法的步驟比較

兩種方法的區別代表什麼呢？我認為是在檢定不同類型的假說時有不同的自由度。在 NHST 中，假說是位於假說檢定步驟的上游位置，因此，計算檢定統計量的抽樣分布作業是根據一開始設定的虛無假說進行的，最後才輸入觀測資料並進行判斷。由於相應的檢驗統計量根據感興趣的假設而有所不同，因此具體作業在程序開始時會有所不同。

而在貝氏方法中，假說是在步驟的下游位置。首先用資料、統計模型以及貝氏推論，得到參數的事後分布，再計算感興趣的統計量並作出決策。無論想檢定哪種假說，獲得事後分布的步驟都是一樣的，所以在最後面的步驟計算與假說對應的統計量時，具體工作會有所不同。

為了進一步了解其差異，我們再回到 Alice 和 Bob 報告，檢定看看不同的假說。例如該如何評估各報告中 A 案與 B 案的點擊率是否有差異？

如果是用 NHST，我們首先要找到此差異對應的檢定統計量的抽樣分布。根據中央極限定理，從存在變異的任何分布得到的樣本平均的分布漸近地接近常態分布[1][栗原 11]。由此可知，檢定統計量遵循常態分布或是 $t$ 分布，因此我們要找的是觀測資料（或更極端的例子）在此抽樣分布所佔的機率。實際上我們很難在每次分析資料時都進行上述推導，所以我們要記住並利用要檢定的假說樣板和檢定統計量，以及其抽樣分布的對應關係，例如「用 $t$ 分布來評估兩組平均值的差」。因此可以進行檢定的假說種類，就僅限於那些相對應的檢定統計量眾所周知的情形。

而在貝氏方法中，如果能得到 A 案及 B 案點擊率的事後分布，也可以比較各自的 HDI 進行評估。如果您還想了解開頭提到的假說「B 案點擊率大於 6%」，可以換掉 A 案的 HDI，改成與點擊率 6% 的 ROPE 比較即可。在貝氏方法中，只要假設是同樣的統計模型和事前分布，無論假說種類為何，到計算事後分布為止的步驟都是一樣的。使用本章說明的 MCMC 從事後分布得到大量抽樣，就不難計算出檢定所需的統計量。

雖然貝氏方法可以靈活進行假說檢定，但為了進行公平的假說檢定，必須謹慎設計作為前提的統計模型以及事前分布。例如若設定了一個會提高某假說成立機率的事前分布，當給定資料樣本太少時，就更有可能採納該假說。為了避免此類問題，需要為問題的設定設計一個合適的事前分布。

另外，因為可以靈活應對各種假說所以看了資料後就變更假說，這麼做可能會有過度擬合（overfitting）的風險，得到的假說只適用於所給資料。對給定的資料逐次設定假說並進行查詢的資料分析風格，稱為 **adaptive data analysis（自適性資料分析）**，目前也有相關研究正在尋找如何安全地進行 adaptive data analysis，同時避免過度擬合 [Dwork15]。

在 [Kruschke14] 的第 11 章和第 12 章中，詳細討論了 NHST 和貝氏方法在統計假說檢定的比較，詳情可以參照該文獻。

1 常態分布將在 3.2.3 節中詳細討論。

## 2.5 本章總結

本章介紹了使用 PyMC3 進行機率程式設計。首先使用機率程式設計的方法，再次解決第 1 章中 Alice 和 Bob 報告的問題，也能看到只要將統計模型直接寫成程式，就能從事後分布得到樣本。得益於其靈活性，無論是多種類別的資料（如評論分數），或是連續值的資料（如停留時間），我們可以用同樣方法進行貝氏推論而不需要複雜計算。希望您在本章中能體會到此方法的簡單與強大，並能充滿自信對各種資料進行假說檢定。

到這裡為止，我們主要處理的是在 A 案與 B 案中選擇最佳方法的問題（即 A/B 測試）。當然，如果有 2 個以上的選擇時，也可以用同樣方法來推論各自的事後分布，評估其統計量以檢定各種假說。但若選擇**非常**多時該怎麼辦？此時可以換個角度，關切各個選擇的特徵或是元素。在下一章中，我們將考慮 2 個以上選擇的情形，特別是當它們由元素組合表示時。

# 第 3 章
# 組合測試：分解為元素思考

網站通常由多個元素組成，例如照片、文字和按鈕，因此有時所測試的設計方案不見得只改一個元素，也可能是多個。這種情況該如何設計實驗及分析資料呢？接下來就來思考該如何在多個元素組成的網站進行 A/B 測試。

## 3.1 Charlie 的報告

X 公司決定販售一台新相機，負責網路行銷的 Charlie 為此製作了著陸頁面[1]行銷，但銷售狀況並不理想。因此 Charlie 決定修改該頁主圖[2]及引導使用者點擊的 CTA 按鈕[3]措辭。

他決定嘗試兩種不同類型的主圖，一種是以相機為焦點，另一種則是使用此相機所拍攝的照片。而 CTA 按鈕也有兩種：訴求立即購買產品的「立即購買」，以及先了解產品的「了解更多」。所以我們總共有 4 種設計方案，如圖 3-1。

1 網站中的某一頁，是使用者初次到訪（著陸，landing）所看到的網頁，稱為著陸頁面（landing page）。由於關係到產品第一印象，被認為是向使用者傳達訊息的重要頁面。

2 在網頁設計中，使用者最先看到的大圖，有時被稱為首頁主圖，主題圖片（或是英文的 hero image）。

3 CTA 是 call-to-action 的縮寫，表示希望使用者採取的行動，例如購買商品或是索取詳情等按鈕。

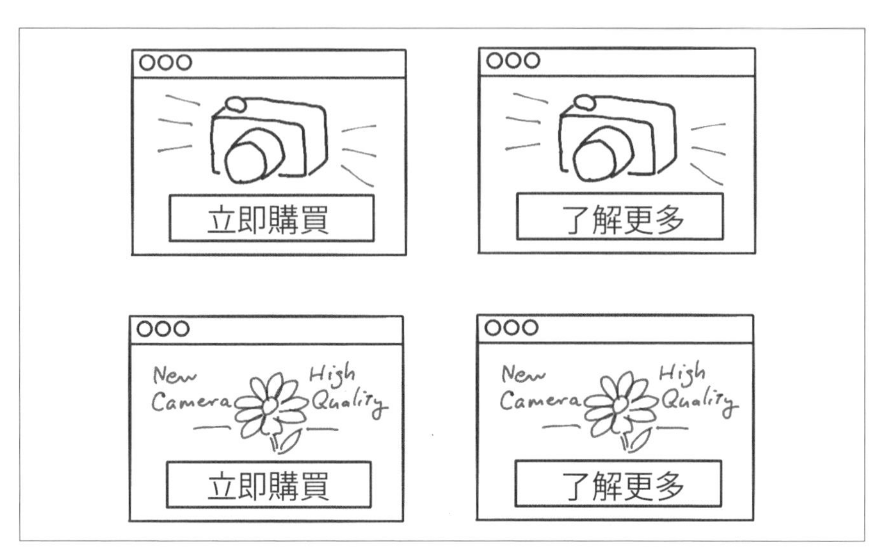


圖 3-1　各設計方案示意圖

「立即購買」和「了解更多」這兩種按鈕，使用者對於點擊後的預期應該不同。這是正確的測試方式嗎？在 A/B 測試中，這種問題會出現在各種地方，最終都是同一個問題：測量點擊率這個指標到底是否正確？我們會在**第 8 章**詳細討論這個問題。

Charlie 隨機向使用者顯示這些設計方案，並得到如**表 3-1** 的資料。為了後面參照方便，我們將這 4 種方案依序命名為 A、B、C、D。

表 3-1　多種元素組合的測試報告

| | 主圖 | 按鈕 | 顯示次數 | 點擊次數 | 點擊率 |
|---|---|---|---|---|---|
| A | 產品圖片 | 立即購買 | 434 | 8 | 1.84% |
| B | 產品圖片 | 了解更多 | 382 | 17 | 4.45% |
| C | 範例照片 | 立即購買 | 394 | 10 | 2.54% |
| D | 範例照片 | 了解更多 | 88 | 4 | 4.55% |

仔細看顯示次數，會發現 D 案與其他 3 個比特別少。詢問工程師原因，似乎是程式碼有問題，導致這個組合不太會顯示。所以這並不是完美的資料，但我們先根據這些資料繼續討論。

首先先像**第 2 章**一樣推論各方案的點擊率。**圖 3-2** 是 MCMC 得到的樣本軌跡，從樣本軌跡來看，似乎馬可夫鏈收斂成功。

```
import numpy as np
from matplotlib import pyplot as plt
import pymc3 as pm

n = [434, 382, 394, 88]
clicks = [8, 17, 10, 4]
with pm.Model() as model:
  theta = pm.Uniform('theta', lower=0, upper=1, shape=len(n))
  obs = pm.Binomial('obs', p=theta, n=n, observed=clicks)
  trace = pm.sample(5000, chains=2)
  pm.traceplot(trace, compact=True)
```

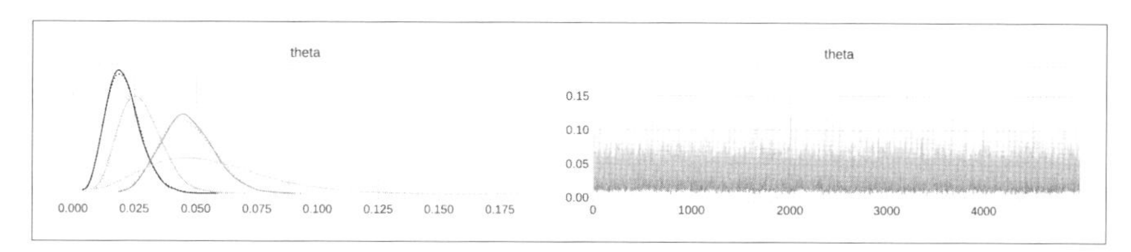


圖 3-2　點擊率 $\theta$ 的樣本軌跡

接下來看隨機變數 theta 的概括統計量。如果我們看平均的部分，似乎 B 案與 D 案是最有希望的，而我們也知道顯示次數較少的 D 案的標準差大於其他方案。

```
with model:
  print(pm.summary(trace, hdi_prob=0.95))
```

| | mean | sd | hdi_2.5% | hdi_97.5% |
|---|---|---|---|---|
| theta[0] | 0.021 | 0.007 | 0.009 | 0.034 |
| theta[1] | 0.047 | 0.011 | 0.027 | 0.069 |
| theta[2] | 0.028 | 0.008 | 0.013 | 0.044 |
| theta[3] | 0.056 | 0.024 | 0.014 | 0.103 |

pm.forestplot 也是一個方便的工具，可對資料視覺化以了解分布的大致情形。**圖 3-3** 是各種分布 95% HDI 的縱向比較。

```
with model:
  pm.forestplot(trace, combined=True, hdi_prob=0.95)
```

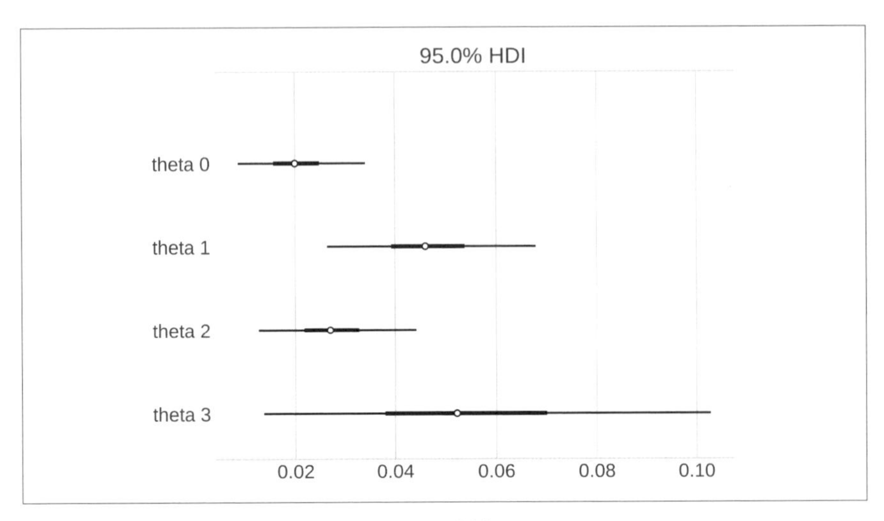


圖 3-3 隨機變數 $\theta$ 事後分布的 95% HDI 比較

如果只看平均，那麼 A 案點擊率最低，D 案最高。還可以看到 D 案由於顯示次數較少，分布的尾巴也因此較長。

B 案和 D 案可能是其中最有希望的，所以我們評估看看是否優於其他方案。首先計算 A 案和 B 案點擊率差值為正的比例。

```
print((trace['theta'][:, 1] - trace['theta'][:, 0] > 0).mean())  # 0.9839
```

執行這段程式，在筆者的環境得到的結果是約 98%，似乎可以得到 B 案點擊率高於 A 案的結論。

那麼如果是 A 案和 D 案，又是如何呢？

```
print((trace['theta'][:, 3] - trace['theta'][:, 0] > 0).mean())  # 0.9427
```

這個值雖然也很高，但還不到我們所定的判斷基準 95%。從平均看起來，D 案是最有希望的，但因為背後支持該結果的顯示次數比較少，於是就得到了這樣的結果。

# 3.2 注重效果的建模

Charlie 順利地進行分析時，同事 David 在旁邊瞄到了報告。

「果然，CTA 要吸引使用者，一開始就該用『了解更多』這種保守的比較好吧。」

Charlie 聽了以後才發現一件事情：之前一直專注於比較及研究哪種設計方案最好，結果完全忘了評估對每個元素所採取措施的效果。David 在意的不是哪種方案會勝出，而是改變 CTA 按鈕措辭為點擊率帶來的效果。如果我們知道什麼措施有效，這些經驗就能成為日後設計網頁時可利用的通用知識。Charlie 羞愧於自己眼光的狹隘，決定先把分析重點放在各元素的變更所帶來的效果上。

具體來說，應該對統計模型進行什麼修改呢？先回顧我們所使用的統計模型，再看一次式 (1.12)。其中作為事前分布的 beta 分布，其參數一般是設為 $\alpha, \beta$。

$$\theta \sim \text{Beta}(\alpha, \beta)$$
$$a \sim \text{Binomial}(\theta, N)$$

這種關係也可以表示為**圖 3-4**。

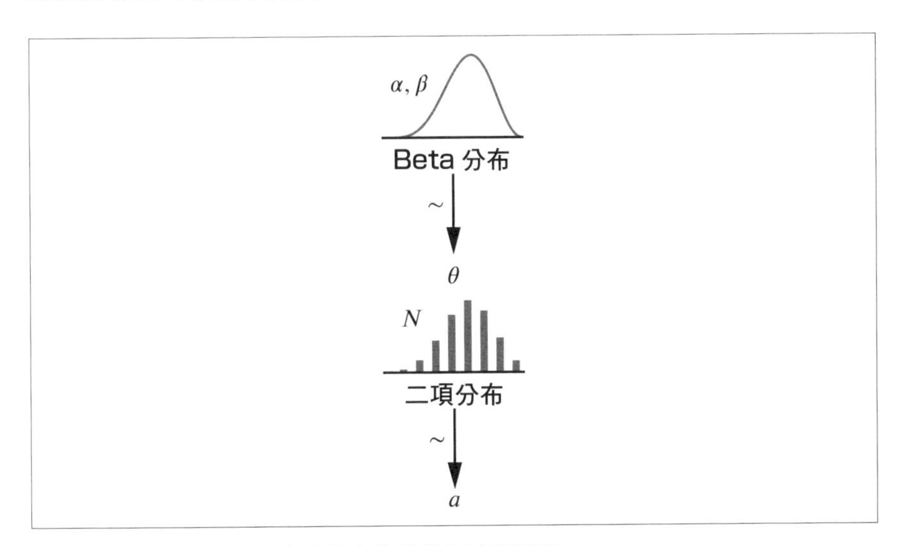


**圖 3-4　目前為止我們所考慮的產生點擊的統計模型**

從下往上看這張圖，首先是觀測資料，也就是總點擊數 $a$，被上面的二項分布指過來。箭頭旁邊寫著符號～，表示此隨機變數 $a$ 遵循二項分布。另外，二項分布旁邊還有表示試驗次數的參數 $N$ ，以及表示成功機率的參數 $\theta$。而這個成功機率參數 $\theta$ 是由一個 beta 分布指過來的，表示 $\theta$ 遵循一個帶有參數 $\alpha, \beta$ 的 beta 分布。

Kruschke 在 [Kruschke14] 書中介紹了如何繪製這樣的圖，對於概述統計模型中隨機變數之間的關係很有用，之後我們也將善用這類圖來設計統計模型。

現在我們要就改變圖片或按鈕等措施對點擊率的影響進行建模，所以需要引入一個新的隨機變數，代表各措施的效果，將其寫作 $\beta_1$、$\beta_2$。再者，即使沒有這兩種措施，點擊率也不會為 0，所以也需要引入隨機變數 $\alpha$，代表點擊率的基線（baseline）。我們的想法是，這 3 個隨機變數以某種方式決定了點擊率 $\theta$。如果使用 Kruschke 的圖，上述的想法可以畫成**圖 3-5**。還沒有具體了解的部分先保留為 $?_1, ?_2$。

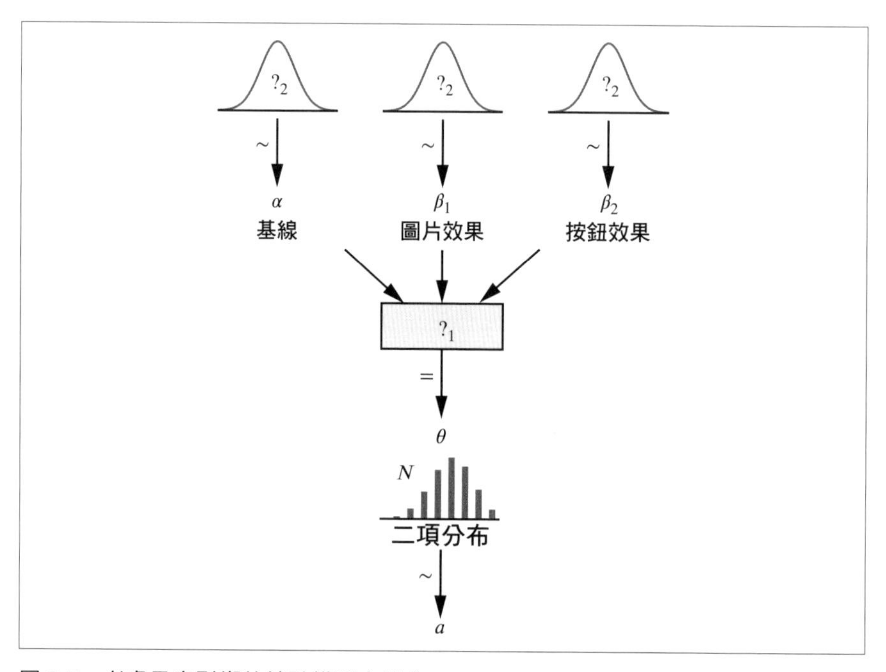


圖 3-5 考慮元素影響的統計模型之概念

我們假設新引入的隨機變數 $\alpha, \beta_1, \beta_2$ 是遵循某個事前分布產生的，$\theta$ 則由連接這些隨機變數的某些關係式決定。請注意這裡指向隨機變數 $\theta$ 的箭頭，旁邊符號已經從遵循機率分布的～變成＝。在此統計模型中，$\theta$ 並非隨機產生，而是由其他隨機變數 $\alpha, \beta_1, \beta_2$ 的值唯一決定的。為了強調這一點，這裡我們明確區分了＝和～。最後，根據二項分布（參數為隨機變數 $\theta$ 及試驗次數 $N$ ）產生代表總點擊數的隨機變數 $a$。

## 3.2.1 虛擬變數

在開始研究先前保留的部分之前，先介紹一些技巧以簡化之後的討論。在討論多個元素的效果時，如果總是用具體名稱稱呼圖片和按鈕的話有點麻煩，而且為了能在統計模型中處理，需要用某種方式將它們以數值表示。這些變數原本不是數值，但我們為了分析方便而採用某些變數來處理，就稱為**虛擬變數（dummy variable）**。這裡我們引入虛擬變數來表示圖片和按鈕的種類。

首先是主圖，我們將產品圖片分配為 0，範例照片為 1，而按鈕則是「立即購買」為 0，「了解更多」為 1。然後主圖設為變數 $x_1$，按鈕為 $x_2$，如此處理過後，**表 3-1** 的報告可以改寫為**表 3-2**。

表 3-2　引入虛擬變數後的報告

| | $x_1$ | $x_2$ | $N$ | $a$ | $a/N$ |
|---|---|---|---|---|---|
| A | 0 | 0 | 434 | 8 | 0.0184 |
| B | 0 | 1 | 382 | 17 | 0.0445 |
| C | 1 | 0 | 394 | 10 | 0.0254 |
| D | 1 | 1 | 88 | 4 | 0.0455 |

## 3.2.2 Logistic 函數

現在我們已經能用數值表示各元素了，接著就是如何表示 $\theta$ 的關係式，也就是**圖 3-5** 中間的 $?_1$。

主圖效果是 $\beta_1$，主圖種類為 $x_1$，直觀來看，主圖對點擊率的貢獻似乎就是 $\beta_1 x_1$，同樣地，CTA 按鈕的貢獻表示為 $\beta_2 x_2$。不過如果只有這樣，那麼當 $x_1 = 0$ 且 $x_2 = 0$ 時，$\beta_1 x_1$ 和 $\beta_2 x_2$ 都會是 0，所以在兩邊都為 0 時，需要加上基線的 $a$。綜上所述，點擊率 $\theta$ 可表示為以下關係式。

$$\theta = \alpha + \beta_1 x_1 + \beta_2 x_2 \tag{3.1}$$

我們可以原封不動地使用這個公式，但作為點擊率的話有個地方不太方便：根據 $\alpha, \beta_1, \beta_2$ 的值，$\theta$ 有可能會變成 1 以上的值或是負值。例如若取樣得到的值是 $(\alpha, \beta_1, \beta_2) = (0, 1, 1)$，那麼當 $(x_1, x_2) = (1, 1)$ 時，會得到 $\theta = 2 > 1$，就不再滿足機率條件了。由於點擊率必須是在 0 至 1 之間，這會是個問題。

所以一個常用的方式是用一個函數包裝，將給定的數值轉換到 0 至 1 的範圍內。通常會用的函數之一就是式 (3.2) 的 **logistic 函數（logistic function，常譯為邏輯函數）**[4]。

$$\text{logistic}(x) = \frac{1}{1 + \mathrm{e}^{-x}} \tag{3.2}$$

我們以**圖 3-6** 說明 logistic 函數，此函數畫出了一條以 0 為中心的 S 形曲線。我們可以看到，當輸入值變大時會逐漸收斂到 1，反之減小時則是收斂到 0。

以此函數將先前的式 (3.1) 包起來，無論 $\alpha, \beta_1, \beta_2$ 的值如何，$\theta$ 都會落在 0 以上、1 以下的值域內。使用 logistic 函數，可以將 $\theta$ 的關係式改寫如下。

$$\theta = \text{logistic}(\alpha + \beta_1 x_1 + \beta_2 x_2) \tag{3.3}$$

**Logit 函數（logit function）**在描述這些隨機變數的關係式時也很有用，在此一併介紹。Logit 函數是 logistic 函數的反函數，定義為 $\text{logit}(x) = \log(\frac{x}{1-x})$。而省略底的對數 log 就是以納皮爾常數為底的對數，亦即**自然對數（Natural logarithm）**。既然 logit 函數是 logistic 函數的反函數，我們可以將 logistic 函數代入 logit 函數來確認。

$$\text{logit}(\text{logistic}(x)) = \log\left(\frac{\frac{1}{1+\mathrm{e}^{-x}}}{1 - \frac{1}{1+\mathrm{e}^{-x}}}\right) = \log\left(\frac{1}{\mathrm{e}^{-x}}\right) = \log\left(\mathrm{e}^{x}\right) = x$$

4 此函數也稱為 S 函數（sigmoid function）。

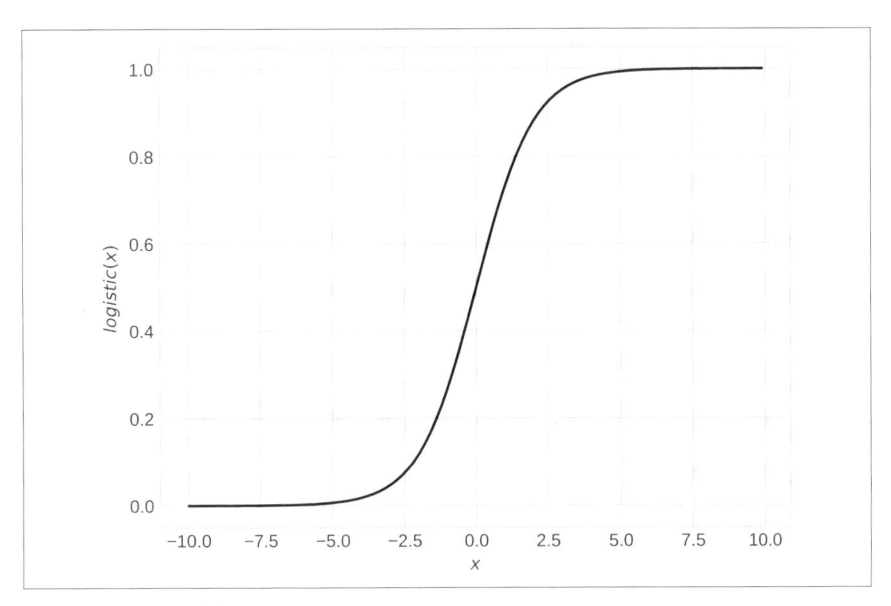


圖 3-6 Logistic 函數

因此，利用 logit 函數可將式 (3.3) 改寫如下。

$$\text{logit}(\theta) = \alpha + \beta_1 x_1 + \beta_2 x_2 \tag{3.4}$$

這樣我們就知道**圖 3-5** 中間留白的方格 $?_1$ 要填什麼了。接著來看看圖上方的 3 個 $?_2$，即新引入的 $\alpha, \beta_1, \beta_2$ 的事前分布。

### 3.2.3 常態分布

$\beta_1$ 代表主圖從 0 變成 1 時的效果大小，$\beta_2$ 代表按鈕文字從 0 變成 1 時的效果大小，這些值可以是正值也可以是負值。因為對某些元素來說可能 0 比 1 好，那麼從 0 變成 1 就會對點擊率有負面影響。另外這些效果應該用某種連續值表示。

我們已談過連續值的機率分布，包括均勻分布、beta 分布、狄利克雷分布、指數分布。Beta 分布和狄利克雷分布無法處理負值所以都不適合，而均勻分布我們也不知道什麼值域才適當。這種情況有一種便利的分布：**常態分布（normal distribution，高斯分布，Gaussian distribution）**。

常態分布是連續機率分布中最重要的。常態分布的形狀稱為鐘形曲線，有一個頂峰，然後兩邊對稱平滑地下降。常態分布有兩個參數：平均 $\mu$ 及變異數 $\sigma^2$。**圖 3-7** 是一些常態分布的範例。

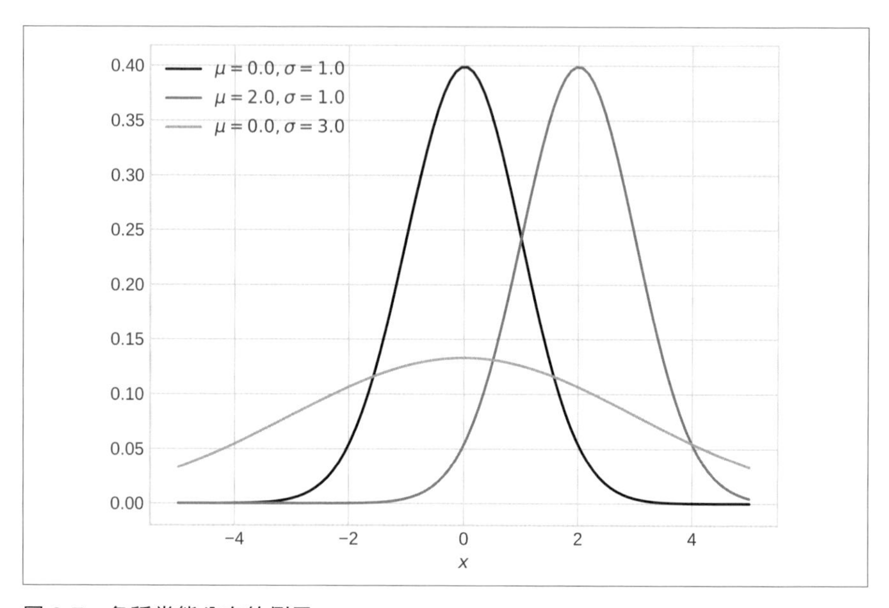


**圖 3-7　各種常態分布的例子**

平均 $\mu$ 是描述分布位置的參數。從圖中可以看出，平均 $\mu$ 和曲線的峰頂是一致的。而變異數 $\sigma^2$ 是代表曲線尾巴長度的參數。可以看到變異數 $\sigma^2$ 大的分布相較於小的，長得更加平坦寬廣。

常態分布的機率密度函數表示如下，對任何實數，包括負值，都是有定義的。其中 $\exp(x) = \mathrm{e}^x$。

$$p(x \mid \mu, \sigma^2) = \mathcal{N}(\mu, \sigma^2) = \frac{1}{\sqrt{2\pi\sigma^2}} \exp\left(-\frac{(x-\mu)^2}{2\sigma^2}\right) \tag{3.5}$$

如果我們採用平均為 0、變異數較大的常態分布作為 $\beta_1, \beta_2$ 的事前分布，可以預期雖然最初數值會分布在 0 附近，但會允許在正負較廣的範圍內取值。至於 $\alpha$ 的事前分布，也會想採用常態分布。

# 3.3 改寫統計模型

根據以上討論，我們將統計模型概念圖重畫為**圖 3-8**，這個統計模型可以用 PyMC3 描述如下。

```
img = [0, 0, 1, 1]
btn = [0, 1, 0, 1]

with pm.Model() as model_comb:
  alpha = pm.Normal('alpha', mu=0, sigma=10)
  beta = pm.Normal('beta', mu=0, sigma=10, shape=2)
  comb = alpha + beta[0] * img + beta[1] * btn
  theta = pm.Deterministic('theta', 1 / (1 + pm.math.exp(-comb)))
  obs = pm.Binomial('obs', p=theta, n=n, observed=clicks)
  trace_comb = pm.sample(5000, chains=2)
```

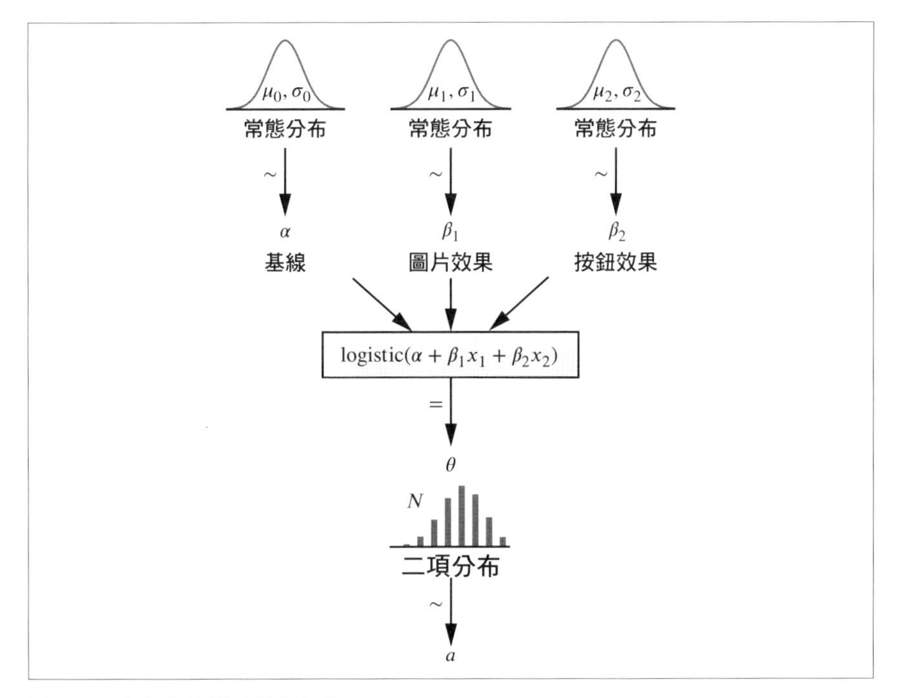


圖 3-8　改寫後的統計模型概念

首先用虛擬變數改寫各個元素，並放入陣列 img 和 btn 中。然後在模型內寫 alpha 和 beta，對應模型中新的隨機變數。這裡將平均值為 0、變異數為 10 的常態分布設為事前分布。另外要注意的是，因為 beta 代表 $\beta_1$ 和 $\beta_2$，所以維度 shape 為 2。

comb 算出各元素和之後，使用 logistic 函數來描述關係式，對應到式 (3.3)。不同於之前的統計模型，theta 是由這種關係式唯一決定的。這種隨機變數由 pm.Deterministic 指定，模型以及樣本軌跡分別命名為 model_comb 和 trace_comb。

所得樣本軌跡視覺化結果如**圖 3-9**。

```
with model_comb:
  pm.traceplot(trace_comb)
```

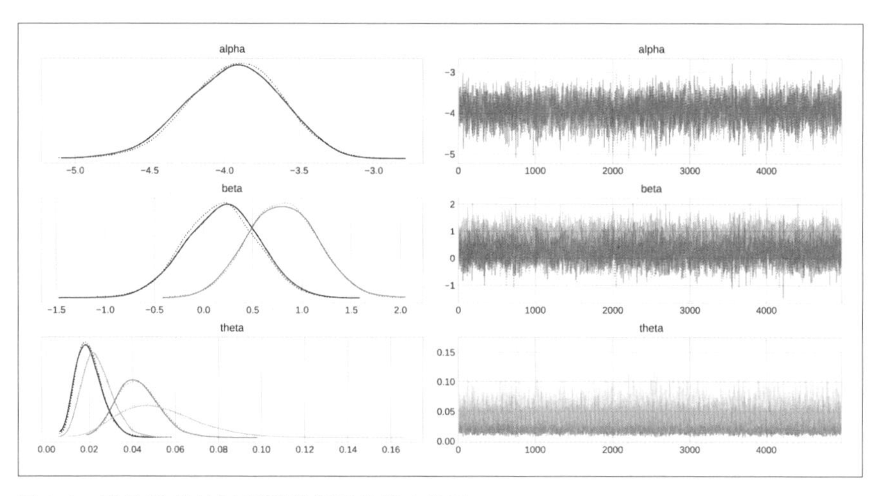


**圖 3-9　改寫後的統計模型所得到的樣本軌跡**

請注意，這次除了點擊率 $\theta$ 外，還加入了代表措施效果的隨機變數 $\alpha, \beta_1, \beta_2$ 的樣本。從第二張圖可以看出 $\beta_1$ 和 $\beta_2$ 明顯分開，讓我們從圖 3-10 仔細觀察這些事後分布。

```
with model_comb:
  pm.plot_posterior(trace_comb, var_names=['beta'], hdi_prob=0.95)
```

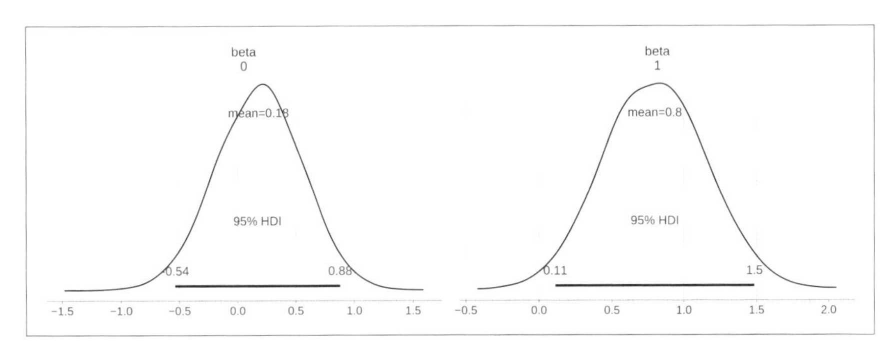


圖 3-10 視覺化 $\beta$ 的事後分布

圖中左側代表主圖效果的 $\beta_1$（**beta_0**）集中在 0 附近，而右側代表按鈕文字效果的 $\beta_2$（**beta_1**）則在大於 0 的值域。也許改變按鈕措辭對點擊率有正面效果，我們來驗證這個假說吧。

```
print((trace_comb['beta'][:, 1] > 0).mean()) # 0.9924
```

在筆者的環境中，執行此程式得到的結果是 0.9924，因此說改變按鈕措辭對點擊率有正面影響似乎是合理的。用先前的方法只能回答「哪個設計方案比較好」這種問題，但若建立這種關心效果的模型，就可以評估改變特定元素措施的效果了。

至於 $\theta$，總體趨勢似乎沒什麼改變，但看看圖中的比例尺，可以看到分布的尾部比之前窄。讓我們比較看看改寫前後的模型中 $\theta$ 事後分布的 95% HDI。在以前的模型中，各設計方案的點擊率 $\theta$ 是獨立的，所以稱之為 Individual，而在新的模型中，點擊率是以措施效果組合起來表示的，所以稱之為 Combined。**圖 3-11** 是 95% HDI 的並排視覺化。

```
with pm.Model():
  pm.forestplot([trace, trace_comb], var_names=['theta'],
                hdi_prob=0.95, combined=True,
                model_names=['Individual', 'Combined'])
```

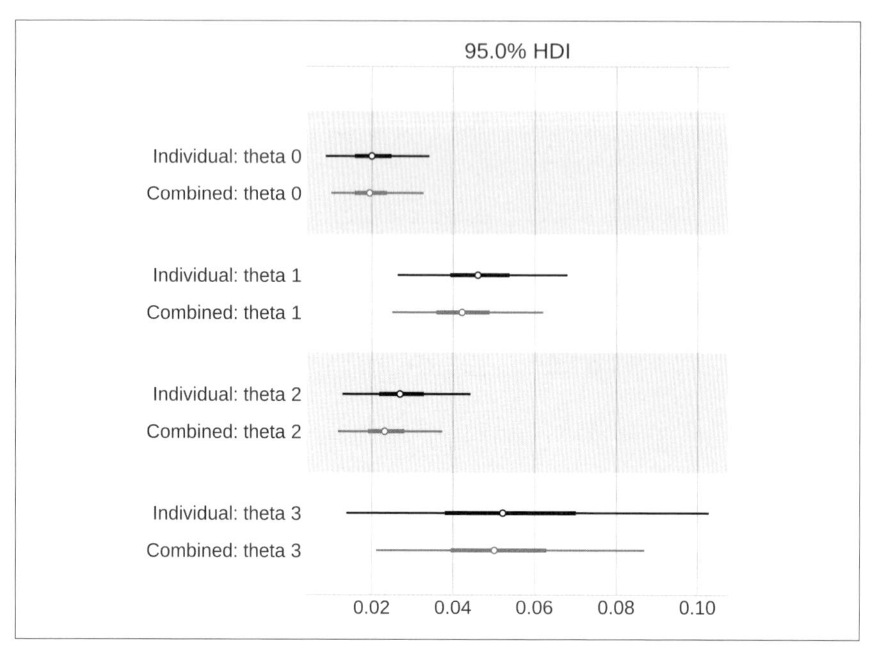


圖 3-11　各設計方案中，點擊率 $\theta$ 獨立的模型（Individual）與組合措施效果的模型（Combined），比較其各自事後分布的 95% HDI

繪圖結果顯示 4 組的 95% HDI 區間都縮短了，換句話說，我們發現在推論點擊率時是更有信心的。這對點擊率的假設檢定會有什麼影響呢？為了測試這一點，如同前面分析，我們來評估方案 A 和 B，以及 A 和 D 之間的點擊率差異。

```
print((trace_comb['theta'][:, 1] - trace_comb['theta'][:, 0] > 0).mean())
# 0.9924
print((trace_comb['theta'][:, 3] - trace_comb['theta'][:, 0] > 0).mean())
# 0.9582
```

我們發現這兩種情況中的數值都比之前分析中的要大。特別是比較 A 和 D 時，超過了我們設定的 95% 標準，因此我們可能不得不推翻先前「兩者之間沒有差別」的結論。

即使我們處理的資料一樣，但改變採用的模型後，也得到了不同的結果。我們獲得了一個更窄的事後分布，聽起來是好事，因為用比較少的資料就能更有把握地推論出隨機變數的值。最重要的是無需額外的實驗，就能得到一個結論：之前「可惜只差一點」的 D 案其實比 A 案更值得採用。

不過，這需要什麼代價呢？

## 3.4 完成的報告、錯誤的模型

不久之後，Charlie 在調查無法收集 D 案資料的原因，發現是因為產生資料的資料管道（data pipeline）有缺陷。仔細查看記錄檔資料後，發現 D 案顯示次數與其他方案差不多。表 3-3 是修正後的報告。

表 3-3 完成的報告

| | $x_1$ | $x_2$ | $N$ | $a$ | $a/N$ |
|---|---|---|---|---|---|
| A | 0 | 0 | 434 | 8 | 0.0184 |
| B | 0 | 1 | 382 | 17 | 0.0445 |
| C | 1 | 0 | 394 | 10 | 0.0254 |
| D | 1 | 1 | 412 | 8 | 0.0194 |

我們之前所處理的資料因為程式問題而有缺漏，所以我們將其視為新資料，從頭開始重新進行分析。一開始 D 案很有希望，但是看到實際結果後，發現效果還不如 C 案。我們就先用 3.3 節中改寫的統計模型來推論事後分布，結果得到了如圖 3-12 的樣本軌跡。

```
n = [434, 382, 394, 412]
clicks = [8, 17, 10, 8]
img = [0, 0, 1, 1]
btn = [0, 1, 0, 1]

with pm.Model() as model_comb2:
  alpha = pm.Normal('alpha', mu=0, sigma=10)
  beta = pm.Normal('beta', mu=0, sigma=10, shape=2)
  comb = alpha + beta[0] * img + beta[1] * btn
  theta = pm.Deterministic('theta', 1 / (1 + pm.math.exp(-comb)))
  obs = pm.Binomial('obs', p=theta, n=n, observed=clicks)
  trace_comb2 = pm.sample(5000, chains=2)
  pm.traceplot(trace_comb2, compact=True)
```

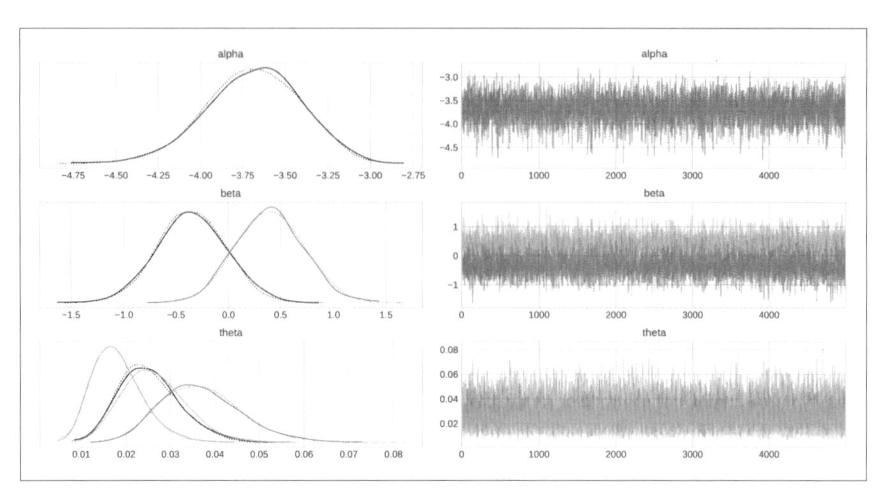


圖 3-12　將同一個統計模型應用於已完成報告時的樣本軌跡

我們一眼就可以看出，**beta** 的事後分布比**圖 3-10** 更靠近 0。前面我們認為改變按鈕措辭的 $\beta_2$ 對於點擊率有正面效果，但執行下面的程式碼會發現新資料中看不出該效果了。

```
print((trace_comb2['beta'][:, 1] > 0).mean())  # 0.8931
```

即使用相同的統計模型，加入新資料就讓結論改變了。從結果看來，不管哪一種措施對點擊率都沒有正面影響。我們是否要推翻之前的結論？

這裡要重新考慮的是，我們所使用的模型是否真的合適。藉由 3.2 節的討論，我們在統計建模時，重點放在主圖與按鈕文字個別元素的效果。這種元素的直接效果稱為**主要效果**（**main effect**）。雖然「點擊率由主要效果總和決定」的這個假設是合理的，但這裡忽略了一個重要因素，就是元素組合後產生的**交互作用**（**interaction effect**）。

## 3.4.1　交互作用

交互作用是指多個元素組合在一起後產生的效果。就像有益的藥物一起服用時也可能會產生意外的副作用一樣。某些東西單獨使用是好的，但組合起來的效果可能並非原本所設想的。

在 3.2 節採用的統計模型中，點擊率是直接將更改主圖的效果和更改 CTA 按鈕文字的效果相加而成的。此模型背後隱含的假設是，「如果改變主圖是正面的，改變按鈕文字也是正面的，那麼相加的總效果應該就是兩者加總」。

正如 3.1 節中所見，最初的報告中，D 案的顯示次數比較少，但我們比較 A 案和 B 案，可以看出改變 CTA 按鈕的效果。同樣地，比較 A 案和 C 案，我們可以推論改變主圖的效果。由於我們假設「正面效果加上正面效果會是正面效果」，所以可以在某種程度上推論 D 案點擊率。這就是為何雖然 D 案的樣本較少，仍然要採用著重主要效果的統計模型來縮小 HDI 寬度的原因。換句話說，A、B、C 案的樣本有助於以此假設來推論 D 案點擊率。

那麼我們該如何看待這份完成的報告呢？一種方式是考慮包含交互作用的統計模型。如式 (3.1) 所示，我們是想將主圖效果 $x_1$ 與按鈕文字效果 $x_2$ 相加來表示點擊率 $\theta$。由於我們要考慮 $x_1$ 和 $x_2$ 組合的交互作用，所以新增一個 $x_1x_2$ 的項。此外還要新增一個隨機變數 $\gamma$ 來表示這種作用的大小，並將相乘後的交互作用項 $\gamma x_1x_2$ 加到關係式中。我們也使用了 logistic 函數以確保數值介於 0 至 1 之間。

根據以上討論，考慮交互作用的點擊率 $\theta$ 的關係式可以表達如下。與著重於主要元素的式 (3.3) 相比，可以看到增加了交互作用項。

$$\theta = \text{logistic}(\alpha + \beta_1 x_1 + \beta_2 x_2 + \gamma x_1 x_2) \tag{3.6}$$

現在我們就在 PyMC3 描述這個追加交互作用的模型。**圖 3-13** 是得到的樣本軌跡。

```
with pm.Model() as model_int:
  alpha = pm.Normal('alpha', mu=0, sigma=10)
  beta = pm.Normal('beta', mu=0, sigma=10, shape=2)
  gamma = pm.Normal('gamma', mu=0, sigma=10)
  comb = alpha + beta[0] * img + beta[1] * btn + gamma * img * btn
  theta = pm.Deterministic('theta', 1 / (1 + pm.math.exp(-comb)))
  obs = pm.Binomial('obs', p=theta, n=n, observed=clicks)
  trace_int = pm.sample(5000, chains=2)
  pm.traceplot(trace_int, compact=True)
```

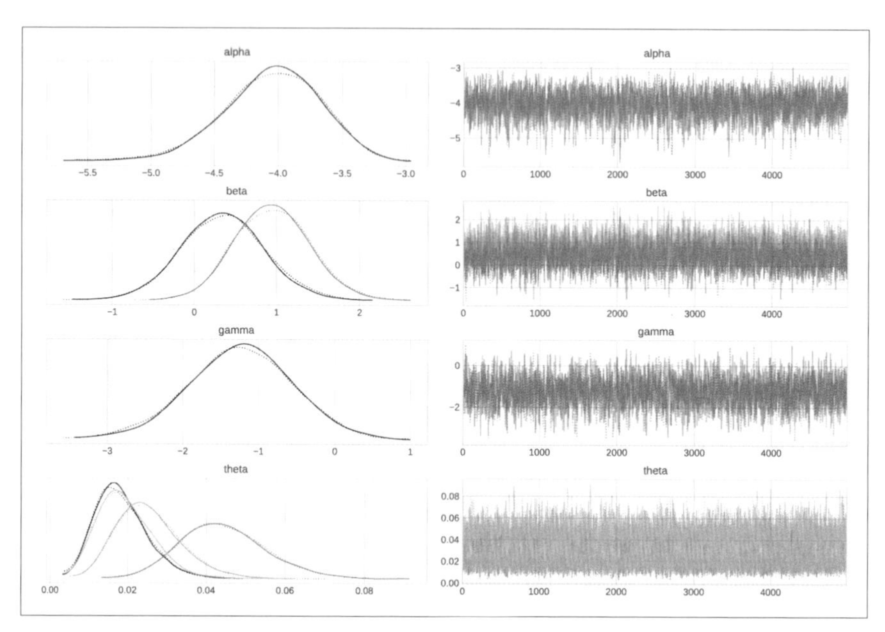


圖 3-13　從追加交互作用項的統計模型獲得的樣本軌跡

從樣本軌跡來看，首先可以知道新增了一個隨機變數 gamma，這是相互作用項的係數，代表交互作用的大小。看一下分布，會發現它主要分布在負值區域中。我們可以用下面的程式碼來驗證此隨機變數取到負值的機率很高。

```
print((trace_int['gamma'] < 0).mean())  # 0.9713
```

在筆者的環境中，執行上面程式碼得到的數值為 0.9713，因此我們可以得到結論，該資料中出現了負面的交互作用。

與圖 3-12 相比，隨機變數 beta 的分布也有變化，新的分布看起來主要分布在正的區域中。也就是說，改變主圖和按鈕文字各自的元素，都能推論出其正面效果，我們也來驗證一下這個假說。

```
print((trace_int['beta'][:, 0] > 0).mean())  # 0.7522
print((trace_int['beta'][:, 1] > 0).mean())  # 0.9854
```

在筆者的環境中，執行上面程式碼得到的數值分別為 0.7522、0.9854，所以可以得到結論，改變主圖（對應 $\beta_1$）對點擊率沒有正面影響，但改變 CTA 按鈕措辭（對應 $\beta_2$）則有正面影響。在模型中加入交互作用項後，我們不僅能確認交互作用的存在，還能確認某些因素存在主要效果。

## 3.4.2 網頁設計中的交互作用

交互作用的背後到底發生了什麼事？為了進一步理解，我們再看一次**圖 3-1**。我們對已完成報告進行分析，結果發現當按鈕上寫「了解更多」時，使用者點擊的機率高於「立即購買」。與其催促來訪網站的使用者採取高門檻的行動，不如先促使他們願意了解產品詳情，踏出第一步。在 1.1 節的歐巴馬網站主頁 A/B 測試中，也觀察到 LEARN MORE 的按鈕點擊率比 VOTE NOW 來得高。這也跟「一開始的第一步應該先提示簡單的」經驗相符。

不過我們也發現，D 案雖然也有「了解更多」的按鈕，但因為交互作用而造成點擊率較低。也就是說，這個按鈕與相機所拍攝的範例照片組合後會有反效果。將相機商品照片放在中間，與「了解更多」組合，使用者可以看一眼就明白按鈕是關於相機的，而將相機所拍攝的範例與「了解更多」組合，可能讓使用者難以理解該按鈕意義。適度的 CTA 若結合明確對象，會帶來一定的效果，但當目標不明確時可能會適得其反。這只是虛構的例子，所以不知道使用者是否真的這麼想，但我們可以如此思考。

網頁設計可以輕易增加或變更各種元素，但也要記得，這些元素的各種複雜組合會產生意想不到的效果。**圖 3-14**（本書開頭的**圖 3**）是引用自 [Ash12] 的橫幅廣告設計實例，雖然照片上一樣是「Ferraris are really fast（法拉利真的很快）」，但背景照片不同，文字含意就會產生變化。配上一張疾馳的車的圖，會給人速度、動感的正面印象，但若配上一張汽車撞樹的圖片時，就會傳達出開車時要小心（特別是開快車）的負面、諷刺的訊息。也就是說，照片和文字的組合會產生交互作用。

圖 3-14　橫幅廣告實例，訊息所傳達的內容因背景圖片而改變。圖片引用自 [Ash12]

再舉一個更簡單的交互作用例子。**圖 3-15** 是不同亮度背景顏色與按鈕等組合範例。我們可以看到，在淺色背景時更容易看到深色按鈕，而在深色背景時則是比較容易看到淺色按鈕。

這些都是簡單的例子，但當針對網頁設計進行 A/B 測試時，很可能會出現類似的現象。在網頁設計中，我們可以用程式來切換要顯示的元素，但要時刻注意，它對使用者認知度也會有影響。

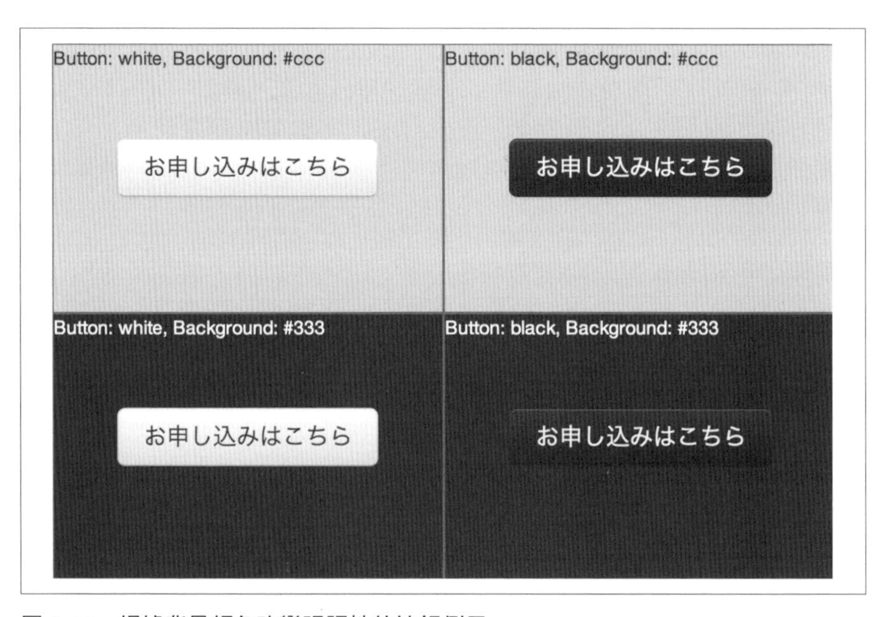


圖 3-15　根據背景顏色改變視認性的按鈕例子

# 3.5 模型選擇

目前為止 Charlie 遇到了很多事。首先，建構統計模型有兩種方法，一種是假設各設計方案的點擊率不同，另一種則是假設構成設計方案的元素組合決定了點擊率。考慮各種元素組合不僅能幫助評估最佳設計方案，還能評估每種措施的效果，將來設計新的網頁最佳化實驗時，可能會是有用的知識。即使該設計方案的觀測資料很少，我們也能更有信心推論其點擊率。

但對已完成報告再次使用組合元素方法時，無法有效地推論各措施的效果，因此我們重新檢驗統計模型，不僅考慮主要效果，也考慮交互作用，我們也因此能評估哪些措施可以提升點擊率，以及是否存在交互作用。

從這兩個事件可以知道，我們可以對同樣的資料設計不同的統計模型，根據模型所得到的結果也會有所不同。統計模型反映了分析者對現象的看法，根據其觀點，從貝氏推論得到的結論也會不同。

比較多個統計模型並選擇其中較好的，稱為**模型選擇**，是統計學中的重要主題之一，已經有各種不同的方法，但在進入特定的模型選擇前，我們先用圖形方式回顧 Charlie 所發生的事情，再繼續深入之前研究過的統計模型。

## 3.5.1 在屋頂上思考

為了著重在改變各元素的措施所產生的效果，我們引進了虛擬變數 $x_1, x_2$，以數值表示各個元素。考慮這兩個變數構成的二維空間，可以將設計方案 A、B、C、D 放在二維空間上，如圖 3-16。

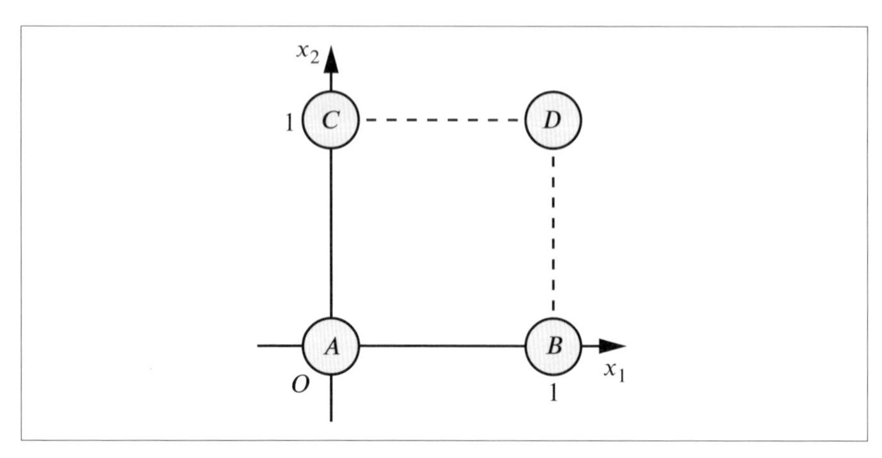


圖 3-16 由 $x_1$ 和 $x_2$ 構成的二維空間以及各設計方案的對應關係

如果進一步以立體的方式思考，將各設計方案點擊率 $\theta$ 視為高度，就能將圖形想成是豎立了 4 根柱子。這裡我們要忽略 logistic 函數，只關心代表點擊率的加法部分，所以我們使用 $\mathrm{logit}(\theta)$ 作為柱子的高度。

統計模型 Combined 只關心主要效果，假設關係式與式 (3.4) 一樣是 $\mathrm{logit}(\theta) = \alpha + \beta_1 x_1 + \beta_2 x_2$，那麼 $\mathrm{logit}(\theta)$ 的值域就相當於三維空間中的平面。

如果覺得在思考三維空間時用$x, y, z$的符號較易懂，可用 $x = x_1, y = x_2, z = \mathrm{logit}(\theta)$ 替換，式 (3.4) 會變成 $z = \alpha + \beta_1 x + \beta_2 y$，即平面方程式。

回到 4 根柱子的類比，這相當於有一個平坦的屋頂，連接 4 根柱子的頂點，如**圖 3-17**。換句話說，我們在做貝氏推論時，假設了「4 根柱子的屋頂應該是平的」。

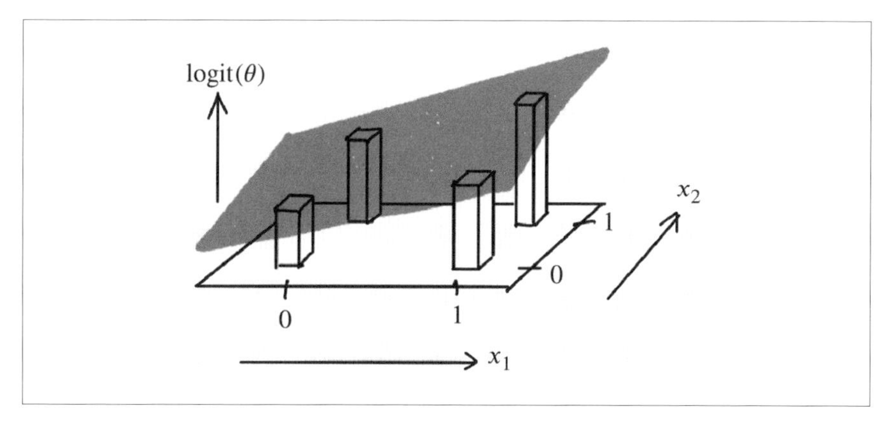


圖 3-17　資料與模型之間的關係，類似柱子與其上的屋頂之間的關係

將所推論的點擊率及各變數之間的關係視覺化，也能確認這件事。由於我們已有統計模型 Combined 的樣本軌跡 `trace_comb2`，所以我們可以計算各隨機變數 $\alpha, \beta_1, \beta_2$ 的統計量。先假設這些隨機變數的樣本平均能充分代表模型參數，我們將此模型在 $x_1, x_2, \mathrm{logit}(\theta)$ 的三維空間中的曲面畫出來看看，以下程式碼執行得到的視覺化結果如圖 3-18。

```
from mpl_toolkits.mplot3d import Axes3D

x1 = np.arange(0, 1, 0.1)
x2 = np.arange(0, 1, 0.1)
X1, X2 = np.meshgrid(x1, x2)
fig = plt.figure()
ax = Axes3D(fig)
logit_theta = (trace_comb2['alpha'].mean() +
     trace_comb2['beta'][:, 0].mean() * X1 +
     trace_comb2['beta'][:, 1].mean() * X2)
surf = ax.plot_surface(X1, X2, logit_theta, cmap='plasma')
fig.colorbar(surf)
ax.set_xlabel(r'$x_1$')
ax.set_ylabel(r'$x_2$')
ax.set_zlabel(r'$logit(\theta)$')
plt.show()
```

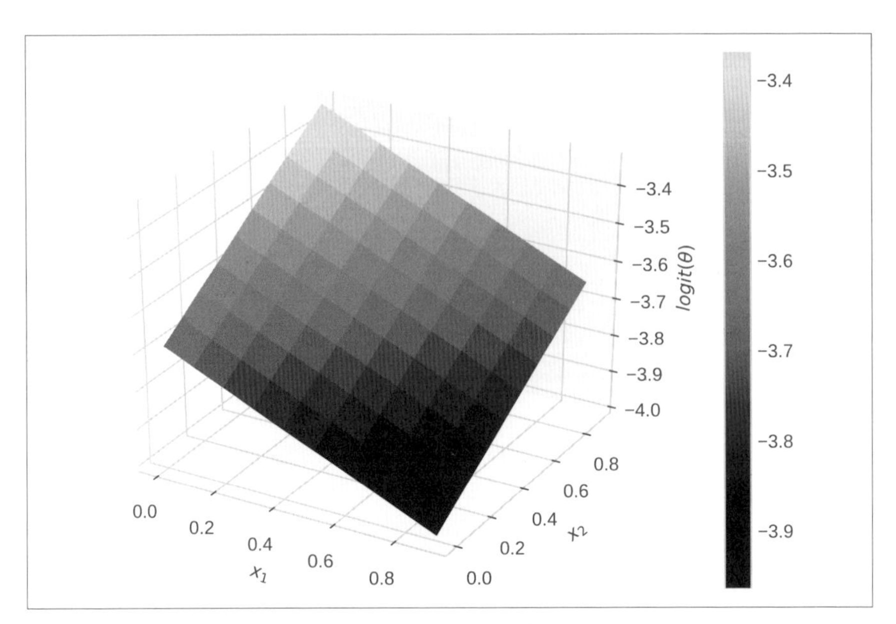


圖 3-18 只有主要效果的模型 Combined 的視覺化

各變數平均可以分別以 `trace_comb2['alpha'].mean()`、`trace_comb2['beta'][:, 0].mean()`、`trace_comb2['beta'][:, 1].mean()` 計算。這裡先建立一個陣列 `X1X2`，將 $x_1, x_2$ 的值域 $[0, 1]$ 細分。接著我們將著重主要效果的模型用於此陣列的元素，計算 `logit_theta`（對應到 $\text{logit}(\theta)$），並畫在三維空間中。

繪圖結果看來是一個在空間中的平面。如果我們觀察其斜率，可知 $x_1$ 是往右下方向的。也就是說，$x_1$ 值越大，點擊率就越小，可以推論出當主圖從產品圖換成範例照片時，點擊率也隨之降低。而 $x_2$ 則是往右上方向的，可以推論當按鈕措辭從「立即購買」改為「了解更多」時，點擊率隨之上升。這結果也與**圖 3-12** 中 $\beta_1$ 分布在負值區域、$\beta_2$ 分布在正值區域的情形一致。

此結果與報告完成前的結果相異，我們對此有所疑慮，於是提出一個包括交互結果項 $\gamma x_1 x_2$ 的統計模型，如式 (3.6)，在此我們將這種模型稱為 Interaction。如果以相同方式將此統計模型繪圖，會畫出怎樣的曲面呢？**圖 3-19** 同樣是視覺化的結果。

```
x1 = np.arange(0, 1, 0.1)
x2 = np.arange(0, 1, 0.1)
X1, X2 = np.meshgrid(x1, x2)
fig = plt.figure()
ax = Axes3D(fig)
Y = (trace_int['alpha'].mean() +
     trace_int['beta'][:, 0].mean() * X1 +
     trace_int['beta'][:, 1].mean() * X2 +
     trace_int['gamma'].mean() * X1 * X2)
surf = ax.plot_surface(X1, X2, Y, cmap='plasma')
fig.colorbar(surf)
ax.set_xlabel(r'$x_1$')
ax.set_ylabel(r'$x_2$')
ax.set_zlabel(r'$logit(\theta)$')
plt.show()
```

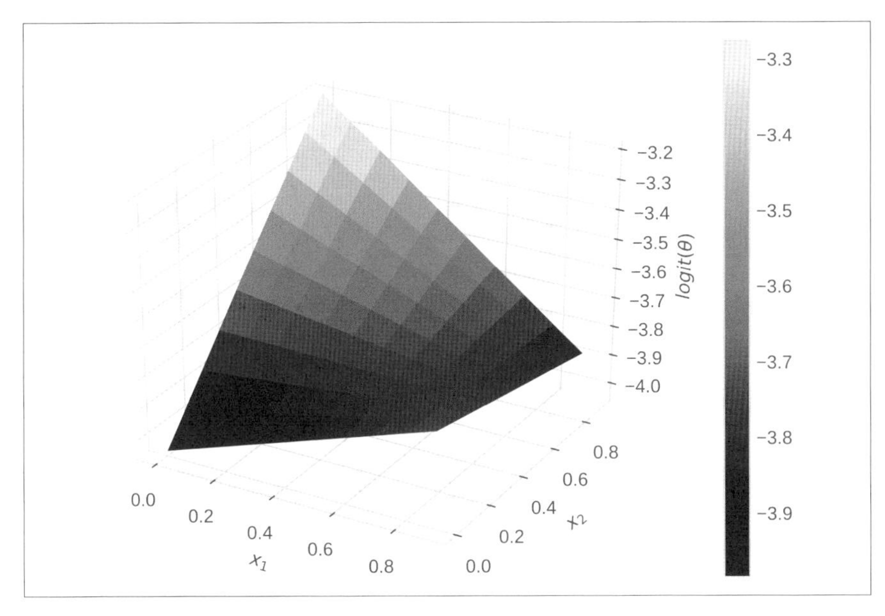


圖 3-19 含有交互作用的模型 Interaction 的視覺化

繪圖結果看來是個扭曲的曲面，與著重主要效果時的平面不同。這個曲面對變數 $x_1$ 與 $x_2$ 是扭曲的，而我們可以看出這件事，是因為當 $x_1 = 0$ 時，$x_2$ 是往右上方向的，而當 $x_1 = 1$ 時，$x_2$ 是往右下方向的。由此可見，$x_1$ 和 $x_2$ 都為 1 時點擊率比較低，兩者為負的交互作用。

再回到 4 根柱子和屋頂的類比，說明如下。如果有個模型只著重主要效果，而我們試圖將其用在交互作用大到不可忽略的資料上，就會像在高度各異的複雜柱子上，硬要加一個平面的屋頂一樣。結果屋頂和柱子之間出現縫隙，或是屋頂會撞到柱子而無法放置。而如果改用形狀靈活的曲面屋頂，就能毫無困難地放置屋頂連接柱子。引入交互作用項就相當於扭曲屋頂，形狀更加靈活，這兩種情況的概念如圖 3-20。

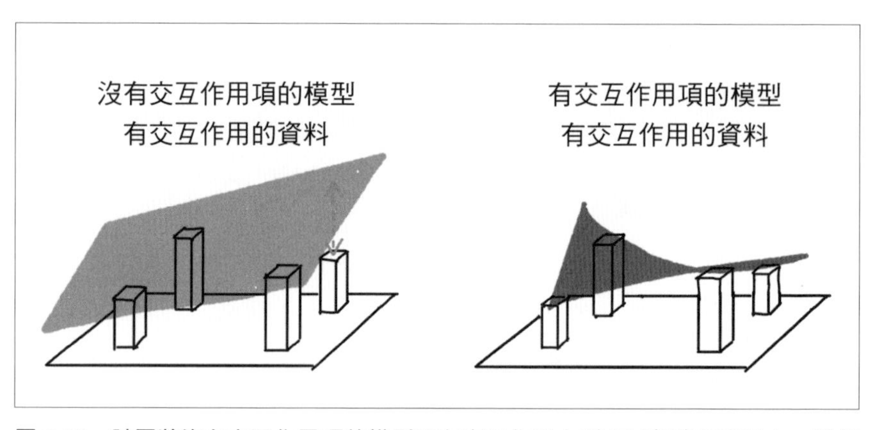


圖 3-20 試圖將沒有交互作用項的模型用在交互作用大到不可忽略的資料上，就像在各種不同高度的柱子上，硬要加一個平面的屋頂。我們需要一個對柱子高度有適當柔軟度的屋頂（統計模型）

由於已完成的資料中包含不可忽視的巨大交互作用，所以若只當作資料較分散並強行使用主要效果來解釋，那麼推論出的參數其分散程度也會很大。因此在只著重主要效果的統計模型中，CTA 按鈕等主要效果 $\beta_2$ 的事後分布尾巴變得很長，也無法確認效果。

在此引入交互作用項，就能把交互作用**放進**其中，那麼主要效果 $\beta_1, \beta_2$ 的分散程度就會變小，也能得到較窄（尾巴較短）的事後分布。因此現在可以確認每一個主要效果，也能確認改變 CTA 按鈕本身有提高點擊率的效果（前提是與主圖有負的交互作用）。

## 3.5.2 最佳模型的準則

如果增加交互作用項就能得到更好的結果，為什麼不一開始就考慮這種形狀更靈活的屋頂呢？為何一開始是先考慮平面的屋頂呢？

理由是，簡單的模型更易於解釋。雖然含有交互作用項的模型的確比較靈活，但也引入了一個新的假設，就是「此資料中必定有交互作用」。這麼一來在解釋結果時，要考慮的效果就會增加，像是「主圖有這個效果，CTA 按鈕措辭有這個效果，不過它們組合起來還會有這個效果」。

現在我們只有考慮 2 個元素，所以交互作用只有一個，但如果有 3 個元素 $A$、$B$、$C$，那就有 $A \times B$ 交互作用、$B \times C$ 交互作用、$C \times A$ 交互作用、$A \times B \times C$ 交互作用，總共 4 個。隨著元素增加，交互作用數量也會急劇增加。即使能推論出一個模型參數將這些都作為變數納入，對我們來說也難以解釋。

另外，如果在模型中引入不必要的變數，模型推論可能會不太順利。例如，若模型中兩個變數之間存在較大的**相關性（correlation）**，那其實只需其中一個變數就能推論出所需的值，但如果將其留在模型中，就無法確定這些變數的貢獻該如何分配。因為這可能會導致數值分成極大與極小的值，或是資料易受雜訊影響，使結果變得不穩定。這種現象稱為**多元共線性（multicollinearity，或是多重共線性）**。其實圖 2-2 所示的 MCMC 樣本不收斂的不良範例，是因為故意建立有多元共線性的人工資料並執行 MCMC 而輸出的，因此我們可以看到，單純的「先放入很多變數然後再選係數大的就好」的策略是行不通的。

相關性是指兩個隨機變數間的線性關係，例如當一個隨機變數變大的時候，另一個隨機變數也會變大或變小。相關性的量化定義將在 6.4.1 節詳細介紹。

綜上所述，在設計模型時基本的策略就是，從簡單的模型開始，反覆將資料視覺化，在模型中加入適當的變數。這種盡可能從簡單假說開始的原則，被稱為**奧坎剃刀（Occam's razor）**。

但在本例中，增加交互作用顯然是更合適的模型，可以得到更有用的見解。最佳模型不應該太簡單，也不應該太複雜，而是對給定的資料有足夠的表達能力。對多個模型進行量化比較、選出最好的模型，稱為模型選擇，是統計學和機器學習領域的重要主題之一。模型選擇的細節超出本書範圍，不會在此詳細討論，但我們會在資料適合度及模型複雜度之間權衡，盡可能採用適合資料的簡單模型。

模型選擇的典型指標之一是 **WAIC（widely applicable information criterion, Watanabe-Akaike information criterion，廣泛性適用性資訊標準、渡邊・赤池資訊標準）**。在 PyMC3 中，可以將獲得的樣本和模型傳給 pm.waic 方法進行計算，值越小就表示模型越好。

```
waic_comb2 = pm.waic(trace_comb2, model_comb2)
waic_int = pm.waic(trace_int, model_int)
print(waic_comb2.p_waic)  # 3.86
print(waic_int.p_waic)  # 2.11
```

對於這些資料來說，含有交互作用的模型其 WAIC 較小，因此對這次已完成的報告來說，含有交互作用的模型比只著重主要效應的模型更合適。

# 3.6 本章總結

本章中，我們就 Charlie 的報告嘗試了各種統計模型。一開始的模型考慮的是各個設計方案都有其固有點擊率，後來則發展成以設計方案組成元素的影響來解釋點擊率的模型。這樣不僅可以找到最適合的設計方案，還能檢定設計方案措施效果的假說。當有很多想法可嘗試時，這種將想推論的參數分解為元素的想法是很有效的，因為即使從未嘗試過某個方案，如果知道構成該案元素的效果，就能推論出所要參數。這點可從 Charlie 的不完整報告能推論出 D 案的點擊率看出。

然而這個想法也帶來新的問題：我們應該考慮多少交互作用呢？有些元素彼此可能只有組合在一起時才會產生負面效果。我們從 Charlie 完成的報告中了解到，若不將這些影響妥善納入統計模型，就無法做出有用的推論。對於同樣的資料可以考慮多種模型，每種模型也可以帶來不同的見解。

在屋頂的類比中，也說明了要找到具有靈活性且容易解釋的模型是很重要的。在權衡之後選擇相對好的模型，可以從觀測資料中取得更多有用的知識。

在下一章中，將以「組合」這個關鍵詞介紹不同方法，與傳統的貝氏推論路線有所不同。

### 3.6.1 進一步學習

最後我們介紹一些參考書籍，可以幫助大家進一步了解目前所討論的貝氏推論。

- John Kruschke. Doing Bayesian Data Analysis: A Tutorial with R, JAGS, and Stan. 2nd Edition. Academic Press, 2014.

  使用貝氏統計進行資料分析的教科書。涵蓋主題廣泛，包括使用貝氏推論的假設檢定，MCMC 演算法，以及如何設計更複雜的統計模型。**圖 3-4** 中引入的統計模型表示法就是參考本書。

- Cameron Davidson-Pilon. Bayesian Methods for Hackers: Probabilistic Programming and Bayesian Inference. Addison-Wesley Professional, 2015.

  本書主要以 Python 的範例程式碼來解釋貝氏推論。範例程式以 Jupyter Notebook 的形式放在 GitHub 上，且能直接在 Colab 使用。GitHub 上的程式碼除了 PyMC3 的以外，還包括使用 TensorFlow Probability[5] 的版本。https://github.com/CamDavidsonPilon/Probab

- Osvaldo Martin.Bayesian Analysis with Python. Packt Publishing, 2016.

  這是使用 PyMC3 進行貝氏推論的書。我們在本書未詳細說明的主題，如混合模型和模型比較，在這本也以範例程式碼進行詳細說明。

**正交設計和網站最佳化**

實驗設計中有一種技術叫做**正交設計（orthogonal design）**。這種技術是假設一個模型，忽視部分交互作用，減少需要測試的組合數量。

為了說明這個想法，我們再回到柱子與屋頂的類比。在考慮只著重主要效應的模型時，可以將放置在資料支柱上的屋頂視為平面。這裡我們轉個想法，如果在收集資料前就預先**決定**屋頂

5 TensorFlow Probability https://www.tensorflow.org/probability

是平面的，那麼即使沒有 4 根柱子，是否也能固定屋頂？從**圖 3-21** 可以看出，只要有 3 根柱子就能確定屋頂的高度和斜率。

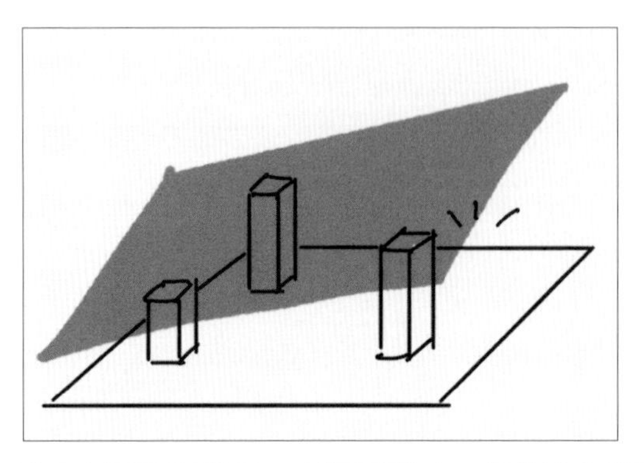

**圖 3-21　如果確定屋頂是平面的，那麼即使少一根柱子也能決定屋頂高度及斜率**

正如 3.3 節所見，儘管某些組合的顯示次數很少，還是能在一定程度上推論出效果。這是因為如 3.4.1 節開頭所述，其他組合的樣本透過簡單模型的假設幫到了忙。也就是說，如果我們不假設有交互作用，即使沒有某些組合的資料，我們也能推論措施的效果。正交設計應用了這個想法，先假設了模型，因此能減少需要觀察的組合數量。

例如考慮一個由 3 個元素構成的網站，我們要在上面進行實驗，假設每個元素都有 2 種值。構成組合的元素稱為**因子（factor）**，每個因子取值的種類也稱為**水準（因子水準，factor level）**，所以這種實驗設定又叫做 3 因子 2 水準實驗。3 因子 2 水準實驗所產生的組合數為 $2^3 = 8$ ，可以想成對應立方體的頂點，如**圖 3-22**。一般來說這 8 種組合都必須測試，但當不考慮交互作用時就能採用正交設計，可以精簡到只需要圓形標記的這 4 種組合。

為何是這 4 種組合？這是因為將其設計成所有元素都會得到同樣的評估次數。如果從立方體的三個方向（正面、側面、頂面）觀察，每個方向看到的正方形所有頂點都安排了測試。

這意味著所有元素的每種值都有相同次數的評估。也許我們會錯過立方體特定頂點才會出現的交互作用，但若假設各元素影響是獨立的（正交的），我們就能推論其主要效果。這種分配實驗的方式若是以表格形式來記述的話，就稱為**正交表**（**orthogonal array**）。

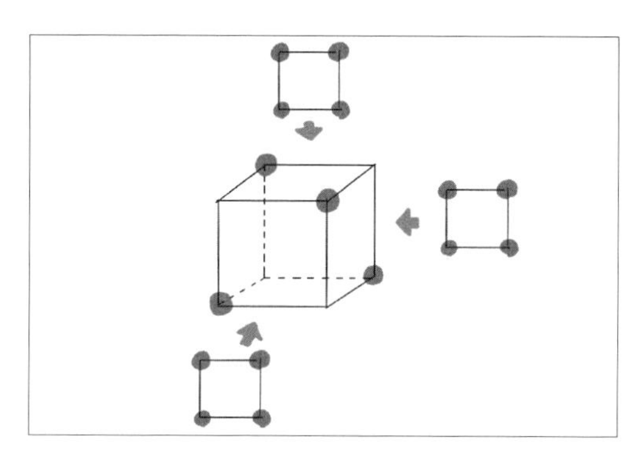

圖 3-22　3 因素 2 水準的正交設計中選擇的組合方式

通常隨著因子數量增加，要考慮的組合會呈指數增長（組合爆炸），即使是 2 水準，只要因子增加到 7，組合數就會增加到 $2^7 = 128$ 。但若採用正交設計，我們可以用少量實驗來觀察主要效果，例如 7 因子 2 水準的實驗只需要觀察 8 個組合，4 因子 3 水準（ $3^4 = 81$ 種組合）的實驗只需要觀察 9 個組合。此外正交設計並非完全不能評估交互作用，根據實驗的分配方式，也可以評估 2 個因素組合的低階交互作用。

正交設計也有應用在農業試驗、製造業等各領域以提高生產效率。例如想找出能使某種作物產量最大化的肥料和日照條件，若嘗試所有組合，會需要很大面積的農地，但如果以正交設計減少嘗試的組合數量，就能在現實土地的限制中進行充分實驗。在製造業也是如此，由於工廠空間有限、各種條件要穩定也需要一段時間，因此盡量減少組合以提升實驗效率。我們將「提高品質」定義為使產品功能更接近理想，利用正交設計以最小化功能變化的參數，這概念以田口玄一為中心，一般稱為**品質工程**（**quality engineering**）或**田口方法**（**Taguchi methods**）[田口 93]。

正交設計在各領域都有巨大貢獻，但在網站最佳化中，我們也應該積極採用嗎？這裡的關鍵是進行測試組合的**成本**。上述農業試驗和製造業的例子有個共同點：準備特定組合所需的成本很高，因此減少需要預先準備的組合數量就顯得特別重要。

而網站最佳化中，特定組合是由軟體進行的，透過亂數與條件分支，幾乎不用任何成本就能產生任意組合。因此在網站最佳化中，我們可以在每次使用者訪問時，都隨機選擇一個組合並顯示，之後再應用適當的統計模型並檢驗。

即使組合數量龐大到導致某些組合根本沒顯示機會，也可進行簡單假設，那麼其他組合的觀測資料就有助於推論效果。在開始實驗前，不用做出交互作用不存在的假設，必要時可以在統計模型中引入適當的交互作用項。若是事先假設交互作用是否存在以減少待測組合數量，那麼其好處就取決於該領域中達成特定組合的成本。

關於網站最佳化中，正交設計的使用以及與其他方法的比較，可參考 Ron Kohavi 等人的回顧論文 [Kohavi09]。

# 第 4 章
# 通用啟發法：不用統計模型的最佳化方法

## 4.1 行銷會議

X 公司的行銷會議討論了下個月要進行的網站改進專案計劃，此次進行的測試將嘗試 5 種產品圖片及 5 種 CTA 按鈕，組合數量為 $5 \times 5 = 25$，多過以往的實驗。負責的 Alice 對於規模大小有些疑慮：即使知道只要統計模型設計適當就不怕元素增加，但是這樣效果真的好嗎？

同事 Bob 聽到計劃，提出了一個建議。「如果問題在於組合數量，為什麼不試試看就先只改變產品圖片找到最佳圖片，然後就固定用這張圖片實驗 CTA 按鈕的變更呢？這樣總共只要嘗試 10 個方案，5 個是產品圖片，5 個是 CTA 按鈕」。

準確地說，改圖片的 5 個方案跟接著改 CTA 按鈕的 5 個方案有重疊，所以應該是 9 個。但無論如何，這麼做似乎的確能減少所要測試的方案。Alice 覺得這個主意不錯，但又覺得似乎忽略了某些重要事項。前面我們已學過在統計模型中處理各元素效果的方法，但這個方法又與之前那些不同。這種「按順序決定」的實驗方法，究竟代表什麼意思？

# 4.2　通用啟發法

前面已經看到，如何利用統計的力量比較多個設計方案的效果。如果要進一步評估的設計方案是由元素組成的，我們也可以假設一個統計模型來評估元素變化的效果。若用 3.5.1 節的柱子與屋頂的類比，可以說目前為止介紹的方法，都是在資料的柱子上尋找適合的屋頂。一旦找到屋頂，不但可以找到最高的柱子，即效果最好的方案，還能從斜率評估元素及措施的效果。

但若目標只是要找到最高的柱子，那麼還有其他方法，例如從某根柱子開始，按順序測量旁邊柱子的高度，然後再移到更高的柱子。這個方法如何呢？有些柱子可能跳過沒被測到，但也節省了評估矮柱子的時間，可以更快到達高柱子。在網站最佳化的領域裡，這表示可以用更少使用者找出最好的設計方案，實在很不錯。

兩種方法的差異請看**圖 4-1** 的說明。可以這麼說：傳統的方式推導模型找出最佳組合的方法，是以「如何放置屋頂」為主，如圖中左側。收集推論模型時所需組合的樣本，並對其使用統計模型，如此就能推論出構成模型的參數，然後再用推論的模型來尋找最高的支柱，也就是最佳方案。

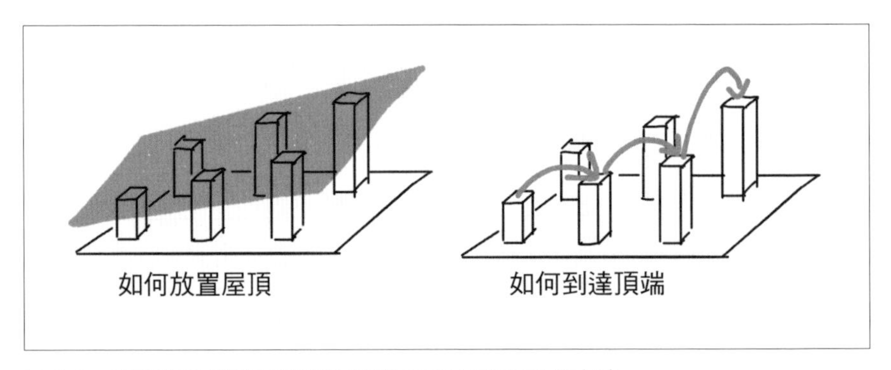


圖 4-1　比較先假設統計模型的方法和尋找最高支柱的方法

另一方面，依序在柱子之間移動的方法，就是圖中右側著重於「如何到達頂端」的方法。這種方法不需要模型，所以無法知道構成元素的效果。但相反地，因為不需要模型，所以無須擔心交互作用或是如何選擇最適合的變數。本章將介紹不用假設模型的最佳化方法，特別是稱為**通用啟發法（metaheuristics）**的一組方法。

當問題難以解決時，有一種方法，雖然無法保證其效果，但從經驗得知效果還不錯，這種方法稱為**啟發法（heuristics）**。例如著名的路徑搜尋演算法「A* 搜尋演算法」，就是用啟發法推斷目標與現在所在地的距離，將其作為距離估計，使搜尋更有效率。

解決問題時，啟發法的效果通常因問題而異，因此有一種架構試圖提供有用且不限定問題的啟發法，稱為**通用**啟發法。由於它不依賴於對某個具體問題的知識，因此就算不了解主要效果大小或是元素間交互作用，還是可以使用，這也就是為何通用啟發法適用於各種最佳化問題。下面將介紹一些利用通用啟發法的代表性演算法。

## 4.3 爬山演算法

在深入研究每種通用啟發法之前，我們先解釋**爬山演算法（hill climbing）**這種搜尋演算法，是這些演算法的基礎。爬山演算法的概念正如**圖 4-1** 右側：首先暫時決定現在位置，然後逐步跳到四周更高的柱子上。如果把這堆柱子看成一座山，就知道為何這種搜尋方式叫做爬山演算法。

當然，如果能搭直升機從空中俯瞰，就能輕易找到最高點。但實際上，想知道某個地點的高度，就得收集這個地點的資料，所以用爬山演算法去搜尋，就像身處迷霧中看不清周圍的登山者想爬到山頂。

這根柱子，或者說對應於某個地點的東西，我們之後就稱為**解（solution）**，以網站最佳化來說，就相當於某個設計方案。在**第 3 章**的例子中，主圖與 CTA 按鈕的組合也相當於解，這些解的集合稱為**解空間（solution space）**。在 3.2 節中引入了虛擬變數 $x_1, x_2$，並將所有解（設計方案 A、B、C、D）放置在二維平面上。因此，這個由 $x_1 = 0, 1$ 及 $x_2 = 0, 1$ 構成的空間，就是解空間。在解空間中的某個解，如果是有定義評估值的，就稱為**可行解（feasible solution）**。

然後，以某種指標評估某個解所得到的值稱為**評估值（evaluation value）**，這種指標則稱為**評估函數（evaluation function）**[1]。以**第 3 章**的例子來說，我們感興趣的是各設計方案的點擊率，所以點擊率就是評估函數，各設計方案的點擊率則是評估值。而所謂評估一個解，以網站最佳化來說，就相當於將解實際顯示給使用者看而獲得評估值。

當然，如大家所見，我們一直是用統計模型來處理點擊資料，使用者並不會直接告訴我們某個方案的點擊率。之前已經學過如何使用貝氏推論從使用者提供的點擊資料來推論點擊率，但為了簡單起見，我們的問題將設定，評估某個解總是會得到一個評估值。

而在解空間中，評估值最大（或最小）的解稱為**最佳解（optimal solution）**，搜尋的目標就是找到這個最佳解。

> 最佳化問題有時也會表示成最大化問題（找到評估值最大的解），有時則是最小化問題（找到評估值最小的解）。總之只要把評估函數的符號反轉，那麼最大化問題就能改寫成最小化問題，而最小化問題也能改寫成最大化問題，所以最佳化演算法可以兩用。這裡的最佳化問題中，我們將以最大化問題來進行說明。

在爬山演算法中，重複以下步驟就能抵達山頂。

1. 評估目前解附近的解（鄰近解，neighborhood solution）。
2. 如果某個鄰近解的評估值高於目前解，就更新目前解，設為該鄰近解。

目前解就是指暫定的最佳解，類比登山就是登山者此刻所處的地點。而搜尋開始的地點的解特別稱為**初始解（initial solution）**。

顧名思義，鄰近解就是目前解附近的解。「鄰近」並無特定定義，而是根據問題考慮最適合的定義。評估這些鄰近解，若其中有優於目前解的，就更新目前解，並重複此過程。類比登山就是如果周圍有比現在所在地更高的點，就移動至該點，並重複此過程。

1　評估函數也稱為**目標函數（objective function）**。在商業領域來說，就是類似我們想要最大化或最小化的 KPI（key performance indicator，**關鍵績效指標**）的概念。

## 4.3.1 實作爬山演算法

我們試著用爬山演算法來解決一個具體的問題。首先考慮由 2 個變數 $x_1$ 和 $x_2$ 構成的二維解空間。我們可以將變數並排寫出，將解表示為向量，如 $\boldsymbol{x} = (x_1, x_2)$，這些變數都可以取離散值的 0, 1, 2, 3, 4，而評估函數為 $f(\boldsymbol{x}) = 0.5x_1 + x_2 - 0.3x_1x_2$。

該解空間中評估函數的形狀如**圖 4-2**，評估函數以 lambda 表達式實作為 f。

```
import numpy as np
from matplotlib import pyplot as plt
from mpl_toolkits.mplot3d import Axes3D

fig = plt.figure()
ax = Axes3D(fig)

size = 5
_x1, _x2 = np.meshgrid(np.arange(size), np.arange(size))
x1, x2 = _x1.ravel(), _x2.ravel()

f = lambda x1, x2: 0.5 * x1 + x2 - 0.3 * x1 * x2
ax.bar3d(x1, x2, 0, 1, 1, f(x1, x2), color='gray', edgecolor='white',
         shade=True)
ax.set_xlabel('$x_1$')
ax.set_ylabel('$x_2$')
ax.set_zlabel('$f(x)$')
plt.xticks(np.arange(0.5, size, 1), range(size))
plt.yticks(np.arange(0.5, size, 1), range(size))
plt.show()
```

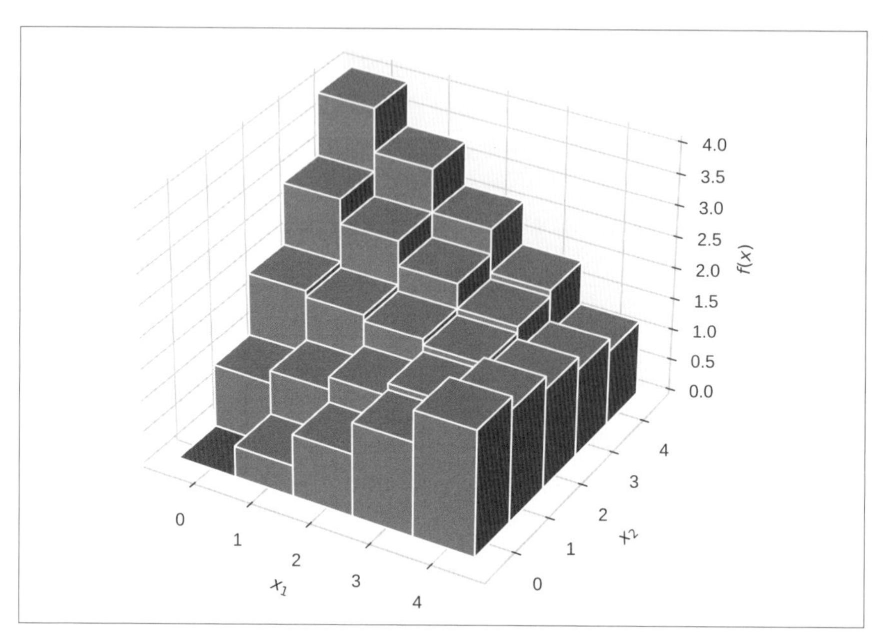


圖 4-2 評估函數的形狀

可以看出此評估函數 $f(\boldsymbol{x})$ 包括了一個交互作用項 $-0.3x_1x_2$ ，因此評估函數不是平坦的形狀，而是在 (0, 4) 和 (4, 0) 處有山頂的形狀。根據此評估函數， $\boldsymbol{x} = (0, 4)$ 為最佳解，此時評估值為 4。而這次要解決的問題，就是在事先不知評估函數的情況下，找到這個最佳解。

接下來，我們將實作爬山演算法來解決此問題。

```
def is_valid(x):
    """ 確認是可行解 """
    return all(-1 < i < size for i in list(x))

class HillClimbing:
    """ 爬山演算法

    Args:
        init_x: 初始解
        init_f: 初始解的評估值

    Attributes:
        current_x: 目前解
        current_f: 目前解的評估值
    """
```

```
def __init__(self, init_x, init_f):
  self.current_x = init_x
  self.current_f = init_f

def get_neighbors(self):
  """輸出鄰近解。

  Returns:
    鄰近解的列表
  """
  neighbor_xs = []
  for i, xi in enumerate(self.current_x):
    neighbor_x = list(self.current_x)
    neighbor_x[i] += 1
    if is_valid(neighbor_x):
      neighbor_xs.append(tuple(neighbor_x))

    neighbor_x = list(self.current_x)
    neighbor_x[i] -= 1
    if is_valid(neighbor_x):
      neighbor_xs.append(tuple(neighbor_x))
  return neighbor_xs

def update(self, neighbor_xs, neighbor_fs):
  """若有好的鄰近解就更新目前解。

  Args:
    neighbor_xs: 評估完的鄰近解列表
    neighbor_fs: 鄰近解評估值的列表

  Returns:
    目前解在更新前後的序對（tuple）
  """
  old_x = self.current_x
  if max(neighbor_fs) > self.current_f:
    self.current_x = neighbor_xs[
        neighbor_fs.index(max(neighbor_fs))]
    self.current_f = max(neighbor_fs)
  return (old_x, self.current_x)
```

HillClimbing 類別內有兩個成員變數，分別是存有目前解的 self.current_x 和目前解評估值的 self.current_f。此外還有一個 get_neighbors 方法用來輸出目前解的鄰近解，以及根據觀測到的鄰近解評估值更新目前解的 update 方法。

`get_neighbors` 方法輸出目前解的上、下、右、左等鄰近解，但上下左右這些解如果沒在解空間內，那麼該解就不會包括在鄰近解中。我們準備了 `is_valid` 方法用來判斷是否位在解空間內，也就是判斷是否可行。這裡鄰近解是採用此定義，但要用其他方式取得鄰近解也沒問題。

`update` 方法接受鄰近解及其評估值，如果其中任何一個解的評估值高於目前解，就換掉目前解。如果有多個解比目前解好，那麼就接受評估值最大的解。最後將更新前後的目前解成對輸出。

利用 `HillClimbing` 類別，我們可以建立一個尋找最佳解的實例（instance）。我們從初始解 $\boldsymbol{x} = (0, 0)$ 開始搜尋。

```
init_x = (0, 0)
init_f = f(init_x[0], init_x[1])
hc = HillClimbing(init_x, init_f)

evaluated_xs = {init_x}
steps = []

for _ in range(6):
  neighbor_xs = hc.get_neighbors()
  neighbor_fs = [f(x[0], x[1]) for x in neighbor_xs]
  step = hc.update(neighbor_xs, neighbor_fs)

  print('%s -> %s' % (step))
  steps.append(step)
  evaluated_xs.update(neighbor_xs)

# (0, 0) -> (0, 1)
# (0, 1) -> (0, 2)
# (0, 2) -> (0, 3)
# (0, 3) -> (0, 4)
# (0, 4) -> (0, 4)
# (0, 4) -> (0, 4)
```

程式會列出每一步更新前後的目前解。可以看到從 $\boldsymbol{x} = (0, 0)$ 開始，到第 4 次更新時，就抵達了最佳解 $\boldsymbol{x} = (0, 4)$。我們還能看到，抵達最佳解之後就停在那裡，不會移動到其他解了。目前看來可以說搜尋進行得很順利。

我們還可以從解空間的上方以俯視的方式來確認搜尋程式所走路徑。首先定義一個 visualize_path 方法進行視覺化。

```
import matplotlib.ticker as ticker

def visualize_path(evaluated_xs, steps):
  fig, ax = plt.subplots(figsize=(5, 5))
  ax.set_xlim(-.5, size -.5)
  ax.set_ylim(-.5, size -.5)

  for i in range(size):
    for j in range(size):
      if (i, j) in evaluated_xs:
        ax.text(i, j, '%.1f'%(f(i, j)), ha='center', va='center',
                bbox=dict(edgecolor='gray', facecolor='none',
                          linewidth=2))
      else:
        ax.text(i, j, '%.1f'%(f(i, j)), ha='center', va='center')

  ax.set_xlabel('$x_1$')
  ax.set_ylabel('$x_2$')
  ax.xaxis.set_minor_locator(
      ticker.FixedLocator(np.arange(-.5, size - .5, 1)))
  ax.yaxis.set_minor_locator(
      ticker.FixedLocator(np.arange(-.5, size - .5, 1)))

  plt.tick_params(axis='both', which='both', bottom='off', top='off',
                  left='off', right='off', labelbottom='off',
                  labelleft='off')
  ax.grid(True, which='minor')
  ax.grid(False, which='major')

  for step in steps:
    ax.annotate('', xy=step[1], xytext=step[0],
                arrowprops=dict(shrink=0.2, width=2, lw=0))
```

我們將評估過的解的紀錄 evaluated_xs 與目前解的紀錄 steps 傳入 visualize_path 方法，可以得到**圖 4-3**。

```
visualize_path(evaluated_xs, steps)
```

圖中的箭頭代表解的轉移，而被長方形框住的表示曾被評估過的解。從圖中可以看出，搜尋程式從評估值為 0 的初始解 $\boldsymbol{x} = (0, 0)$ 開始，逐步向更大評估值的解移動。

另外，因為移動到鄰近解中評估值最高的解，所以不用浪費時間在那些評估值較低的解，這樣搜尋更有效率。如果在 25 個解中只評估 10 個解就找到最佳解，可說是非常有效率的。以網站最佳化來說，表示要測試的設計方案可以比較少，且能用更少使用者找到最好的設計方案。

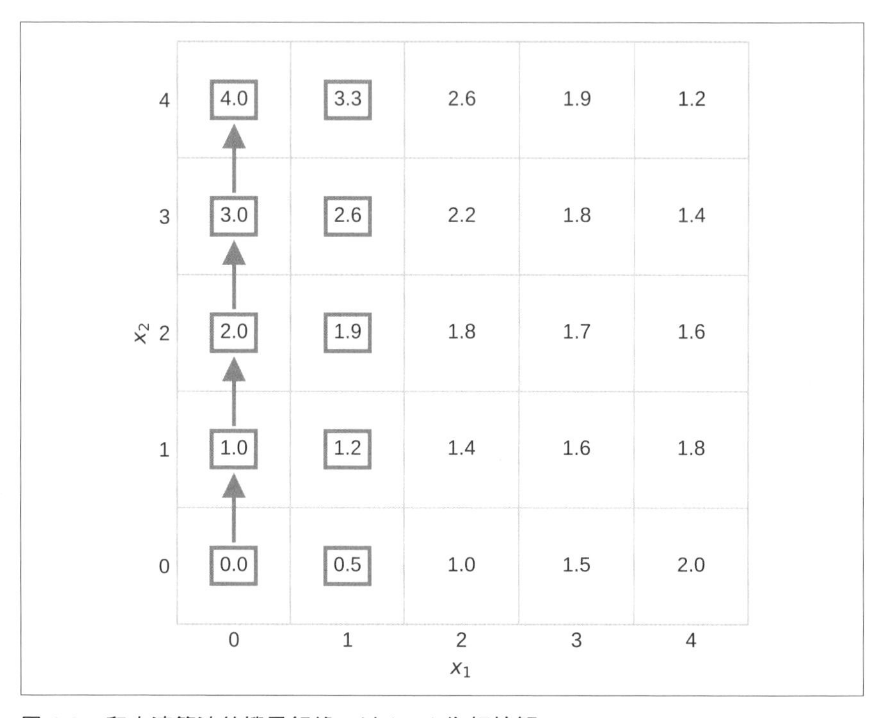


圖 4-3 爬山演算法的搜尋紀錄，以 $(0, 0)$ 為初始解

## 4.3.2 全域最佳解和區域最佳解

現在我們嘗試從不同的初始解 $\boldsymbol{x} = (4, 2)$ 開始搜尋，搜尋紀錄視覺化如圖 4-4。

```
init_x = (4, 2)
init_f = f(init_x[0], init_x[1])
hc = HillClimbing(init_x, init_f)

evaluated_xs = {init_x}
steps = []

for _ in range(6):
  neighbor_xs = hc.get_neighbors()
```

```
    neighbor_fs = [f(x[0], x[1]) for x in neighbor_xs]
    step = hc.update(neighbor_xs, neighbor_fs)

    print('%s -> %s' % (step))
    steps.append(step)
    evaluated_xs.update(neighbor_xs)

# (4, 2) -> (4, 1)
# (4, 1) -> (4, 0)
# (4, 0) -> (4, 0)
# (4, 0) -> (4, 0)
# (4, 0) -> (4, 0)
# (4, 0) -> (4, 0)

visualize_path(evaluated_xs, steps)
```

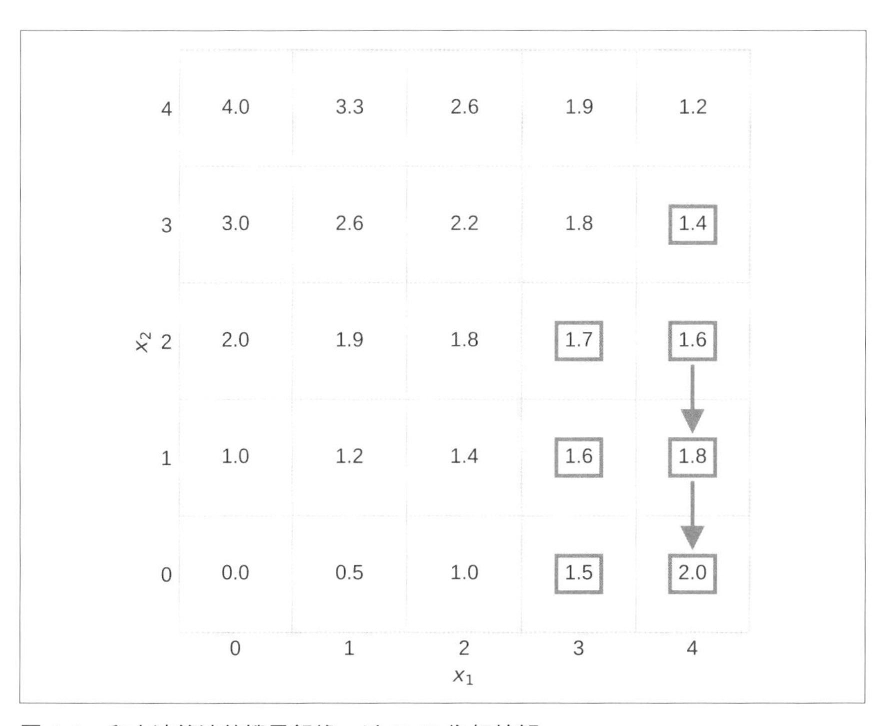


圖 4-4　爬山演算法的搜尋紀錄，以 (4, 2) 為初始解

這次搜尋最後的結果是停在解 $\boldsymbol{x} = (4,0)$。雖然 $\boldsymbol{x} = (0,4)$ 是解空間中最大評估值的解，但在這次搜尋中無法到達。回顧搜尋過程也沒看到任何意外的動作，程式反覆比較鄰近解與目前解，並逐步移動到較高評估值的解，結果到了 $\boldsymbol{x} = (4,0)$ 時，因為附近沒有更好的解，所以就無法繼續搜尋了，即使解空間中存在更好的解，搜尋還是停下來了。

像 $\boldsymbol{x} = (4,0)$ 這樣的解，其周邊沒有更好的解，就稱為**區域最佳解（局部最佳解，local optimum）**。而在解空間中有最大評估值的解稱為**全域最佳解（global optimum）**。也就是說，這次搜尋的結果陷入了區域最佳解，而找不到全域最佳解。

單純的爬山演算法的缺點就是有可能落入區域最佳解，為了彌補這個缺點，有些版本的爬山演算法加入了各種手段。例如有一種隨機重新啟動爬山演算法（random-restart hill climbing），會在搜尋完成後再次隨機選擇一個初始解並重新開始搜尋；還有多次爬山演算法，從多個初始解開始執行多個搜尋程式。

但爬山演算法本身仍然沒有脫離區域最佳解的方式，如果評估函數的形狀只有一座山（稱為**單峰性（unimodality）**），那麼爬山演算法就很有用；但如果形狀是多座山（稱為**多峰性（multimodality）**），那麼爬山演算法就可能會陷入區域最佳解，亦即搜尋效能與問題特徵有關。

相對地，通用啟發法提供了一種搜尋方法，目的是找出全域最佳解，且與問題特徵無關。也就是說，通用啟發法這種方法即使遇到多峰性的評估函數，也有方法能夠突破區域最佳解。

## 4.3.3 Alice 為何覺得不對勁

回到開頭的 X 公司行銷會議，我們現在知道為何 Alice 會覺得哪裡不對勁了。Bob 所提的「按順序」決定元素的實驗方法，可以看成是一種爬山演算法，將鄰近解定義為只改變了其中一個元素的解。此外還增加了一個特殊終止條件，也就是在 2 次更新之後就停止搜尋。

按順序決定元素的實驗過程很容易理解，也能有效減少實驗的組合數，似乎是蠻有用的方法，但依據初始解的選擇不同，還是有可能落入區域最佳解。我們應該先了解其特點，再決定適合與否。

# 4.4 隨機爬山演算法

回到前面的例子，我們現在要想一種能突破區域最佳解的搜尋方法。要突破區域最佳解有很多可能的想法，簡單的就是隨機選擇一個鄰近解。前面的爬山演算法是對所有的鄰近解都進行評估，再從中選擇評估值最高的。只要條件相同，這種演算法不管執行幾次都會有完全相同的行為，是所謂的確定性演算法（deterministic algorithm）。

如果不是評估所有鄰近解，而是隨機選擇一個鄰近解評估並重複此過程，又會如何呢？根據亂數出現的狀況，可能會幸運地走到全域最佳解而非區域最佳解，但也可能像之前一樣最終落入區域最佳解。像這樣加入隨機性的演算法，就稱為**隨機演算法（randomized algorithm）**。

我們實際來看一個爬山演算法的實例，在選擇鄰近解時加入了隨機性（稱為**隨機爬山演算法**）。

```
import random

class RandomizedHillClimbing:
  """隨機爬山演算法

  Args:
    init_x: 初始解
    init_f: 初始解的評估值

  Attributes:
    current_x: 目前解
    current_f: 目前解的評估值
  """
  def __init__(self, init_x, init_f):
    self.current_x = init_x
    self.current_f = init_f

  def get_neighbors(self):
    """輸出鄰近解。

    Returns:
      鄰近解的列表
    """
    neighbor_xs = []
    for i, xi in enumerate(self.current_x):
      neighbor_x = list(self.current_x)
      neighbor_x[i] += 1
      if is_valid(neighbor_x):
```

```
            neighbor_xs.append(tuple(neighbor_x))
          neighbor_x = list(self.current_x)
          neighbor_x[i] -= 1
          if is_valid(neighbor_x):
            neighbor_xs.append(tuple(neighbor_x))
        return neighbor_xs

      def get_neighbor(self):
        """隨機選擇一個鄰近解。

        Returns:
          鄰近解
        """
        return random.choice(self.get_neighbors())

      def update(self, neighbor_x, neighbor_f):
        """若有好的鄰近解就更新目前解。

        Args:
          neighbor_x: 評估完的鄰近解
          neighbor_f: 鄰近解的評估值

        Returns:
          目前解在更新前後的序對（tuple）
        """
        old_x = self.current_x
        if self.current_f < neighbor_f:
          self.current_x = neighbor_x
          self.current_f = neighbor_f
        return (old_x, self.current_x)
```

程式結構大致與 `HillClimbing` 相同，但 `RandomizedHillClimbing` 增加了 `get_neighbor` 方法，從候選鄰近解中隨機取出一個。另外，`update` 方法本來的引數是鄰近解列表及其對應的評估值，現在則是取一個鄰近解及其評估值，這是因為隨機爬山演算法不會評估所有鄰近解，而是只評估一個隨機選擇的鄰近解。

模擬程式碼也有相對應的改變。我們不評估所有鄰近解，而是重複隨機選擇一個鄰近解評估再更新目前解。**圖 4-5** 是使用隨機爬山演算法時的搜尋軌跡視覺化。

```
init_x = (4, 2)
init_f = f(init_x[0], init_x[1])
rhc = RandomizedHillClimbing(init_x, init_f)
```

```
evaluated_xs = {init_x}
steps = []

random.seed(0)
for _ in range(30):
  neighbor_x = rhc.get_neighbor()
  neighbor_f = f(neighbor_x[0], neighbor_x[1])
  step = rhc.update(neighbor_x, neighbor_f)

  steps.append(step)
  evaluated_xs.add(neighbor_x)
visualize_path(evaluated_xs, steps)
```

範例程式碼中的 `random.seed(0)` 代表將亂數種子（seed）固定為 0，只要種子的值相同，就會得到相同的亂數序列，因此在執行隨機演算法時會有重複性。本書中我們會經常執行 `np.random.seed(0)` 來固定 NumPy 模組的亂數產生器種子。

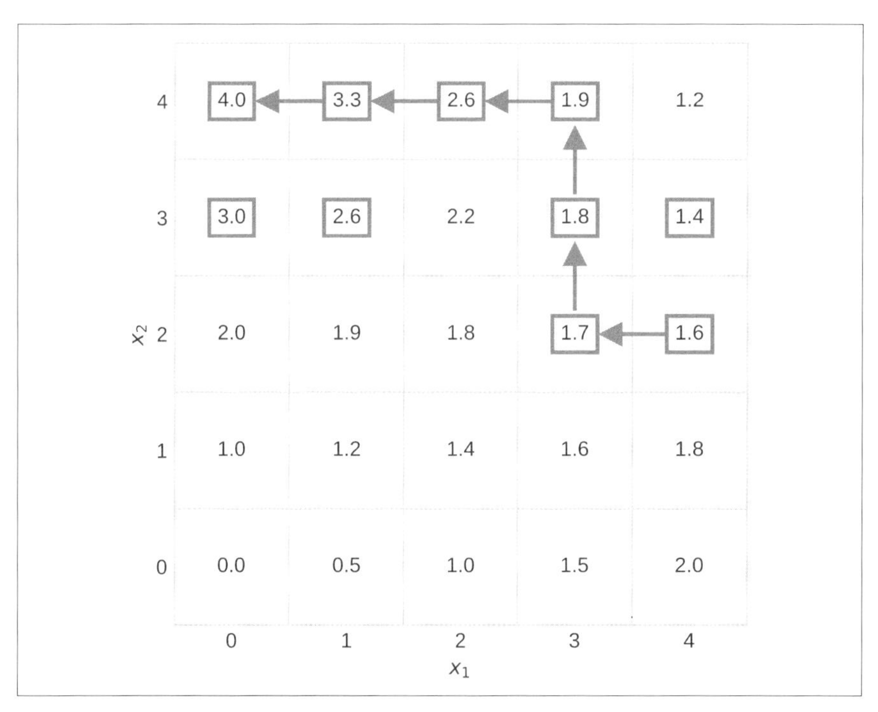


圖 4-5　亂數爬山演算法的搜尋紀錄，初始解為 $(4, 2)$

從結果可以看到，即使開始搜尋時的初始解跟 4.3.2 節落入區域最佳解時的一樣，但還是抵達了全域最佳解。當然，行為變化取決於亂數的選擇，所以不一定能抵達全域最佳解，但還是可以看到隨機行為可能是有用的。不過即使採用隨機爬山演算法，一旦落入區域最佳解，就會找不到更好的鄰近解而無法脫離。為了突破區域最佳解，似乎需要亂數以外的方式。

## 4.5 模擬退火演算法

一旦陷入區域最佳解，要想從中脫離就必須有所作為：即使鄰近解比目前解還差，也敢冒險接受。採用這個想法的搜尋方法就是**模擬退火演算法（simulated annealing）**。在模擬退火演算法中，當鄰近解比目前解好時，跟爬山演算法一樣更新目前解，但即使鄰近解劣於目前解，也有一定機率接受該鄰近解並更新目前解。

有多大機率接受劣於目前解的鄰近解，是由所謂**溫度（temperature）**的參數 $\tau$ 控制，溫度越高，就有越大的機率接受劣於目前解的解。而當溫度變低時，接受較差解的機率就會變小，行為也變得接近單純的爬山演算法。引入這樣的方法後，前期可以全域嘗試各種解，到後期則縮小搜尋範圍，搜尋較有希望的解。

模擬退火演算法的名稱來自冶金學中的退火法，對金屬加熱然後逐漸冷卻，可以得到更堅硬的材料，代表的行為是：最初採取激烈行動嘗試各種解，然後逐漸穩定朝向有希望的解。

那麼我們就來看個模擬退火演算法的實作範例程式。

```
class SimulatedAnnealing:
    """模擬退火演算法

    Args:
        init_x: 初始解
        init_f: 初始解的評估值

    Attributes:
        current_x: 目前解
        current_f: 目前解的評估值
        temperature: 溫度參數
```

```
"""
def __init__(self, init_x, init_f):
  self.current_x = init_x
  self.current_f = init_f
  self.temperature = 10

def get_neighbors(self):
  """輸出鄰近解。

  Returns:
    鄰近解的列表
  """
  neighbor_xs = []
  for i, xi in enumerate(self.current_x):
    neighbor_x = list(self.current_x)
    neighbor_x[i] += 1
    if is_valid(neighbor_x):
      neighbor_xs.append(tuple(neighbor_x))
    neighbor_x = list(self.current_x)
    neighbor_x[i] -= 1
    if is_valid(neighbor_x):
      neighbor_xs.append(tuple(neighbor_x))
  return neighbor_xs

def get_neighbor(self):
  """隨機選擇一個鄰近解。

  Returns:
    鄰近解
  """
  return random.choice(self.get_neighbors())

def accept_prob(self, f):
  """ 接受機率 """
  return np.exp((f - self.current_f) / max(self.temperature, 0.01))

def update(self, neighbor_x, neighbor_f):
  """若有好的鄰近解就更新目前解。

  Args:
    neighbor_x: 評估完的鄰近解
    neighbor_f: 鄰近解的評估值

  Returns:
    目前解在更新前後的序對（tuple）
  """
  old_x = self.current_x
```

```
    if random.random() < self.accept_prob(neighbor_f):
      self.current_x = neighbor_x
      self.current_f = neighbor_f
    self.temperature *= 0.8
    return (old_x, self.current_x)
```

在這個搜尋程式中，成員變數除了目前解及其評估值外，還有溫度參數 `self.temperature`。在 `update` 方法中，將溫度參數乘以 0.8 以實作冷卻。

結構大致上類似 `RandomizedHillClimbing`，但 `SimulatedAnnealing` 多了一個方法 `accept_prob`，會根據目標鄰近解的評估值及目前溫度參數，回傳接受該鄰近解的機率。

接受鄰近解的機率 $p$ 必須滿足以下要求：

- 如果鄰近解的評估值大於目前解，則接受鄰近解機率為 1。
- 如果鄰近解的評估值小於目前解，
  - 評估值相差越大，接受機率越小。
  - 溫度 $\tau$ 越低，接受機率越小。

滿足這些要求就可以作為接受機率，不過也可以使用以下指數函數。

$$p = \exp((f' - f)/\tau) \tag{4.1}$$

當中 $f$ 是目前解的評估值，$f'$ 則是鄰近解的評估值。**圖 4-6** 以 $f' - f$ 為橫軸，畫出該函數在各種溫度參數 $\tau$ 值時的圖。

由於 $f' - f$ 是鄰近解與目前解的評估值之差，所以當鄰近解劣於目前解時會是負值，優於目前解時會是正值。此函數為單調遞增函數，隨著輸入增加，輸出也會增加，且對任何實數都會回傳大於 0 的值。當評估值之間的差為負值時，函數取值範圍是在 0 至 1，作為機率使用是很方便的。

當溫度參數 $\tau$ 的值較大時，曲線是較緩的坡；反之當 $\tau$ 的值較小時，曲線是陡峭的。由此可見，當 $\tau$ 的值較大，也就是溫度較高時，評估值的差值 $f' - f$ 即使為負，回傳的值也較接近 1。這表示即使鄰近解的評估值低於目前解，鄰近解也有較高的接受機率。反之，當 $\tau$ 的值較小，也就是溫度較低時，評估值的差值 $f' - f$ 變成負值時，回傳值會迅速收斂到

0。這表示當鄰近解的評估值低於目前解時，接受機率會接近 0，也就是行為會較為保守。

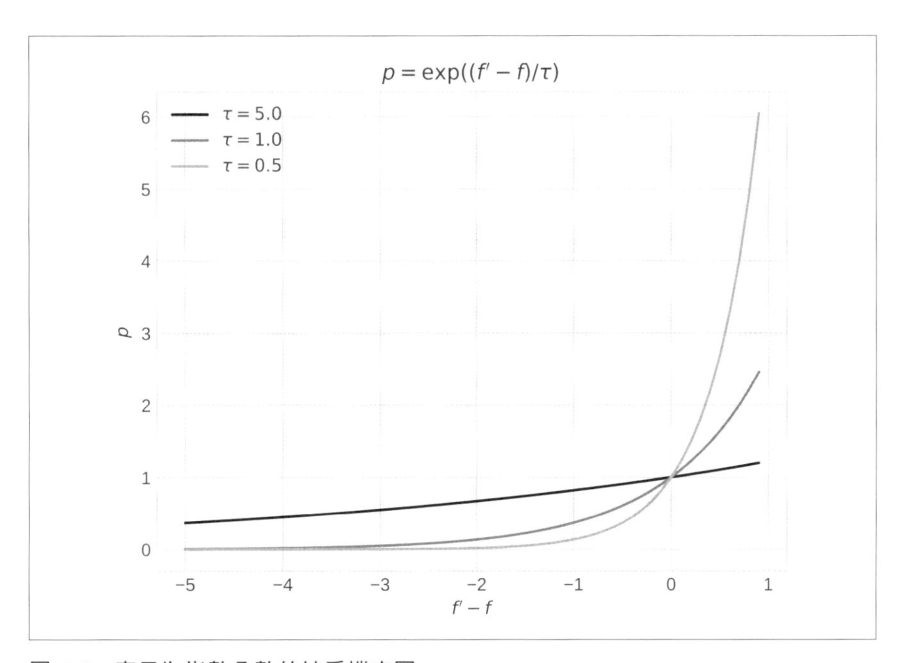


圖 4-6 表示為指數函數的接受機率圖

接著讓我們用模擬退火演算法寫個搜尋程式來解決相同的問題。

```
init_x = (4, 2)
init_f = f(init_x[0], init_x[1])
sa = SimulatedAnnealing(init_x, init_f)

evaluated_xs = {init_x}
steps = []

random.seed(0)
for _ in range(30):
  neighbor_x = sa.get_neighbor()
  evaluated_xs.add(neighbor_x)
  neighbor_f = f(neighbor_x[0], neighbor_x[1])
  step = sa.update(neighbor_x, neighbor_f)
  steps.append(step)

visualize_path(evaluated_xs, steps)
```

圖 4-7 的輸出結果顯示，即使這裡用的初始解 $x = (4, 2)$ 跟爬山演算法中最後落入區域最佳解的初始解一樣，最終還是可以得到全域最佳解，而非落入區域最佳解。模擬退火演算法就像這樣，前期大範圍搜尋，後期縮小搜尋範圍，這種行為可以擺脫區域最佳解，到達全域最佳解。

不過由於模擬退火演算法引入了爬山演算法所沒有的溫度參數 $T$，因此需要考慮以下的新問題。

- 溫度參數的初始值該如何處理
- 溫度參數該如何減少（稱為**冷卻計劃（cooling schedule）**）
- 溫度參數該如何反映在接受機率中

由於到達最佳解的速度和所得最佳解，其評估值的期望值會根據這些因素而變化，所以需要反覆實驗找到最佳設定。

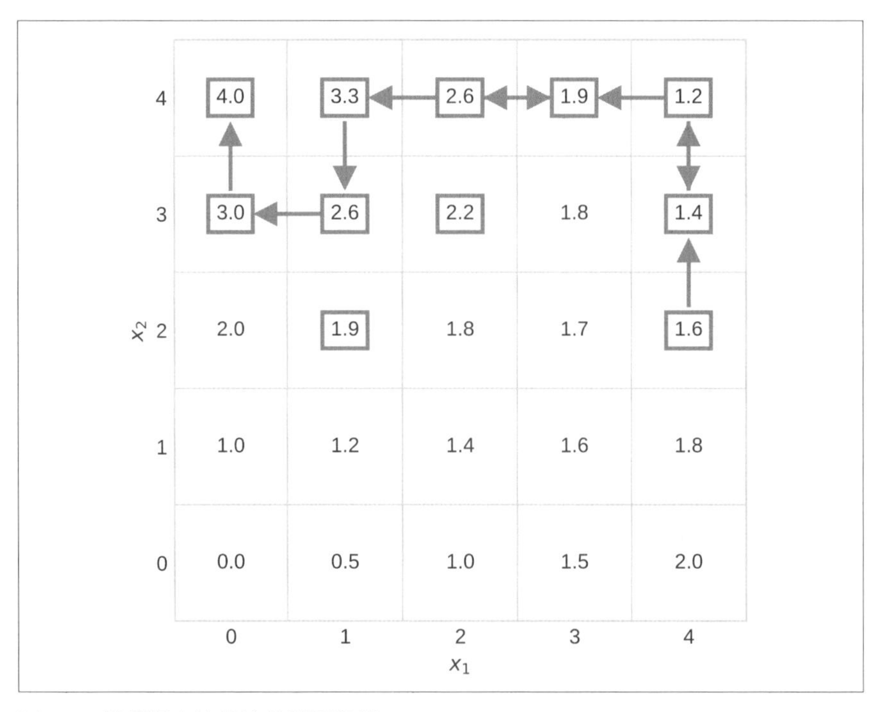


圖 4-7　模擬退火演算法的搜尋紀錄

# 4.6 遺傳演算法

前面提過模擬退火演算法的靈感來自於熱處理方法，即把材料加熱到高溫再逐漸冷卻以得到更堅韌的物質，有很多最佳化方法也是像這樣從自然界法則得到靈感。觀察生物或物理現象的機制並發想出新的計算方法，稱為**自然計算（natural computing）**[古川 12]。本節將介紹**遺傳演算法（genetic algorithm，或稱基因演算法）**，這是從生物進化得到靈感而發展出的通用啟發法之一。

遺傳演算法假設解就是一個個的生物個體，我們模擬自然淘汰的樣子，得到最適應的個體，也就是最佳解。每個個體都是基因表現的結果，透過基因之間反覆進行的交配與突變，我們可以找出適應環境的個體基因。

遺傳演算法利用**選擇（selection，或稱淘汰）**、**交配（crossover）**、**突變（mutation）**等操作，根據以下步驟找到最佳解。

1. 隨機產生 $N$ 個解，作為目前世代的解集合。
2. 使用評估函數，求出目前世代的各解評估值。
3. 優先選擇較大評估值的解。（選擇操作）
4. 對所選解進行交配和變異操作，並加到下一代解集合。
5. 若滿足終止條件就結束。如果未滿足條件，就將下一個世代作為目前世代回到步驟 2。

顧名思義，選擇操作就相當於自然選擇，而且是只選擇將評估值高的留在下一個世代。實作方法有很多種，譬如只選擇最高評估值的解（精英保存戰略），或是根據評估值決定選擇機率（輪盤式選擇）。

交配操作則是交換所選解的部分基因，目的是透過分享優勢解的特徵得到更優秀的解。例如假設解為 7 位元序列，考慮這種情形：從目前世代中經過選擇，選出 2 個解 $\boldsymbol{x} = (0,1,1,0,0,1,0)$ 和 $\boldsymbol{x} = (0,0,0,1,1,0,0)$。在交配操作中，將選出的 2 個解的位元序列其中一部分進行交換，產生新的解。這裡假設從第 5 位元之後互相交換，交配的樣子如**圖 4-8**。

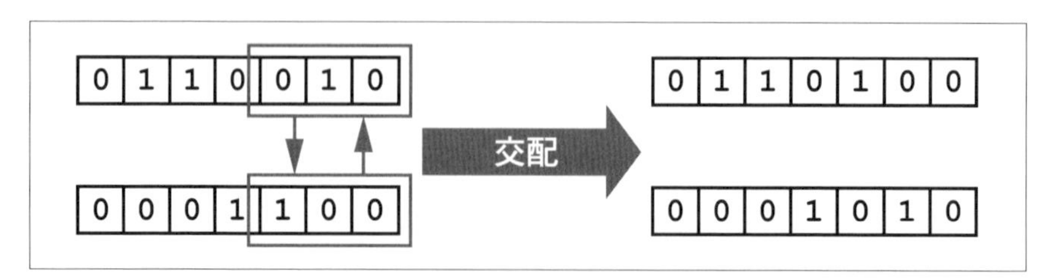


圖 4-8 遺傳演算法中的交配操作範例

一般在進行交配操作時，是隨機決定要交換的位元序列。在目前世代的解之中，要進行交配操作的數量比例，稱為**交配機率**（**crossover probability**），是影響最佳化性能的重要參數。

突變操作的作用是透過對解的隨機修改，為解集合帶來多樣性。突變操作會隨機選擇一個解，並改寫隨機選擇的元素。**圖 4-9** 是一個突變操作的例子。進行突變操作的解的比例稱為**突變機率**（**mutation probability**），這也是影響最佳化性能的一個參數。

圖 4-9 遺傳演算法中的突變操作範例

遺傳演算法的機制是，藉由重複這三種操作，找到全域最佳解而不會落入區域最佳解。

## 4.6.1 用遺傳演算法產生位元圖

接著就以實例來了解如何實作遺傳演算法，本節將用遺傳演算法產生 **Identicon** 這樣的位元圖。Identicon 是將雜湊值（hash value）視覺化產生如**圖 4-10** 的圖示用以識別使用者，這就是在 GitHub 上註冊時產生的預設圖示，此方法也因而出名。

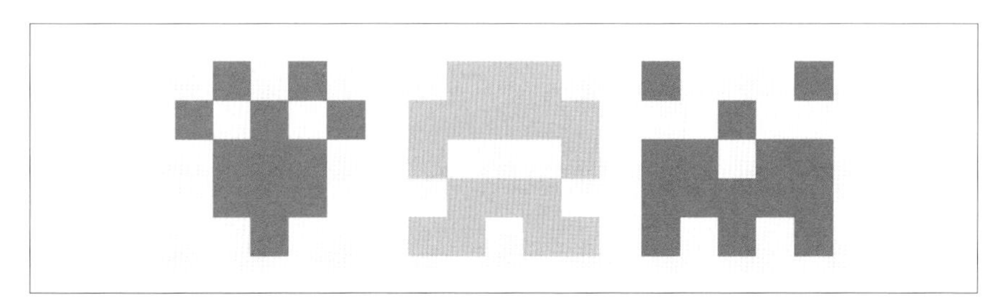

圖 4-10　GitHub 中的 Identicon 例子。引用自 https://blog.github.com/2013-08-14-identicons/

雖然只是用幾十個像素組成的簡單圖示，卻可以表達各種圖案，我們可以把這數十個像素視為全新的畫布，用遺傳演算法創作出我們覺得不錯的圖示。

我們先寫程式產生隨機的位元圖。GitHub 的 Identicon 是 $5 \times 5$ 的像素，不過這裡用 $8 \times 8 = 64$ 像素以產生更豐富的圖案。因為圖示有限制必須是左右對稱的，所以只要確定其中一半的 $64/2 = 32$ 個像素就能確定整張圖，因此整張圖可用 32 位元的序列表示。這個位元序列就是遺傳演算法中的基因，也就是解。

我們先隨機產生 10 個解當作目前世代的解集合 solutions，也假設之後一個世代的解數量為 $N = 10$ 。

```
np.random.seed(0)
N = 10
size = 8
solutions = [np.random.randint(0, 2, size=size * size // 2)
             for _ in range(N)]
```

像這樣產生的位元序列，也就是基因或解，畫成圖會如何呢？繪圖確認看看。represent 方法可將解轉成代表位元圖的陣列，此方法將 32 位元的序列轉成 $8 \times 4$ 的二維陣列，然後再左右翻轉並相接，回傳左右對稱的版本。

```
def represent(solution):
  return np.hstack((
      solution.reshape(size, size // 2),
      solution.reshape(size, size // 2)[:, ::-1]
))
```

接著實作視覺化方法 visualize，將一個世代中包含的 10 個位元序列畫在 2 × 5 的表格。

```
def visualize(solutions):
  rows = 2
  cols = N // rows
  i = 0
  for row in range(rows):
    for col in range(cols):
      plt.subplot(rows, cols, i + 1)
      plt.imshow(represent(solutions[i]))
      plt.axis('off')
      plt.title(i)
      i += 1
```

圖 4-11 是用 visualize 方法畫出第一世代的結果。

```
visualize(solutions)
plt.show()
```

圖 4-11 隨機產生 10 個位元序列的視覺化結果

可以看到雖然程式碼很簡單，卻可以畫出各式各樣的位元圖。由於解為長度 32 的位元序列，因此這樣就能表現 $2^{32} = 4294967296$ 種不同圖片。

這 10 張隨機輸出的位元圖中，有沒有喜歡的呢？對我來說，有些圖看起來就像《太空侵略者》（Space Invaders，電玩遊戲）中的外星人。特別是 4 號看起來就像一個用兩腿站立的外星人。9 號形狀還不太清楚，但外形似乎有潛力。是不是能輸出更多有這種特徵的圖呢？

當我們這麼想的時候，選擇操作自然就在腦中運作。換句話說，就是在 10 個選項中，憑自己的感性選擇了看起來有希望的那個。當我們想看到更多類似的圖時，交配和變異操作就會發揮作用，我們也來實作這兩種操作。

首先是實作交配操作。

```
def crossover(sol1, sol2):
  thres = np.random.randint(0, size * size // 2)
  new_solution = np.hstack((sol1[:thres], sol2[thres:]))
  return new_solution
```

交配操作的 crossover 方法接受 2 個解作為引數，根據位元序列長度隨機選擇交配的點，並回傳兩者交配後的結果，例如第 0 個和第 1 個解交配的結果如圖 4-12。

```
plt.subplot(1, 3, 1)
plt.imshow(represent(solutions[0]))
plt.title('0')
plt.axis('off')
plt.subplot(1, 3, 2)
plt.imshow(represent(solutions[1]))
plt.title('1')
plt.axis('off')
plt.subplot(1, 3, 3)
plt.imshow(represent(crossover(solutions[0], solutions[1])))
plt.title('Crossover 0 x 1')
plt.axis('off')
plt.tight_layout(pad=3)
plt.show()
```

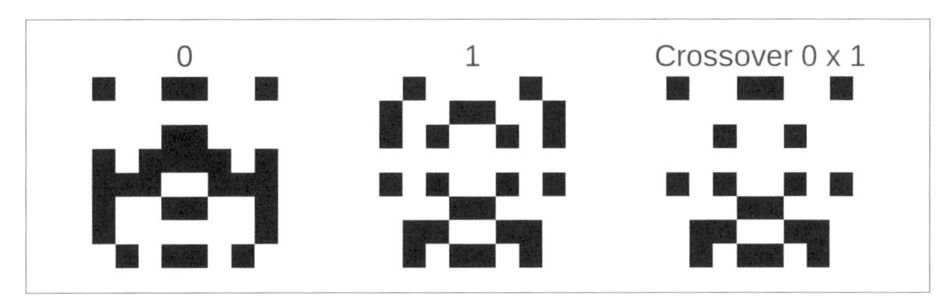


圖 4-12　第 0 個和第 1 個位元序列交配的結果

如果看交配操作的結果（Crossover 0 能就 1），會看到這張圖似乎是第 0 張圖的上面與第 1 張圖下面相接的樣子。交配操作就這樣產生了一個新的解，其中包括了雙親各自的特徵。

接下來來看突變操作的實作。

```
def mutation(solution):
  mut = np.random.randint(0, size * size // 2)
  new_solution = solution.copy()
  new_solution[mut] = (new_solution[mut] + 1) % 2
  return new_solution
```

突變操作方法 `mutation` 的引數是 1 個解，首先用亂數來決定突變點 `mut`，然後將原本解的第 `mut` 位替換掉並回傳結果。我們將第 0 個解作為範例實施突變操作，結果如**圖 4-13**。

```
plt.subplot(1, 2, 1)
plt.imshow(represent(solutions[0]))
plt.title('0')
plt.axis('off')
plt.subplot(1, 2, 2)
plt.imshow(represent(mutation(solutions[0])))
plt.title('Mutation 0')
plt.axis('off')
plt.tight_layout(pad=3)
plt.show()
```

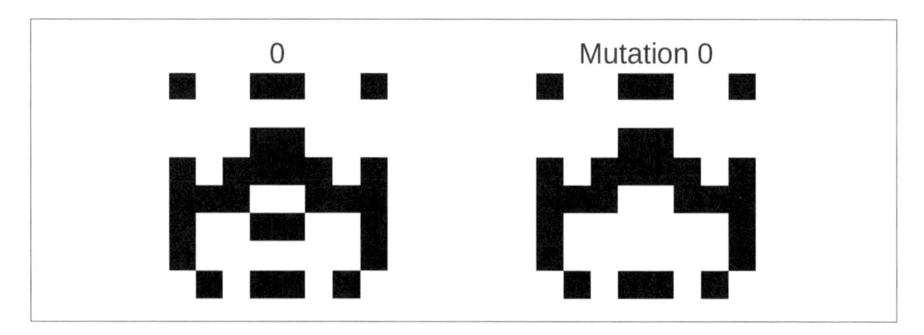


圖 4-13 第 0 個位元序列的突變結果

從突變後的結果（Mutation 0）可以看到，原來在圖片下方中心的那條線不見了。突變操作輸出的新解具有新特徵，同時又保留了原先解的部分特徵。

我們利用以上操作實作 new_generation 方法，可以輸出下個世代的解集合。

```
def new_generation(parents, mut_n=3):
  solutions = []
  for _ in range(N):
    [i, j] = np.random.choice(range(len(parents)), 2, replace=False)
    child = crossover(parents[i], parents[j])
    solutions.append(child)

  for i in range(mut_n):
    solutions[i] = mutation(solutions[i])
  return solutions
```

new_generation 方法會進行世代更新，引數為選擇操作所選出的親代解集合 parents，以及要進行突變的數量 mut_n。這個方法會從親代集合中隨機選出一對，進行交配操作，並將結果加到新的解集合 solution 中。再從這些解中選出 mut_n 個，進行突變操作，然後回傳作為下一世代的解集合。

遺傳演算法的實作有很多種方式，這裡的範例並非應用交配和突變操作的唯一方式。此處設定交配機率為 1，所有的親代都會進行交配操作，但這可能導致所產生的良好個體在後續的交配操作又被破壞，因此這裡假設了一個互動式的遺傳演算法，其中人類總是會介入選擇操作，只要產生滿意的解就會結束搜尋。

我們立刻用這個方法來進行世代更新。在之前輸出的 10 張圖中，2、3、4、9 號看起來很有意思，我們以這些親代個體建立一個新的世代解集合，並將其繪圖（圖 4-14）。

```
solutions = new_generation([
    solutions[2], solutions[3], solutions[4], solutions[9]])
visualize(solutions)
plt.show()
```

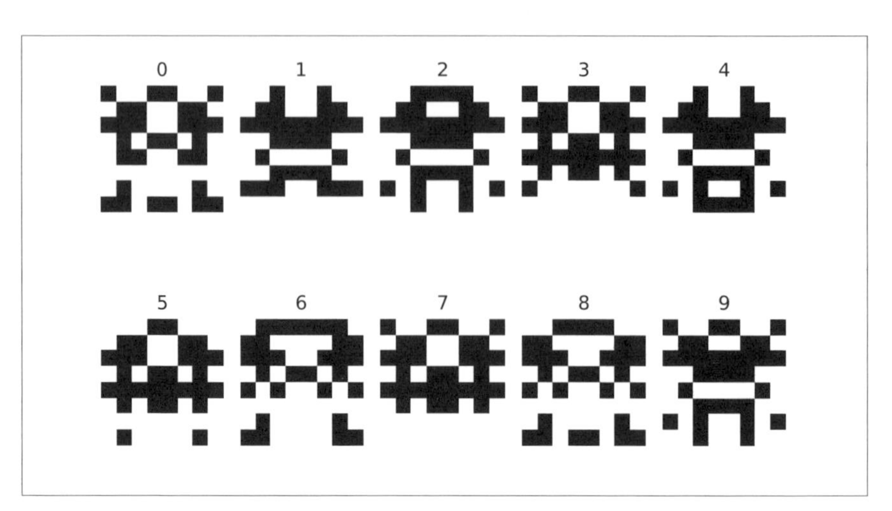


圖 4-14 第 2 代的位元圖視覺化

產生的位元圖看起來整體上繼承了親代的特徵。第 2 代的 2 號和 9 號，包括了親代 4 號的兩條腿的特徵。其他的解雖然模糊，但似乎也在逐漸成形。在第 2 代中，2、3、9 似乎特別有意思，讓我們選擇這些作為親代（進行選擇操作），產生下一代（圖 4-15）。

```
solutions = new_generation([
    solutions[2], solutions[3], solutions[9]])
visualize(solutions)
plt.show()
```

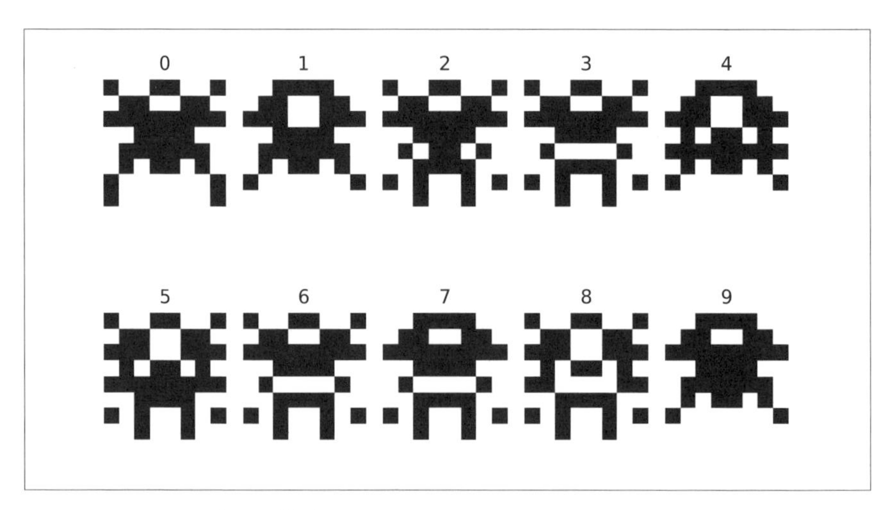


圖 4-15 第 3 代的位元圖視覺化

第 3 代的位元圖可看到更清晰的外形，其中有些看起來就像出現在《太空侵略者》一樣。接著我想看更多頭部圓滑的外星人的圖，這裡我們選擇 1、4、7、9（圖 4-16）。

```
solutions = new_generation([
    solutions[1], solutions[4], solutions[7], solutions[9]])
visualize(solutions)
plt.show()
```

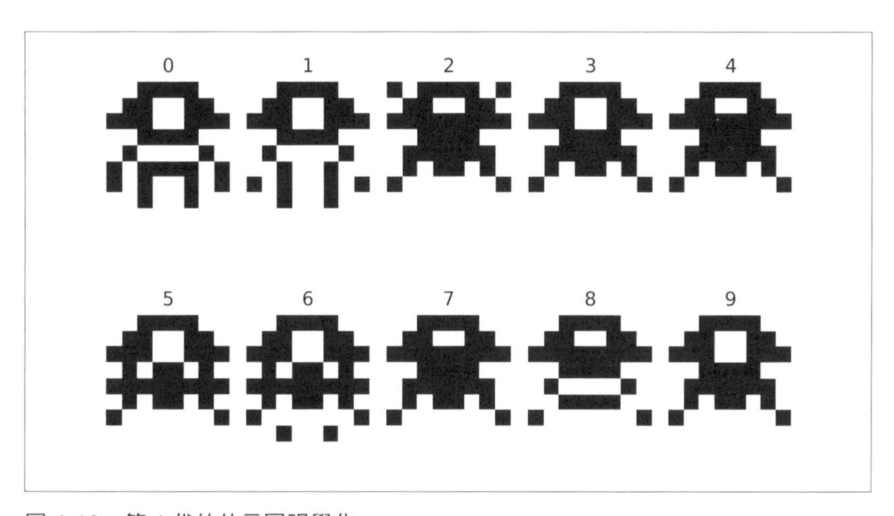


圖 4-16　第 4 代的位元圖視覺化

第 4 代的圖整體來說可以看出圓頭的位元圖增加了。這樣感覺差不多了，不過我們還想再看 0 和 7 進一步發展的樣子（圖 4-17）。

```
solutions = new_generation([solutions[0], solutions[7]])
visualize(solutions)
plt.show()
```

第 5 代的圖可以看到特徵更集中了，其中的 4 號圖看上去真的就像雙腿站立的外星人。我喜歡這張圖，所以打算拿來當作 GitHub 的帳號大頭照，並在此結束搜尋。

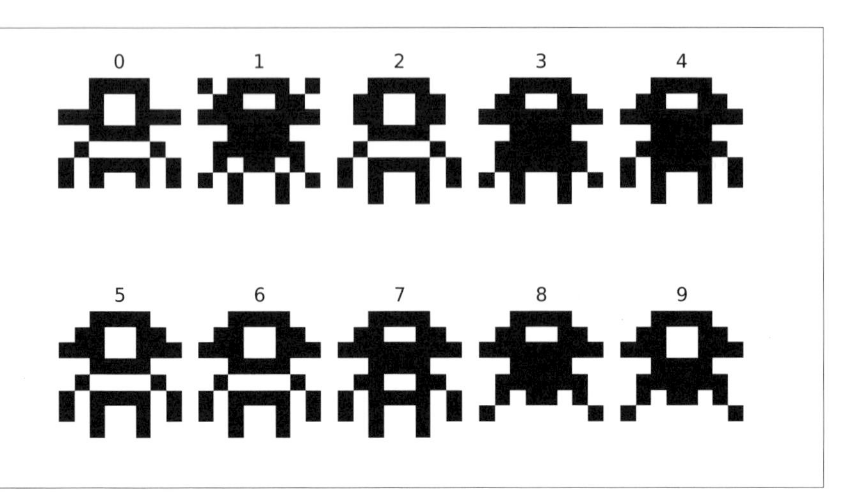


圖 4-17　第 5 代的位元圖視覺化

以上就是使用遺傳演算法產生和搜尋喜歡的位元圖的過程，雖然一開始沒有明確說「想要畫這樣的東西」，但只要在遺傳演算法顯示的解之中選擇喜歡的，最後就能找到不錯的位元圖。這裡的例子只是簡單的位元圖，所以還能自己從頭開始畫，但如果是更複雜的藝術或設計，這種演算法或許就能成為強大的工具。

另一方面，產生新世代很大程度上取決於亂數，所以可能不會每次都得到相同的結果。要找到自己喜歡的解可能要花更多的時間。為了儘可能減輕評估人員的負擔，有必要設計一種方法，只需要幾次的選擇就能找到有吸引力的解。

## 4.7　本章總結

本章從「按順序」確定元素的測試是否較好的問題出發，介紹了通用啟發法的各種方法。也提到了搜尋最佳組合的基本方法之一是爬山演算法，但有個問題是可能會被困在區域最佳解中。開頭所說的「按順序」決定元素的測試，相當於爬山演算法的特例。

為了突破區域最佳解，我們介紹了在演算法中加入亂數的想法，也介紹了隨機爬山演算法與模擬退火演算法。我們也特別說明了模擬退火演算法突破區域最佳解的機制，就是即使鄰近解劣於目前解也要能接受的概念。

最後介紹了受自然界啟發的遺傳演算法，透過人類對隨機產生位元圖不斷回饋的過程，我們能夠窺見機器是如何學習並產生吸引人的結果。通用啟發法不僅可用於形式複雜的目標函數，也可用於某些問題，其評估函數就在我們人類心中。

一開始就提過，通用啟發法是一種無關問題並提供啟發法的架構，但這並非代表通用啟發法可以用在所有問題，為了充分發揮通用啟發法的功效，我們希望評估函數滿足**相似最佳解原則**（**proximate optimality principle**）[柳浦 00]。相似最佳解原則，通俗地說，就是「好的解之間具有相似的特徵」的概念。正是因為這個原理成立，我們才能預期，模擬退火演算法的鄰近解以及遺傳演算法的交配和突變操作所產生的下一代能提高評估值。我們無法保證給定的最佳化問題都能滿足此一原則，但其實我們所處理的許多最佳化問題都滿足這個原則，所以通用啟發法適用的範圍很廣。

通用啟發法的搜尋在**集中化**與**多樣化**之間取得平衡，前者集中在良好解周邊搜尋，後者則嘗試未搜尋的解。模擬退火演算法的集中化是依賴搜尋鄰近解來實現，多樣化則是在於即使評估值降低也會去嘗試該方向。遺傳演算法的集中化依賴選擇操作，多樣性則是依賴交配和突變操作。至於集中化和多樣化的具體實作方式，就是每種方法各自的特點。

### 4.7.1 進一步學習

- **古川正志，川上敬，渡辺美知子，木下正博，山本雅人，鈴木育男．メタヒューリスティクスと ナチュラルコンピューティング（通用啟發法與自然計算）．コロナ社，2012.**

  本書介紹各種通用啟發法，包括本章所介紹的模擬退火演算法和遺傳演算法。如果想了解每種演算法的背景和各種實作變化，可以參考這裡的文獻。

- **穴井宏和，斉藤努．今日から使える！組合せ最適化（馬上就能用！組合最佳化）．講談社，2015.**

  本書涉及的是本章所處理的如何最佳化離散值組合的**組合最佳化問題**，對通用啟發法的描述較少，但對於全盤了解組合最佳化的應用及其解決方法很有幫助。

## 遺傳演算法和互動式最佳化

在 4.6.1 節產生位元圖的例子中，人類逐次給出評估值的最佳化過程，稱為**互動式最佳化（interactive optimization）**。特別是遺傳演算法等演化演算法很適合互動式最佳化，也已經用在各種任務上。使用演化演算法，以人類回饋為評估值來設計物品的各種嘗試，也稱為**互動式演化計算（interactive evolutionary computation）**。

這在繪畫、音樂、標誌設計等各種領域都已有應用。九州大學的高木英行教授調查了 251 篇論文，對互動式演化計算及其應用進行了研究及整理 [Takagi01]。關於藝術方面的應用，Juan Romero 與 Penousal Machado 也整理在其著作 [Romero08]。

互動式演化與程序性建模（procedural modeling）相結合，進一步擴大了互動式演化計算的可能性，程序性建模可根據參數建立各種視覺效果。例如，Matthew Lewis 提出了**圖 4-18** 所示的介面，透過互動式演化計算來最佳化角色的建模。表達人物造型的解是用樹狀結構表示的，而且可以調整樹狀結構節點的參數來產生各種樣貌。這種樹狀結構可以透過演化計算來操作，將範圍縮小到喜歡的造型。

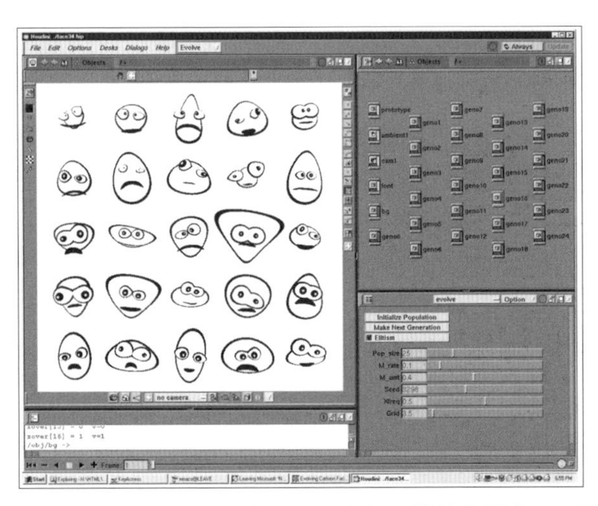


圖 4-18　利用互動式演化計算來最佳化人物建模的軟體介面。圖片引用自 [Lewis00]

我們也可以將演化計算應用到產生圖片的神經網路的結構決定參數。https://otoro.net 提供了一個展示，透過 NEAT 演算法 [Stanley02]，互動式最佳化了產生抽象藝術的神經網路（**圖 4-19**，即本書開頭的**圖 4**）。

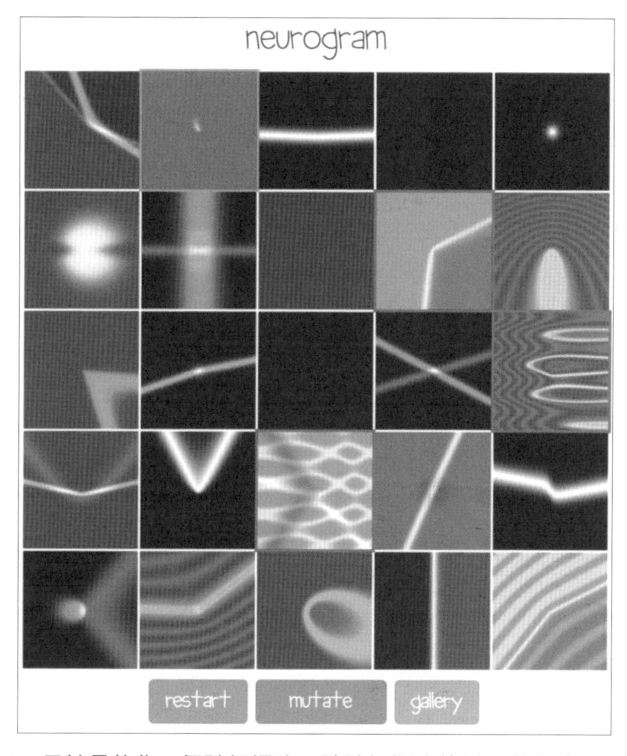


**圖 4-19　示範最佳化一個神經網路，該神經網路使用互動式演化計算來產生抽象藝術。**
**圖片引用自 http://blog.otoro.net/2015/07/31/neurogram/**

那麼其他的通用啟發式搜尋法是否也可以套用互動式最佳化呢？當然，也可以使用如模擬退火演算法的其他通用啟發法來進行互動式最佳化。我們可以將目前解的鄰近解顯示出來，請人給予評估，如果有一個鄰近解的評估值高於目前解，我們就可以更新目前解。但在這樣的過程中，只有相鄰的解才會顯示在人面前，很難與其他的解進行比較，也可能會有介面上難以進行評估的問題。

模擬退火演算法與遺傳演算法的不同之處在於，它採取的是逐步更新一個目前解，這種疊代更新單個目前解的方法，稱為**單點搜尋法**。而像遺傳演算法則稱為**多點搜尋法**，會同時產生和評估多個解。在考慮由人類進行評估的介面時，也應該考慮到這些搜尋方法的差異。

### 網站最佳化和互動式最佳化

既然是以人的反應作為評估函數，看來互動式最佳化與網站最佳化是相容的。例如，將多個元素在網站上的位置描述為解，就可以將通用啟發法應用於版面最佳化。其實，已經有報導指出，有人嘗試將電子商務網站上所顯示的產品順序描述為基因，並使用遺傳演算法來改善產品購買率 [Asllani07]。

然而，通用啟發式搜尋並沒有被廣泛用於網站最佳化。在網站最佳化中應用通用啟發法的問題是，需要給出一個單一值作為解的評估值。而在網站最佳化中，向多位使用者顯示同一個解是很常見的，因此將評估值視為一個具有變異的隨機變數而非單一值，是很自然的選擇。然而這裡討論的通用啟發式搜尋無法直接處理隨機變數。

當然也可以對單一解取得多筆評估值樣本，再應用統計假說檢定評估解之間的差值以決定是非，透過這樣的步驟來應用通用啟發法。在 [Bianchi09] 中整理了當評估值有變異時，通用啟發法的應用。

作者結合了通用啟發法與統計假說檢定，開發了一種快速網站最佳化演算法，並評估了在各種規模網站上的效果。詳見 [Iitsuka15] 和 [飯塚 14]。

# 第 5 章
# 吃角子老虎機演算法：面對測試中的損失

## 5.1 一個簡單的疑問

這裡是 X 公司的會議室，網路行銷人員 Charlie 在例行會議上宣布了新的 A/B 測試計劃，課長 Ellen 聽了報告後，問 Charlie「雖然嘗試給使用者新的視覺效果很不錯，但訴求的力道也有可能降低對吧？如果是這樣，要如何對待測試期間產生的損失？不過首先測試要花多久才算夠了？」。

真是相當尖銳。嘗試新事物的確存在風險，新得到的解的評估值也可能比目前的還低，但不試也不知道。為了獲得知識，我們需要承擔風險去探索。

Charlie 一時無法回答，他最多也只能說會盡最大努力設計最佳模型，用少量的顯示次數得到有用的結果。如果是要嘗試沒有任何先前知識的解，在測試期間該如何盡量減少損失呢？怎樣才算是有足夠大的樣本了呢？之前學過貝氏統計和通用啟發法的組合最佳化基礎，似乎已經可以處理大部分問題，但好像還是有很多需要考慮的地方，Charlie 開始有點擔心了。

### 5.1.1　探索與利用的兩難

Ellen 所提的問題，也是很多事物共通的問題。嘗試新事物會有比現況更糟的風險，但不嘗試的話也沒有機會改善現狀。從日常採購到人生階段的轉折點，各種情況下我們都會面臨這樣的決定。

在機器學習領域，特別是強化學習與吃角子老虎機問題這塊，根據自己已知最佳行動獲取利益，稱為**利用**（**exploitation**），而嘗試新的行動來增加知識，則稱為**探索**（**exploration**）。如果只是一直利用，知識不會增加；如果只是一直探索，損失會逐漸增加。這兩種相互矛盾的行為之間產生的困境，被稱為**探索 - 利用兩難**（**exploration-exploitation dilemma**），是各種問題的共通課題 [牧野 16]。

網站最佳化也有探索 - 利用兩難，關鍵問題在於，如何在「探索可能會產生虧損的新設計」與「利用已證明最有效的方案」這兩者之間取得平衡。本章討論的**多臂吃角子老虎機問題**（**multi-armed bandit problem**）是處理這種探索 - 利用兩難的一種固定模式，而**吃角子老虎機演算法**（**bandit algorithm**）則是解決這類問題的解法總稱 [本多 16]。

## 5.2　多臂吃角子老虎機問題

Bandit 字面翻譯是強盜，也是賭場中吃角子老虎機的俗稱，因為它就像強盜一樣，不斷從玩家身上奪取金錢。傳統的吃角子老虎機都是單臂（一根拉桿）的，多臂則是指有很多台吃角子老虎機並排的意思。

想像有一位賭徒站在一排吃角子老虎機前，想知道該把珍貴的硬幣投入哪一台機器。某些機器可能很慷慨中獎機率很高，有些則是中獎機率很低的小氣機器，但還沒拉下把手之前，也不知道哪台慷慨哪台吝嗇。該用什麼策略才能帶回最多獎金呢？多臂吃角子老虎機問題就是在考慮這類多個解（或多個選擇、多個把手）之間相互作用的問題。

交互作用與相互作用翻成英文都是同個字 interaction，本書所指的交互作用是多個因素結合產生的效果，而相互作用則是指兩者之間的互動。

多臂吃角子老虎機問題還有很多不同形式，這裡將處理典型的**隨機吃角子老虎機問題**。在隨機吃角子老虎機問題中，我們認為選擇某個解所獲得的獎勵是遵循某種機率分布的，所以這個問題就是找出最大化總報酬（稱為**累積報酬**）的方法。

圖 5-1 是這種隨機吃角子老虎機問題的概念圖。

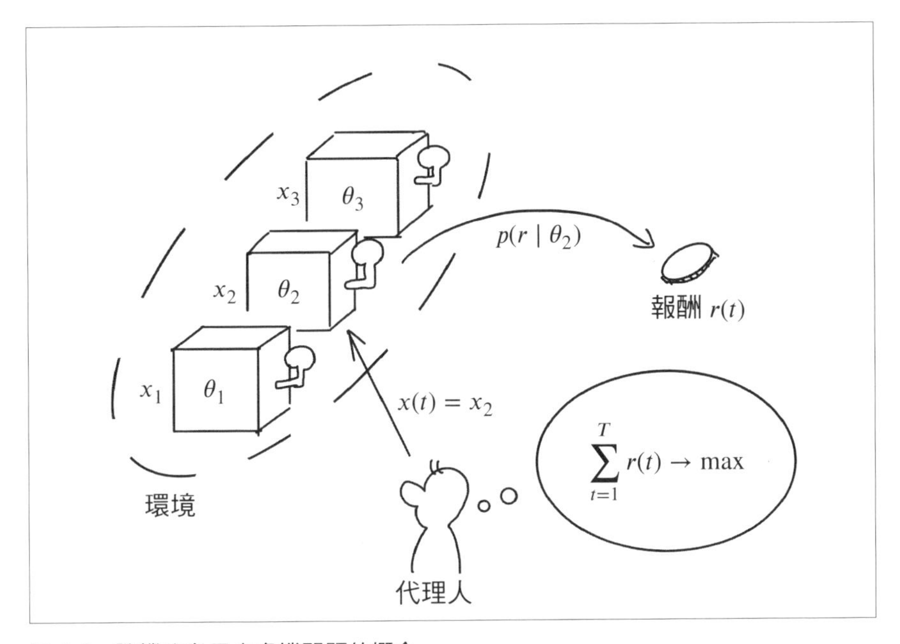


圖 5-1　隨機吃角子老虎機問題的概念

尋求最佳解的主體，此處稱為**代理人（agent）**。代理人面對 $K$ 個解 $X = \{x_1, \cdots x_K\}$，目標是最大化累積報酬。相對於代理人，我們將他所面對的整個對象稱為**環境（environment）**。每個解 $x_k \in X$ 都有一個唯一的期望值參數 $\theta_k$，被選到時，會根據期望值提供獎勵 $r \sim p(r \mid \theta_k)$ 的樣本給代理人。其中的符號 $\in$ 表示符號左側的變數是包含在右側的集合中的。

假設一個代理人總共只能嘗試 $T$ 次不同的解，並將第 $t$ 次選擇的解表示為 $x(t)$，此時獲得的報酬則寫成 $r_{x(t)}(t)$，或是省略解，寫成 $r(t)$。嘗試各種解的上限次數 $T$ 稱為**預算（budget）**，而 $1 \leqq t \leqq T$ 就稱為**時刻**。根據以上定義，累積報酬可以表示為 $R(T) = \sum_{t=1}^{T} r(t)$，而隨機吃角子老虎機問題就是尋求一種**策略（policy）**，也就是最大化累積報酬的戰略。

對應到先前的吃角子老虎機類比中：賭徒就是代理人，一排吃角子老虎機是環境，而每一台吃角子老虎機則是解 $x_k \in X$，可以嘗試的次數（預算）是 $T$ ，第 $t$ 次嘗試選的機器是 $x(t)$，所得報酬為 $r(t)$。

對應到網站最佳化：試圖最佳化網站的系統是代理人，將設計方案的集合以及涉及測試的使用者共同視為環境，各個設計方案就是解 $x_k \in X$，設計方案顯示的總次數上限為 $T$ ，在第 $t$ 次顯示的設計方案對應於 $x(t)$，顯示 $x(t)$ 時有無點擊則對應報酬 $r(t)$。因此，能儘早在時刻 $t$ 不斷選擇最佳解，意味著我們能減少與使用者的相互作用，更快地改善我們的網站。

吃角子老虎機演算法的性能是根據累積報酬的期望值來評估的，而累積報酬的期望值是根據許多次的模擬結果推估的。例如若用 $R_n(T)$ 表示在第 $n$ 次模擬中獲得的累積報酬，那麼根據大數法則，累積報酬的期望值可由其樣本平均來估計。

$$\mathbb{E}[R(T)] \approx \frac{1}{N}\sum_{n=1}^{N} R_n(T)$$

以累積報酬期望值進行評估雖然直觀易懂，但報酬的順序及其期望值會因目標問題而有所不同，可能很難以此進行評估。因此通常不是以累積報酬來評估，而是以我們與理想策略的接近程度來評估。理想的策略就是自始至終都採用最大期望值的解，這是只有全知全能的代理人才做得到的一種假想策略。如果我們將具有最大期望值的解（最佳解）寫為 $x^*$，那麼在一次的模擬中，累積報酬與理想策略之間的差為

$$Regret(T) = \sum_{t=1}^{T} \left(r_{x^*}(t) - r_{x(t)}(t)\right)$$

此值稱為**後悔（regret）**。依據多次模擬進行推估的後悔期望值 $\mathbb{E}[Regret(T)]$ 稱為**期望後悔**，通常用於評估策略。

# 5.3 ε-greedy 演算法

吃角子老虎機演算法中最簡單的就是 **ε-greedy 演算法**[1]。ε-greedy 演算法以某個小機率 $\varepsilon$ 進行「探索」，這之外的機率 $(1-\varepsilon)$ 則是「利用」。選擇探索行動時，就隨機選擇一個解；選擇利用行動時，則選擇會最大化當時所得報酬樣本平均的解 $\hat{x}^*(t)$。演算法概述如圖 5-2。

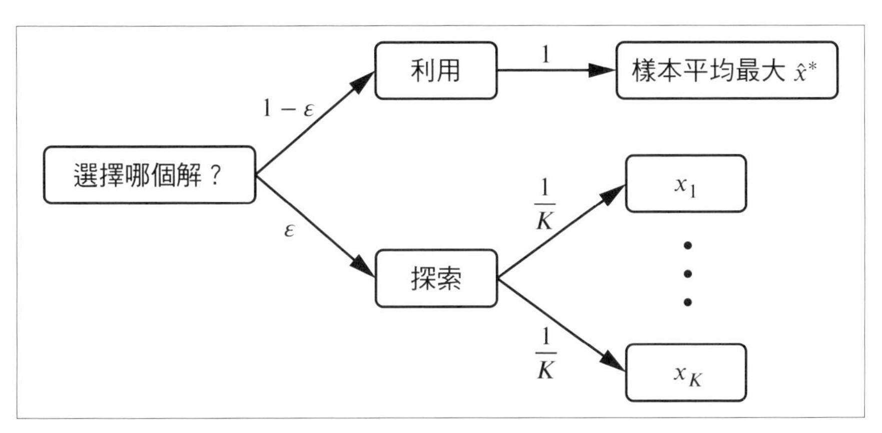


圖 5-2　ε-greedy 演算法概述

我們也試著用數學公式表達同樣的演算法。首先以下面數學式計算在時刻 $t$ 的解 $x_k$ 的報酬樣本平均 $\hat{\theta}_k$。

$$\hat{\theta}_k(t) = \frac{\sum_{\tau=1}^{t} r(\tau)\,\mathbb{1}\big(x(\tau)=x_k\big)}{\sum_{\tau=1}^{t} \mathbb{1}\big(x(\tau)=x_k\big)} = \frac{\sum_{\tau=1}^{t} r(\tau)\,\mathbb{1}\big(x(\tau)=x_k\big)}{N_k(t)} \tag{5.1}$$

其中 $\mathbb{1}(x)$ 代表式 (1.13) 中的指示函數。式 (5.1) 中所做的事情很簡單：到時刻 $t$ 為止選擇解 $x_k$ 所獲得的報酬總和，除以時刻 $t$ 為止選擇解 $x_k$ 的次數，如此而已。時刻 $t$ 為止選擇解 $x_k$ 的次數，之後將表示為

$$N_k(t) = \sum_{\tau=1}^{t} \mathbb{1}\big(x(\tau)=x_k\big) \tag{5.2}$$

1　$\varepsilon$ 是希臘字母，讀作 epsilon，用以表示非常小的數字。

當採取利用行動時，選擇使報酬的樣本平均 $\hat{\theta}_k(t)$ 最大化的解 $\hat{x}^*(t) = \arg\max_{x_k \in X} \hat{\theta}_k(t)$。$\arg\max_{x \in X} f(x)$ 是一個函數，在所有輸入的 $x \in X$ 之中，回傳使函數 $f(x)$ 結果最大的那個輸入值。而在進行探索行動時，隨機選擇一個解。

目前為止，方程式中經常使用 ^（帽子）的符號，表示它是估計值。$\theta_k$ 是代理人無法知道的報酬機率分布的期望值參數，而 $\hat{\theta}_k(t)$ 代表代理人在時刻 $t$ 前依據所獲資訊推論的報酬期望值。同理，$x^*$ 是代理人無法知道的真實最佳解，而 $\hat{x}^*(t)$ 代表代理人在時刻 $t$ 前依據所獲資訊推論的最佳解。

現在我們來實作 $\varepsilon$-greedy 演算法。此問題中我們假設有四個解（$K = 4, X = \{x_1, x_2, x_3, x_4\}$），並假設報酬 $r$ 是一個遵循伯努利分布的隨機變數。

$$r \sim p(r \mid \theta_k) = \text{Bernoulli}(\theta_k)$$

報酬會根據某個成功機率 $\theta$ 取值 0 或 1，如**第 1 章**所述，這對應到是否有點擊。我們還假設各解的成功機率 $\theta_1 = 0.1, \theta_2 = 0.1, \theta_3 = 0.2, \theta_4 = 0.3$。所以此問題的最佳解為 $x^* = x_4$，最佳策略是從頭到尾都選擇 $x_4$。當然代理人並不知道這件事，所以關鍵在於如何快速發現 $x_4$ 最有希望，並採取接近最佳策略的行動。

基於以上所述，我們首先看看 Env 的實作，這是表示問題設定的環境類別。

```
import numpy as np
np.random.seed(0)

n_arms = 4

class Env(object):
  thetas = [0.1, 0.1, 0.2, 0.3]

  def react(arm):
    return 1 if np.random.random() < Env.thetas[arm] else 0

  def opt():
    return np.argmax(Env.thetas)
```

首先我們將解的數量 $K = 4$ 定義為常數 n_arms。Env 類別有各解的報酬期望值 thetas 與兩個類別方法 react 和 opt。react 方法是當傳入解的索引值時，會從成功機率 theta[i] 的伯努利分布中，回傳其報酬的抽樣。opt 方法則是回傳最佳解的索引值，只有全知全能的代理人才能呼叫此方法。

以下是基於 $\varepsilon$-greedy 演算法，實作進行探索的代理人 EpsilonGreedyAgent。

```
class EpsilonGreedyAgent(object):

  def __init__(self, epsilon=0.1):
    self.epsilon = epsilon
    self.counts = np.zeros(n_arms)
    self.values = np.zeros(n_arms)

  def get_arm(self):
    if np.random.random() < self.epsilon:
      arm = np.random.randint(n_arms)
    else:
      arm = np.argmax(self.values)
    return arm

  def sample(self, arm, reward):
    self.counts[arm] += 1
    self.values[arm] = (
        (self.counts[arm] - 1) * self.values[arm] + reward
        ) / self.counts[arm]
```

EpsilonGreedyAgent 將採取探索行動的機率 epsilon 設為一個選擇性引數。成員變數 self.counts 代表每個解被選擇的次數 $N_k(t)$，成員變數 self.values 則代表從每個解獲得報酬的樣本平均 $\hat{\theta}_k(t)$，在此兩者都初始化為 0。

get_arm 方法基於 $\varepsilon$-greedy 演算法，從候選解中選擇一個合適的解。如果從均勻分布產生的亂數 np.random.random() 小於 self.epsilon，則採取探索行動，隨機選擇一個解；若大於則採取利用行動，選擇使報酬樣本平均最大的解。

sample 方法會觀測來自環境的報酬，更新各解選擇次數 self.counts 及各解報酬樣本平均 self.values。self.counts 的更新式並不難，只要為每個選到的解 arm 對應的計數加 1 即可。而 self.values 如式 (5.1)，是將報

酬總和 $\sum_{\tau=1}^{t} r(\tau)\ \mathbb{1}(x(\tau) = x_k)$ 除以該解被選次數 $N_k(t)$，但這裡將其改寫為更新計算式的形式以提高計算效率。

例如考慮一個數列 $a_1, a_2, \cdots$ 求平均值的過程，此時前 $n$ 項數字的平均 $\mu_n$ 可以用

$$\mu_n = \frac{\sum_{i=1}^{n} a_i}{n}$$

計算。那麼當給定一個新的第 $n+1$ 項數字，平均值會變成多少呢？考慮以下的計算式變形，不用重新計算總和就得到新的平均值。

$$\begin{aligned}
\mu_{n+1} &= \frac{\sum_{i=1}^{n+1} a_i}{n+1} \\
&= \frac{a_1 + \cdots + a_n}{n+1} + \frac{a_{n+1}}{n+1} \\
&= \frac{n}{n+1} \frac{\sum_{i=1}^{n} a_i}{n} + \frac{a_{n+1}}{n+1} \\
&= \frac{n}{n+1}\mu_n + \frac{a_{n+1}}{n+1}
\end{aligned}$$

改寫之後，將 $\mu_n$ 更新為 $\mu_{n+1}$，只需要保留更新前的平均 $\mu_n$ 以及次數 $n+1$，不需要保留數列，就能計算得到新的平均值。這只是小小改進，但在執行模擬時，能節省記憶體空間並縮短執行時間。

現在就用這個 `EpsilonGreedyAgent` 來尋找最佳解，這裡實作了 `sim` 方法進行模擬。

```
def sim(Agent, N=1000, T=1000, **kwargs):
  selected_arms = [[0 for _ in range(T)] for _ in range(N)]
  earned_rewards = [[0 for _ in range(T)] for _ in range(N)]

  for n in range(N):
    agent = Agent(**kwargs)
    for t in range(T):
      arm = agent.get_arm()
      reward = Env.react(arm)
      agent.sample(arm, reward)
      selected_arms[n][t] = arm
      earned_rewards[n][t] = reward
  return np.array(selected_arms), np.array(earned_rewards)
```

此方法的引數包括：要進行評估的代理人類別 Agent，執行模擬的次數 N，以及預算 T。前面也已經知道，環境 Env 回傳的報酬是根據亂數決定的，如果只有 1 次模擬的話就會帶有偶然的因素，無法正確評估性能，因此執行多次模擬，取平均值來進行評估。sim 方法會根據重複次數 N 建立代理人的實體（instance），並使其與環境 Env 發生相互作用。在相互作用中，代理人選擇解的歷史紀錄會存在 selected_arms 中，且獲得報酬的歷史紀錄也會存在 earned_rewards 中。

我們用 sim 方法執行模擬並視覺化其性能。

```
arms_eg, rewards_eg = sim(EpsilonGreedyAgent)
acc = np.mean(arms_eg == Env.opt(), axis=0)

plt.plot(acc)
plt.xlabel(r'$t$')
plt.ylabel(r'$\mathbb{E}[x(t) = x^*]$')
plt.show()
```

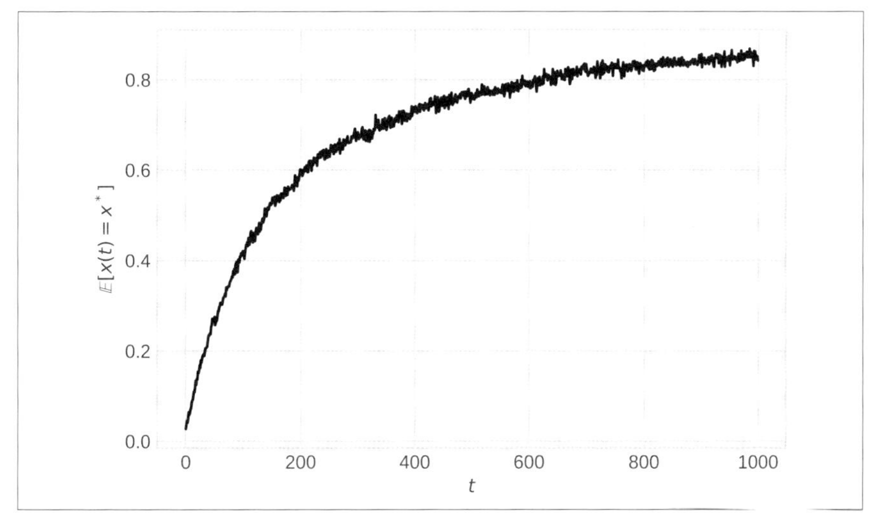


**圖 5-3** $\varepsilon$-greedy 演算法正確率的變化

執行模擬所得解的歷史紀錄存在 arms_eg，報酬的歷史紀錄則在 rewards_eg。而根據模擬中選擇的解與最佳解一致的比例，可以算出正確率（accuracy）$\mathbb{E}[x(t) = x^*]$ 的變化情形並畫成圖，結果如**圖 5-3**。

從正確率變化情形可以知道，隨著時間推移，正確率也在穩步上升。在這次的問題設定中，如果將相互作用重複大約 1000 次，其中大約 80% 可以選到最佳選擇。雖然 $\varepsilon$-greedy 演算法是個簡單的演算法，但我們可以看到它仍有從相互作用中學習最佳選擇的能力。

我們也要考慮這種表現離理想水準有多遠，因此我們先實作一個全知全能的代理人 OracleAgent，採取理想的行動。

```
class OracleAgent(object):
  def __init__(self):
    self.arm = Env.opt()

  def get_arm(self):
    return self.arm

  def sample(self, arm, reward):
    pass
```

OracleAgent 是一個特別的代理人，知道最佳解且持續不斷提供最佳解（這次是 $x_4$）。它也有一個 sample 方法，但在收到報酬時不會改變自身行為。我們以這個代理人進行同樣的模擬，並比較所得累積報酬的歷史紀錄（圖 5-4）。

```
arms_o, rewards_o = sim(OracleAgent)
plt.plot(np.mean(np.cumsum(rewards_eg, axis=1), axis=0),
         label=r'$\varepsilon$-greedy')
plt.plot(np.mean(np.cumsum(rewards_o, axis=1), axis=0), label=r'Oracle')
plt.xlabel(r'$t$')
plt.ylabel('Cumulative reward')
plt.legend()
plt.show()
```

採用 $\varepsilon$-greedy 演算法的代理人也能穩定增加報酬，但與全知全能代理人相比，的確是比較慢。兩者之間累積報酬的差，相當於後悔。我們該如何建立一個更少後悔的演算法呢？

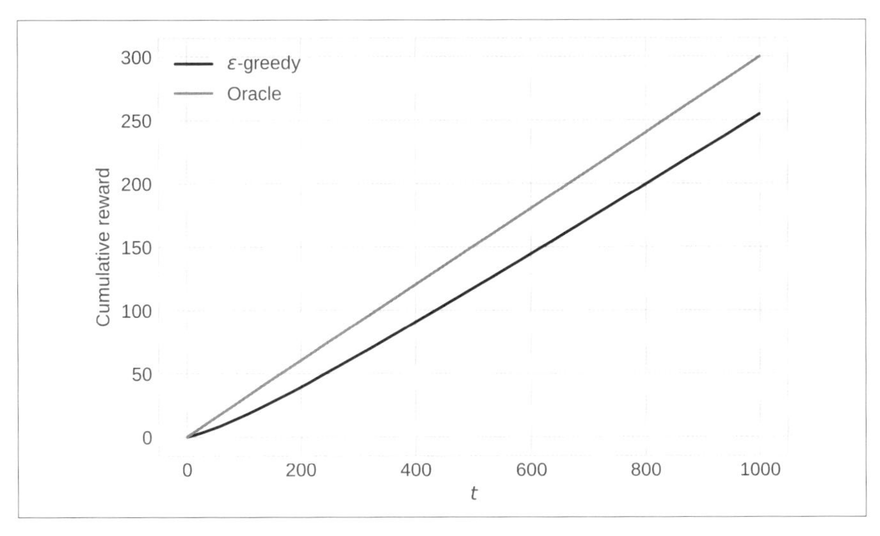


圖 5-4 ε-greedy 與全知全能代理人的累積報酬比較

## 5.4 模擬退火 ε-greedy 演算法

在 ε-greedy 演算法中設定了一定的探索機率 ε，這表示採取探索行動的頻率會是固定的。但實際上我們所要解決的問題是未知的，無法知道該把機率設為多少才好。

而且，雖然在剛開始探索的階段嘗試各種選項獲得資訊很重要，但如果資訊都收集得差不多了、進入收尾階段，此時還用較高的機率進行探索，就是浪費寶貴的樣本了。為了最大化累積報酬，在早期階段進行廣泛探索、之後逐漸轉為利用，這樣的演算法似乎不錯。

能構成這種演算法的一種技術，就是**模擬退火**。模擬退火這個名稱在 4.5 節也出現過，在通用啟發法中引入的模擬退火是用爬山演算法進行搜尋，並在移動規則中加入了溫度控制的不規則性。這種「一開始是隨機行為、後來逐漸穩定下來」的行為，也可以用在隨機吃角子老虎機問題。**模擬退火 ε-greedy 演算法**也是一種 ε-greedy 演算法，其中採取探索行動的機率 ε 是逐漸減少的。

我們就來看看模擬退火 $\varepsilon$-greedy 演算法的代理人實作範例 `AnnealingEpsilonGreedyAgent`。

```
class AnnealingEpsilonGreedyAgent(object):

  def __init__(self, epsilon=1.0):
    self.epsilon = epsilon
    self.counts = np.zeros(n_arms)
    self.values = np.zeros(n_arms)

  def get_arm(self):
    if np.random.random() < self.epsilon:
      arm = np.random.randint(n_arms)
    else:
      arm = np.argmax(self.values)
    self.epsilon *= 0.99
    return arm

def sample(self, arm, reward):
  self.counts[arm] += 1
  self.values[arm] = (
      (self.counts[arm] - 1) * self.values[arm] + reward
      ) / self.counts[arm]
```

模擬退火 $\varepsilon$-greedy 演算法一開始會將探索機率 `epsilon` 的初始值設比較大，而在呼叫 `get_arm` 時乘上 0.99，使其逐漸減小（冷卻）。利用這個小小的改變，就可以達到「最初主要是探索、而後逐漸偏向利用」的行為。

我們也用這個代理人進行同樣的模擬，就像普通的 $\varepsilon$-greedy 演算法一樣將代理人傳入 `sim` 方法。然後用新得到的選擇歷史紀錄 `arms_aeg` 與先前的紀錄 `arms_eg` 進行正確率變化比較（圖 5-5）。

```
arms_aeg, rewards_aeg = sim(AnnealingEpsilonGreedyAgent)

plt.plot(np.mean(arms_aeg == Env.opt(), axis=0),
         label=r'Annealing $\varepsilon$-greedy')
plt.plot(np.mean(arms_eg == Env.opt(), axis=0),
         label=r'$\varepsilon$-greedy')
plt.xlabel(r'$t$')
plt.ylabel(r'$\mathbb{E}[x(t) = x^*]$')
plt.legend()
plt.show()
```

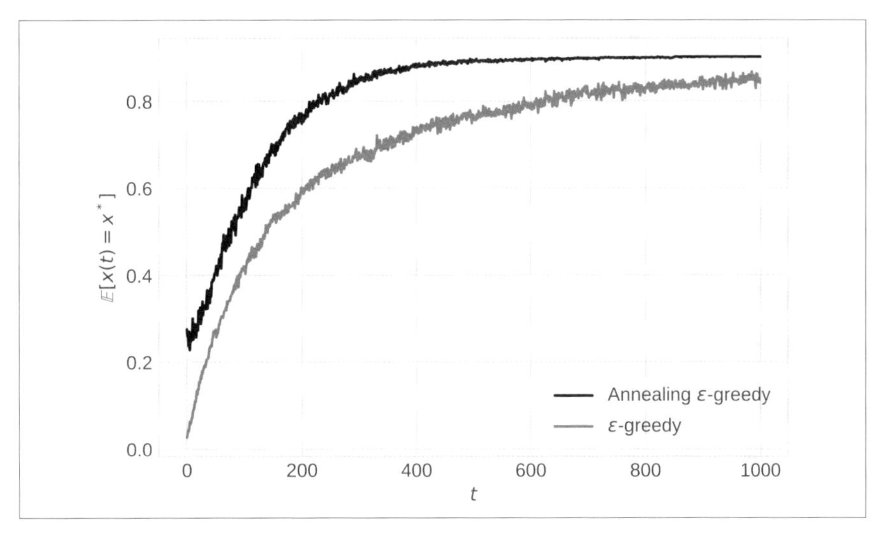


圖 5-5　模擬退火 ε-greedy 演算法的正確率變化

從視覺化結果可知兩個代理人的正確率都穩步上升，但加了模擬退火的那邊，正確率提升的速度更快。我們也可以看到，增長在 $t = 600$ 左右時停止，可能是冷卻速度過快，在此時停止探索。要注意的是，在演算法中引入新的技術雖然能提升加速的可能性，但也增加了需要微調的要素。

# 5.5　Softmax 演算法

$\varepsilon$-greedy 演算法基於一個簡單的想法，就是以一定的機率將行為從利用切換到探索。但 $\varepsilon$-greedy 演算法的缺點是，無論解之間的性能差異如何，都以一定的機率執行探索行動。

譬如假設有一個與最佳解效能很接近的「差一點」的選擇，以及另一個明顯較差的「不用考慮」的選擇。這種情況下如果可能的話，我們會想將大部分的樣本分配給最佳選擇以及次佳選擇，以確定真實價值，但 $\varepsilon$-greedy 演算法會以一定機率 $\varepsilon$ 隨機選擇，所以次佳選擇或很差的選擇都會有一定機率分配到樣本，這樣實在是浪費樣本。**Softmax 演算法**（**softmax algorithm**）解決這個問題的方式，就是根據報酬樣本平均來控制探索機率。

Softmax 演算法根據解的報酬樣本平均 $\hat{\theta}_k(t)$ 改變顯示的機率。具體來說，就是在時刻 $t$ 對使用者顯示解 $x_k$ 的機率 $p(t, x_k)$，可以用下式計算。

$$p(t, x_k) = \frac{\exp(\frac{\hat{\theta}_k(t)}{\tau})}{\sum_{k=1}^{K} \exp(\frac{\hat{\theta}_k(t)}{\tau})} \tag{5.3}$$

這個式子就是將報酬樣本平均 $\hat{\theta}_k(t)$ 除以某個參數 $\tau$ 後代入 **softmax 函數**（**softmax function**）。Softmax 函數表示如下，以一個 $m$ 維向量 $\boldsymbol{x}$ 作為輸入。

$$\text{softmax}(\boldsymbol{x}) = \left( \frac{\exp(x_1)}{\sum_{i=1}^{m} \exp(x_i)}, \cdots, \frac{\exp(x_m)}{\sum_{i=1}^{m} \exp(x_i)} \right) \tag{5.4}$$

我們在式 (3.2) 曾討論過 logistic 函數這個正規化函數，可以轉換實數以方便作為機率處理，而 softmax 函數則是其多維擴展。將 softmax 函數用於二維資料的話，就相當於 logistic 函數。Logistic 函數會回傳一個 0 到 1 之間的實數，而 softmax 回傳的則是一個向量，各元素總和為 1。因此 softmax 函數常用來將向量正規化，作為類別分布的成功率參數。

Softmax 演算法選擇的解來自以 $(p(t, x_1), \cdots, p(t, x_K))$ 為成功率參數的類別分布。利用這種方式，我們將較大的選擇機率分配給具有較大報酬樣本平均的解，從而克服了 $\varepsilon$-greedy 演算法的缺點：即便是沒啥希望的「不用考慮」選項，都與有希望的解分配了相同的選擇機率。

其中 $\tau$ 是修正報酬尺度的參數。例如在最佳化點擊率的問題中，報酬是用 0 或 1 的值表示；而最佳化產品購買價格的問題中，報酬是用任意整數來表示，各選項的報酬樣本平均的尺度是不同的。從**圖 3-6** 的 logistic 函數圖中可以看出，如果兩個選項之間差了 5，$\text{logit}(5) \approx 0.99$，所以選擇其中一個選項的可能性幾乎為 0。如果產生這種差異的話，即使只是偶然，此選項之後也會失去被選擇的機會，引入參數 $\tau$ 正是為了校正報酬的尺度。

基於以上內容，我們要來實作一個使用 softmax 演算法進行探索的代理人。

```
class SoftmaxAgent(object):

  def __init__(self, tau=.05):
    self.tau = tau
    self.counts = np.zeros(n_arms)
    self.values = np.zeros(n_arms)

  def softmax_p(self):
    logit = self.values / self.tau
    logit = logit - np.max(logit)
    p = np.exp(logit) / sum(np.exp(logit))
    return p

  def get_arm(self):
    arm = np.random.choice(n_arms, p=self.softmax_p())
    return arm

  def sample(self, arm, reward):
    self.counts[arm] = self.counts[arm] + 1
    self.values[arm] = (
        (self.counts[arm] - 1) * self.values[arm] + reward
        ) / self.counts[arm]
```

架構與 $\varepsilon$-greedy 演算法相同，但請注意新增了一個成員變數 `self.tau`，對應的就是處理報酬尺度的參數 $\tau$，我們將其值初始化為 0.05。

另外此代理人還新增了一個方法 `softmax_p`，以式 (5.3) 來計算各解的選擇機率。首先將對應 $\frac{\hat{\theta}_k(t)}{\tau}$ 的部分代入變數 `logit`。接著為了使用 softmax 函數，我們先對 `logit` 使用指數函數 exp，但如果直接將 `logit` 傳入，可能會過大造成溢位（overflow），因此在將其傳入 `np.exp` 前，先減去 `logit` 的最大值 `np.max(logit)` 以避開此問題。

對某個常數 $A$ 來說，

$$\frac{\exp(x_k - A)}{\sum_{k=1}^{K} \exp(x_k - A)} = \frac{\frac{\exp(x_k)}{\exp(A)}}{\frac{1}{\exp(A)} \sum_{k=1}^{K} \exp(x_k)} = \frac{\exp(x_k)}{\sum_{k=1}^{K} \exp(x_k)}$$

由此可見，我們將指數函數 exp 的參數減去某個常數這個動作並不會影響 softmax 函數的輸出結果。

現在我們就來用這個代理人搜尋最佳選項吧，正確率變化請見圖 5-6。

```
arms_sm, rewards_sm = sim(SoftmaxAgent)

plt.plot(np.mean(arms_sm == Env.opt(), axis=0), label=r'Softmax')
plt.plot(np.mean(arms_eg == Env.opt(), axis=0),
         label=r'$\varepsilon$-greedy')
plt.xlabel(r'$t$')
plt.ylabel(r'$\mathbb{E}[x(t) = x^*]$')
plt.legend()
plt.show()
```

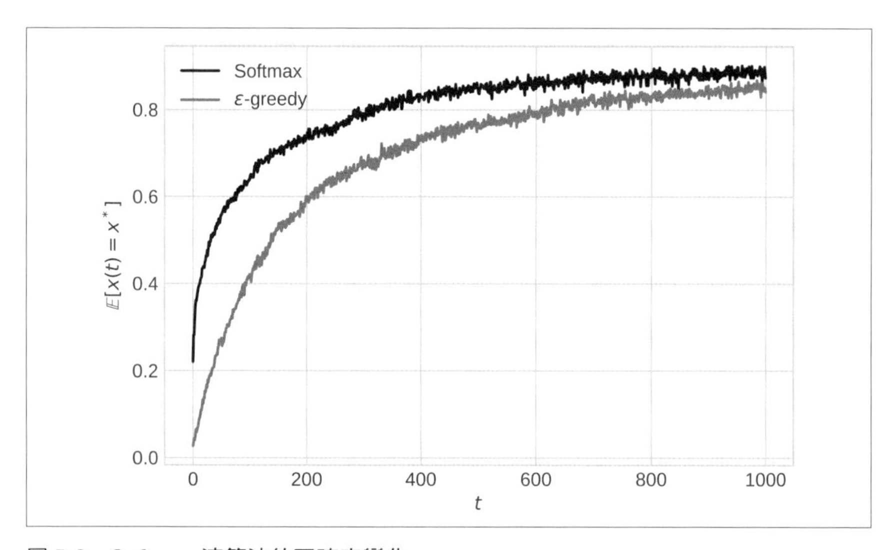


圖 5-6　Softmax 演算法的正確率變化

從執行結果可知正確率的確比 $\varepsilon$-greedy 演算法高，這表示我們可以用較少的評估次數找到最佳選項。我們也可以看到，不是靠「依據經驗這個是最好的選擇嗎」的二選一問題，而是根據報酬樣本平均來計算選擇機率，可以將樣本分配給較有希望的選項，從而達成更快速的最佳化。

雖然這裡介紹的實作早已決定了參數 $\tau$，但 softmax 演算法一般的實作中，是將此參數視為溫度參數，採用模擬退火的技術。此溫度參數在搜尋初期先設為較大的值（即高溫狀態），隨著搜尋進行，溫度參數也逐漸減小（即低溫狀態）。因此搜尋初期主要是在探索，就算劣於樣本平均的解也會積極嘗試，終期則主要是在利用，選擇對於樣本平均的差來說真的有望的解。

這裡就介紹採用模擬退火的完整版 softmax 演算法（稱為**模擬退火 softmax 演算法**）實作。

```
class AnnealingSoftmaxAgent(object):

  def __init__(self, tau=1000.):
    self.tau = tau
    self.counts = np.zeros(n_arms)
    self.values = np.zeros(n_arms)

  def softmax_p(self):
    logit = self.values / self.tau
    logit = logit - np.max(logit)
    p = np.exp(logit) / sum(np.exp(logit))
    return p

  def get_arm(self):
    arm = np.random.choice(n_arms, p=self.softmax_p())
    self.tau = self.tau * 0.9
    return arm

  def sample(self, arm, reward):
    self.counts[arm] = self.counts[arm] + 1
    self.values[arm] = (
        (self.counts[arm] - 1) * self.values[arm] + reward
        ) / self.counts[arm]
```

與 SoftmaxAgent 相比，改變的只有兩處，一是溫度參數的初始值提高了，二是每次呼叫 get_arm 方法時，都會將溫度乘以 0.9 來進行冷卻。接著就用 AnnealingSoftmaxAgent 執行模擬，程式碼與之前的代理人相同。**圖 5-7** 是與沒有模擬退火的 softmax 演算法比較正確率。從結果可知 AnnealingSoftmaxAgent 在搜尋初期正確率較低，但隨著時間推移轉變成以利用為主，從而達到較高的正確率。

```
arms_asm, rewards_asm = sim(AnnealingSoftmaxAgent)

plt.plot(np.mean(arms_asm == Env.opt(), axis=0),
         label='Annealing Softmax')
plt.plot(np.mean(arms_sm == Env.opt(), axis=0), label='Softmax')
plt.xlabel(r'$t$')
plt.ylabel(r'$\mathbb{E}[x(t) = x^*]$')
plt.legend()
plt.show()
```

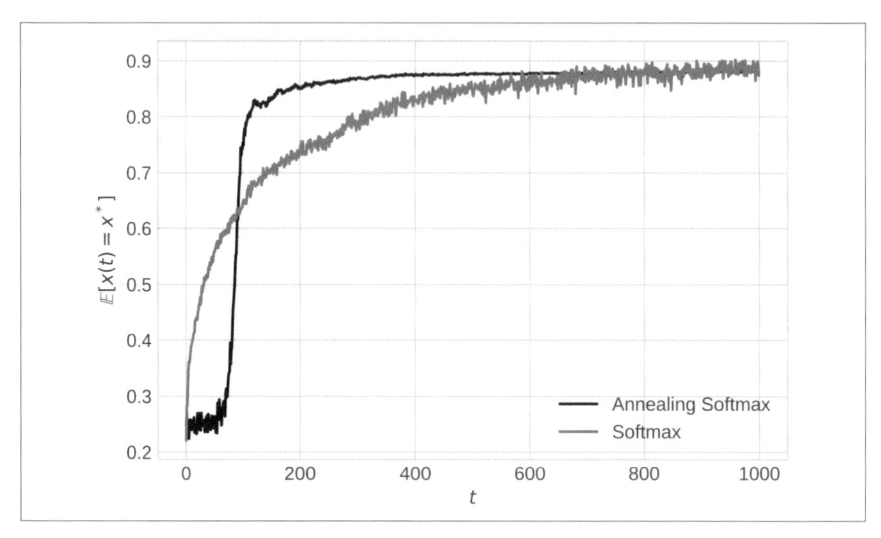


圖 5-7　模擬退火 softmax 演算法正確率的變化

# 5.6 湯普森抽樣

接下來要介紹的是**湯普森抽樣（Thompson sampling）**。湯普森抽樣也是利用亂數進行決策的演算法，類似之前介紹的 $\varepsilon$-greedy 演算法和 softmax 演算法。

Softmax 演算法使用式 (5.4) 所示的 softmax 函數來計算各選項的選擇機率。的確使用 softmax 函數可以算出報酬樣本平均，也就是根據報酬期望值的估計值來計算探索機率，但這也只是其中一種方法。例如若使用**第 1 章**中學到的貝氏推論方法，就能從目前觀測到的資料推論各選項期望值的機率分布。直接用這方法的想法如何呢？在湯普森抽樣中，我們首先從各選項推論報酬期望值的事後分布，再用事後分布產生亂數，並選擇具有最大值的選項，重複以上過程。

那麼我們就來實作一個以湯普森抽樣進行探索的代理人。在這個問題的設定中，我們依照一定機率得到 0 或 1 的報酬，因此產生該報酬資料的機率分布可以建模為伯努利分布。為了得到期望值的事後分布，需要進行貝氏推論，但在 1.6 節提過，當資料來源是伯努利分布時，如果我們知道資料觀測次數 $N$ 及得到報酬的次數 $a$，就能用 beta 分布來表示事後分布，因此只需要為各選項記錄這兩個值。

下面是湯普森抽樣的實作範例。

```
class BernoulliTSAgent(object):

  def __init__(self):
    self.counts = [0 for _ in range(n_arms)]
    self.wins = [0 for _ in range(n_arms)]

  def get_arm(self):
    beta = lambda N, a: np.random.beta(a + 1, N - a + 1)
    result = [beta(self.counts[i], self.wins[i]) for i in range(n_arms)]
    arm = result.index(max(result))
    return arm

  def sample(self, arm, reward):
    self.counts[arm] = self.counts[arm] + 1
    self.wins[arm] = self.wins[arm] + reward
```

這裡實作的代理人名為 `BernoulliTSAgent`（TS 是 Thompson sampling 的縮寫），因為這裡實作假設報酬遵循伯努利分布，也就是報酬非 0 即 1。之前的代理人都會有記錄各選項報酬樣本平均的 `self.values` 變數，但這裡的代理人改用 `self.wins` 的成員變數來記錄各選項的累積報酬。在 `sample` 方法中，就是單純用加法來更新這些成員變數。

在決定要哪個選項的 `get_arm` 方法中，會根據目前各選項選擇次數及獲得報酬次數計算事後分布，並產生亂數。首先用 lambda 表達式定義 `beta` 函數，從 beta 分布產生值。`beta` 接受觀測次數 `N` 及獲得報酬次數 `a` 作為參數。回顧我們在 1.6 節的討論，我們將 $\alpha = a + 1$ 和 $\beta = N - a + 1$ 作為 beta 分布的參數，得到事後分布。因此在 `get_arm` 中，我們直接將這個表達式傳遞給 `np.random.beta` 方法產生亂數。對於各選項，我們從事後分布產生亂數，然後回傳其中產生最大值的選項。

現在我們就來模擬執行這個代理人。這裡會跟先前介紹有模擬退火的 softmax 演算法比較性能，正確率變化如圖 5-8。

```
arms_ts, rewards_ts = sim(BernoulliTSAgent)

plt.plot(np.mean(arms_ts == Env.opt(), axis=0),
         label='Thompson Sampling')
plt.plot(np.mean(arms_asm == Env.opt(), axis=0),
         label='Annealing Softmax')
plt.xlabel(r'$t$')
plt.ylabel(r'$\mathbb{E}[x(t) = x^*]$')
plt.legend()
plt.show()
```

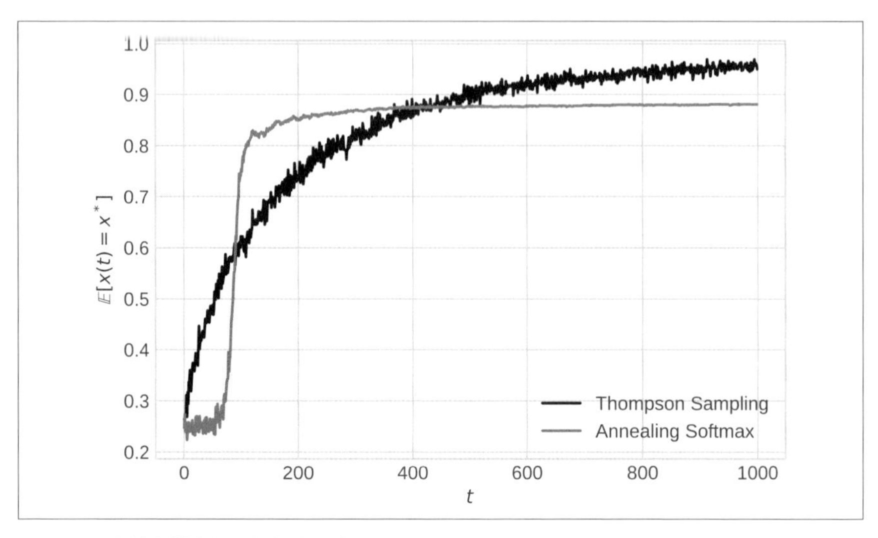


圖 5-8 湯普森抽樣正確率的變化

從圖中的正確率變化可以看出，與 softmax 演算法相比，湯普森抽樣的效果更好。Softmax 演算法中有個溫度參數 $\tau$ ，其性能會因冷卻方法而有很大的差異。而湯普森抽樣沒有這種參數，只要能設計一個合適的事後分布提供報酬就可以使用。將這個演算法用於未知問題時，不用調整參數就能有良好性能，是非常受歡迎的特質。

## 5.7 UCB 演算法

目前為止所介紹的演算法都是利用亂數進行某種形式的決策，而這裡要介紹的 **UCB（upper confidence bound）**演算法有點不一樣，決策時不使用亂數。

UCB 演算法會選擇能使報酬的**信賴區間（confidence interval）**上限最大化的解。信賴區間是指某個隨機變數有高機率落在其中的區間。因為是選擇使信賴區間（confidence interval）上限（upper bound）的值（UCB 值）最大化的解，所以此演算法才稱為 UCB（upper confidence bound）。在時刻 $t$ 的解 $x_k$ 其 UCB 值計算如下，其中 $N_k(t)$ 定義在式 (5.2)，表示到時刻 $t$ 為止的選擇次數。

$$UCB_k(t) = \hat{\theta}_k(t) + \sqrt{\frac{\log t}{2N_k(t)}} \tag{5.5}$$

在一些文獻中，也會使用信賴區間較寬的 UCB 值，如下。

$$UCB_k(t) = \hat{\theta}_k(t) + \sqrt{\frac{2\log t}{N_k(t)}}$$

這是由於信賴區間的顯著水準設定不同所致，詳情請參見 [本多 16] 等資料。

接下來我們看一個 UCB 演算法的實作範例。

```
class UCBAgent(object):

  def __init__(self):
    self.counts = [0 for _ in range(n_arms)]
    self.values = [0 for _ in range(n_arms)]

  def calc_ucb(self, arm):
    ucb = self.values[arm]
    ucb += np.sqrt(np.log(sum(self.counts)) / (2 * self.counts[arm]))
    return ucb

  def get_arm(self):
    if 0 in self.counts:
      arm = self.counts.index(0)
    else:
      ucb = [self.calc_ucb(arm) for arm in range(n_arms)]
      arm = ucb.index(max(ucb))
    return arm

  def sample(self, arm, reward):
    self.counts[arm] = self.counts[arm] + 1
    self.values[arm] = (
        (self.counts[arm] - 1) * self.values[arm] + reward
        ) / self.counts[arm]
```

在 `get_arm` 中，若有一個從未被選擇過的解，那麼就會先回傳該解。當所有的解都至少選了一次後，下一步就是計算每個解的 UCB 值，並提出有最大值的解。`calc_ucb` 方法會根據式 (5.5) 計算解的 UCB 值。最後，`sample` 方法跟 `EpsilonGreedyAgent` 的一樣，會更新各解選擇次數 `self.counts`，以及各解報酬的樣本平均 `self.values`。

我們使用這個代理人進行模擬，並與之前的湯普森抽樣比較正確率變化情形，結果如**圖 5-9**。

```
arms_ucb, rewards_ucb = sim(UCBAgent)

plt.plot(np.mean(arms_ucb == Env.opt(), axis=0), label='UCB')
plt.plot(np.mean(arms_ts == Env.opt(), axis=0),
         label='Thompson Sampling')
plt.xlabel(r'$t$')
plt.ylabel(r'$\mathbb{E}[x(t) = x^*]$')
plt.legend()
plt.show()
```

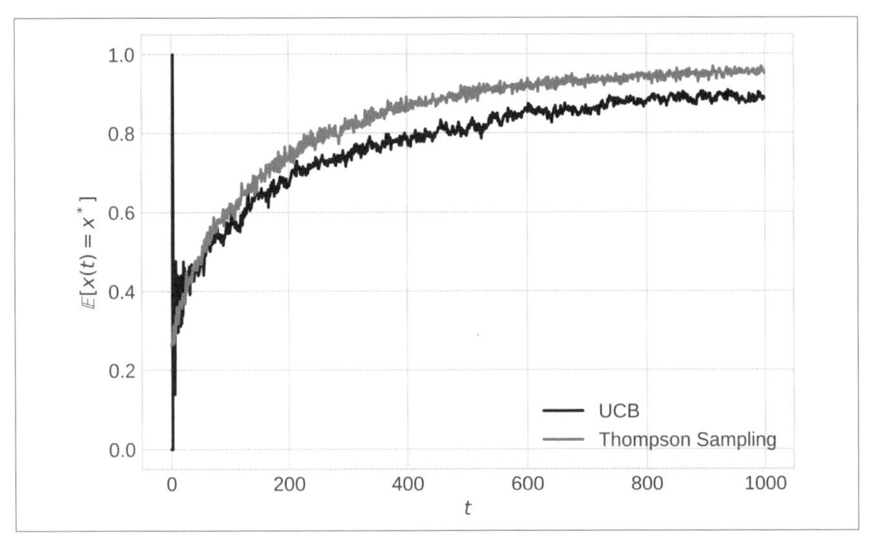


圖 5-9　UCB 演算法正確率的變化

雖然比湯普森抽樣略遜一籌，但可以看到實作 UCB 演算法的代理人也在穩步提高正確率。回過頭來看式 (5.5)，我們可以看到 UCB 演算法不僅優先考慮那些報酬樣本平均較大的，也會優先考慮其信賴區間寬度較大的。由於試驗次數越少，信賴區間就越大，所以我們可以看成是反映報酬未探索狀況的獎勵分數。將報酬的樣本平均加上不確定性的寬度，據此依次選擇，這個想法很重要，也會出現在之後介紹的 UCB 演算法擴展版本中。

## 5.8 給 Ellen 的回答

最後，讓我們考慮該如何回答對 Charlie 提出尖銳問題的課長 Ellen。在前幾章學習的統計分析的例子中，我們已經知道如何事先向使用者顯示不同的設計方案，並且在得到資料後，使用統計方法提出結論。另一方面，本章所研究的吃角子老虎機演算法處理的則是如何向使用者顯示設計方案，也就是獲得資料的方法。

在目前的架構中，我們沒有特別考慮資料產生過程（即顯示各種設計方案給使用者的過程）中產生的損失，我們考慮的都是已經以某種方法得到資料的情況。而吃角子老虎機演算法則是將收集資料的過程納入問題，並將目標設為累積報酬最大化，考慮最佳化策略，從這個意義來看，可說是從比較全面的角度考慮問題。要回答 Ellen 的問題，一種可能的說法是：「透過吃角子老虎機演算法的使用，我們會努力使實驗期間（$1 \leqq t \leqq T$）的累積報酬最大化。實驗之後，會根據結果採用估計期望值最大的方案 $\hat{x}^*(T)$。」

## 5.9 本章總結

本章從 Ellen 的簡單疑問開始，介紹了隨機吃角子老虎機問題，作為考慮實驗過程中損失的架構。隨機吃角子老虎機問題是指面對多個具固有報酬期望值的選擇時，根據某種策略依次選擇、從而最大化累積報酬的問題。為了解決此問題，對於嘗試新選項的探索行動及利用已得知識的利用行動，必須考慮兩者之間的平衡。

這裡所介紹的隨機吃角子老虎機問題解法都是簡單的演算法，實作只需幾十行程式碼。雖然很簡潔，但我們以模擬證實了可以穩定提高選擇最佳方案的機率。

吃角子老虎機演算法不僅可以用在網站設計的最佳化，也能用於各種軟體介面的設計。參考文獻 [Lomas16] 介紹了吃角子老虎機演算法在遊戲設計中的應用研究。

## 最佳臂辨識問題

雖然隨機吃角子老虎機問題能使累積報酬最大化，但給我們的印象是，這種目標設定並沒有正面回應「更快找出最佳設計方案」的目標，這是因為，累積報酬最大化不見得等同於在最短時間內找出最佳選項。例如假設報酬期望值最大與次大的解兩者差距甚微，那麼從報酬最大化的角度來看，即使一直選擇次大的解也很足夠了，但這仍無法改變沒找到最佳解的事實。**最佳臂辨識問題（best arm identification）**是吃角子老虎機問題的一種形式，目標並非最大化累積報酬，而是尋找最佳解。

在最佳臂辨識問題中，我們考慮的是在一定預算內儘可能準確估計出最佳解，或是在一定的信賴度之內儘快估計出最佳解。這裡我們不考慮嘗試解時產生的損失，只考慮最佳解的搜尋。雖然最大化累積報酬的隨機吃角子老虎機問題，與最佳臂辨識問題都會儘可能嘗試有希望的解，也都會盡快終止對不佳解的搜尋，但兩者適合的策略是不同的。關於最佳臂辨識問題的細節不在本書的討論範圍內，請參閱 [本多 16] 等書籍。

第 6 章

# 組合吃角子老虎機：吃角子老虎機演算法遇到統計模型

雖然 Charlie 因為上司 Ellen 的尖銳問題而一時失意，但因為遇到多臂吃角子老虎機這類問題，往後就能以更全面的角度來規劃實驗。之前學到的主要是如何在給定報告的情況下做出適當決策，但在多臂吃角子老虎機問題中，還得考慮如何取得資料以最大化累積報酬。

不過目前為止所介紹的吃角子老虎機演算法仍有無法涵蓋的領域，就是當解具有組合結構的情況時。在**第 3 章**中我們發現，當一個網站由多個元素組合而成時，我們可以建構一個統計模型，將重點放在各元素及其組合帶來的效果，那麼即使是小量樣本，也能從中獲得有用的資訊。是否可以將類似的概念引入吃角子老虎機演算法呢？

將這樣的問題設定放在吃角子老虎機問題，就是**情境式吃角子老虎機問題**（**contextual bandit problem**）。在情境式吃角子老虎機問題中，與迄今介紹的多臂吃角子老虎機問題不同，每個選擇都是由某些屬性組合表示，也就是以**特徵**（**feature**）表示的，而且特徵會根據某種法則決定報酬的期望值。以吃角子老虎機來說，屬性可以想成是拉桿的顏色或大小等。當然我們事先並不知道這些屬性和報酬期望值之間有何具體關係，但如果是有考慮屬性和報酬期望值之間關係的模型，可以將「有相同顏色」或「有相同形狀」等資訊作為搜尋的提示，而不是只把各台機器當作獨立解。概念如圖 6-1 所示。

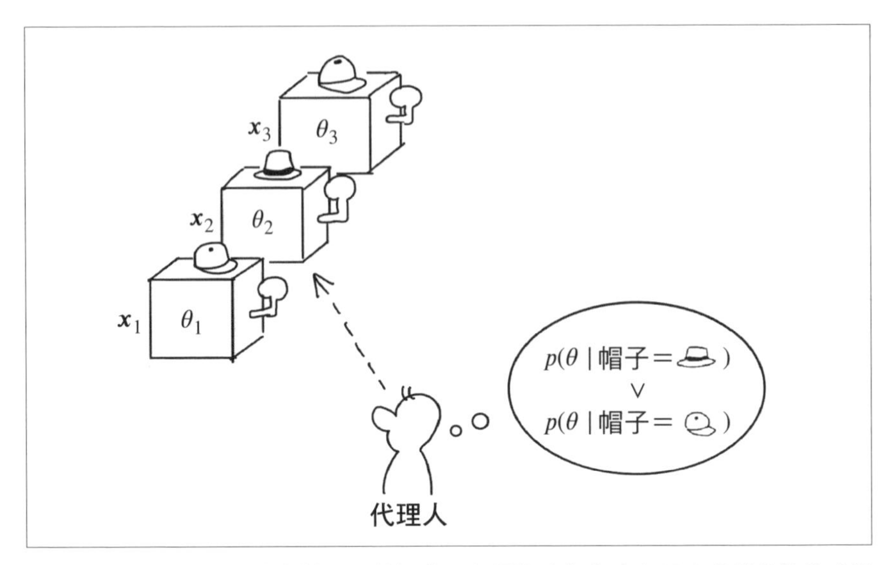


圖 6-1 情境式吃角子老虎機問題的概念。如果注意每台吃角子老虎機的特徵（這裡用不同帽子的區別來表示）與報酬期望值 $\theta$ 之間的關係，或許搜尋會更有效率

只要表示為這樣的屬性組合，情境式吃角子老虎機問題也能處理每次試驗中選項變化的情形。以吃角子老虎機的例子來說，相當於每次出現在面前的吃角子老虎機的機器選項都會改變。即使是如此困難的情況，只要我們著重在吃角子老虎機中與硬幣出現率相關的特徵，也能做出有用的推論。以網站最佳化來說，就意味著在搜尋時，當我們顯示設計方案給使用者時，也能考慮到不斷變化的使用者特徵。本章末尾的專欄中也會說明，根據使用者特徵進行推薦或個人化的實作，是如何與情境式吃角子老虎機問題相關聯的。

# 6.1 再次探討 Charlie 的報告

讓我們再回顧一下在**第 3 章**中，Charlie 最佳化相機著陸頁面的故事。Charlie 想從**圖 6-2** 的 4 個設計方案中，找到點擊率最高的設計，而每個方案都能表示為主圖與 CTA 按鈕的組合。

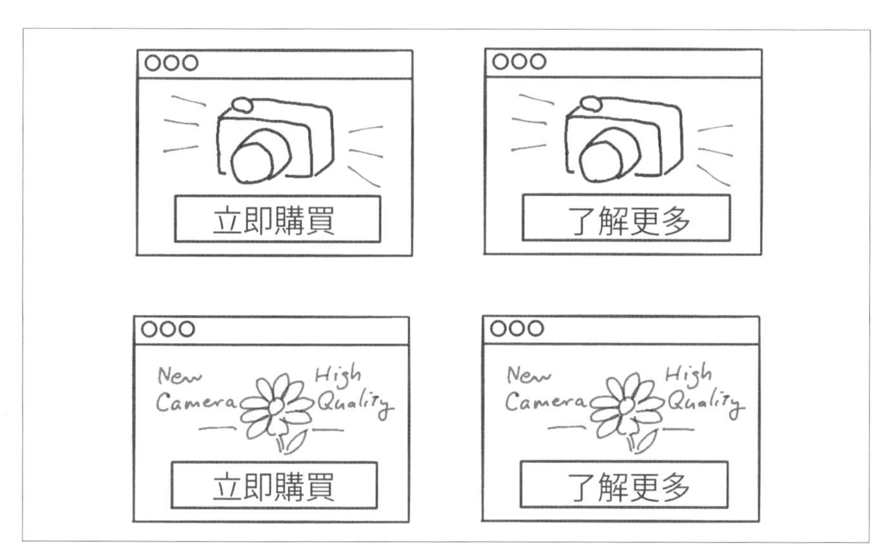


圖 6-2 各設計方案示意圖（再度出現）

我們先用稍微複雜的方式來描述這個問題。在 3.2 節中，我們學過如何用虛擬變數來表示各設計方案（或是解）。因此，各設計方案都能表示為代表主圖的變數 $x_1$ 及代表 CTA 按鈕的 $x_2$ 這兩者的組合，也就是可以像這樣寫成向量。

$$\boldsymbol{x} = \begin{pmatrix} x_1 \\ x_2 \end{pmatrix}$$

順帶一提，這種縱向表示向量的寫法，稱為**行向量（column vector）**，之後寫到向量時，除了特殊情況，我們都會使用行向量。與此相對，水平排列數字的向量寫法稱為**列向量（row vector）**，如果因為表記的理由而需要將行向量橫著寫，可以使用轉置符號 $^\top$ 寫成 $\boldsymbol{x} = (x_1, x_2)^\top$。**轉置（transpose）**是將向量的列與行交換的操作。

有了以上的表記方式，我們的每個設計方案都可以用

$$\boldsymbol{x}_A = \begin{pmatrix} 0 \\ 0 \end{pmatrix},\ \boldsymbol{x}_B = \begin{pmatrix} 0 \\ 1 \end{pmatrix},\ \boldsymbol{x}_C = \begin{pmatrix} 1 \\ 0 \end{pmatrix},\ \boldsymbol{x}_D = \begin{pmatrix} 1 \\ 1 \end{pmatrix}$$

的方式表示，相當於把**表 3-2** 改寫成向量形式。

假設各設計方案 $\boldsymbol{x}$ 都有各自的固有點擊率 $\theta_{\boldsymbol{x}}$。注意這裡在報酬期望值 $\theta$ 加了下標 $\boldsymbol{x}$，以強調點擊率對應到某個解 $\boldsymbol{x}$。當我們顯示某個設計方案給使用者時，會從參數為點擊率的伯努利分布中產生點擊，即報酬 $r$。這種關係可以寫成：

$$r \sim p(r \mid \theta_{\boldsymbol{x}}) = \mathrm{Bernoulli}(\theta_{\boldsymbol{x}})$$

## 6.2 線性模型和廣義線性模型

在**第 3 章**中，我們假設構成解 $\boldsymbol{x}$ 的各元素 $x_1, x_2$ 與點擊率 $\theta$ 之間存在某種關係，我們稱之為模型。具體來說，我們考慮了式 (3.1)、式 (3.3) 和式 (3.6) 的三個模型，如下。

$$\theta_{\boldsymbol{x}} = \alpha + \beta_1 x_1 + \beta_2 x_2$$
$$\theta_{\boldsymbol{x}} = \mathrm{logistic}(\alpha + \beta_1 x_1 + \beta_2 x_2)$$
$$\theta_{\boldsymbol{x}} = \mathrm{logistic}(\alpha + \beta_1 x_1 + \beta_2 x_2 + \gamma x_1 x_2)$$

這些模型都可以用向量**內積（dot product）**的方式改寫如下。

$$\theta_{\boldsymbol{x}} = \boldsymbol{\phi}(\boldsymbol{x})^\top \boldsymbol{w}, \quad \boldsymbol{\phi}(x) = (x_1, x_2, 1)^\top, \quad \boldsymbol{w} = (\beta_1, \beta_2, \alpha)^\top \tag{6.1}$$

$$\theta_{\boldsymbol{x}} = \mathrm{logistic}(\boldsymbol{\phi}(\boldsymbol{x})^\top \boldsymbol{w}), \quad \boldsymbol{\phi}(x) = (x_1, x_2, 1)^\top, \quad \boldsymbol{w} = (\beta_1, \beta_2, \alpha)^\top \tag{6.2}$$

$$\theta_{\boldsymbol{x}} = \mathrm{logistic}(\boldsymbol{\phi}(\boldsymbol{x})^\top \boldsymbol{w}), \quad \boldsymbol{\phi}(x) = (x_1 x_2, x_1, x_2, 1)^\top, \quad \boldsymbol{w} = (\gamma, \beta_1, \beta_2, \alpha)^\top \tag{6.3}$$

內積就是將兩個向量對應的元素各自相乘之後取其總和的運算。譬如有兩個 $n$ 維向量 $\boldsymbol{a} = (a_1, a_2, \cdots, a_n)$, $\boldsymbol{b} = (b_1, b_2, \cdots, b_n)$ 時，其內積 $\boldsymbol{a}^\top \boldsymbol{b}$ 為

$$\boldsymbol{a}^\top \boldsymbol{b} = a_1 b_1 + a_2 b_2 + \cdots + a_n b_n = \sum_{i=1}^{n} a_i b_i$$

注意內積是可交換的，也就是說可以改變順序，亦即 $\boldsymbol{a}^\top \boldsymbol{b} = \boldsymbol{b}^\top \boldsymbol{a}$ 是成立的。內積通常以 ·（點）表示，如 $\boldsymbol{a} \cdot \boldsymbol{b}$。在許多數值計算函式庫中，包括 NumPy，都有定義 `dot` 運算子。

而 $\boldsymbol{\phi}(\boldsymbol{x})$ 則是將解 $\boldsymbol{x}$ 的元素相乘或增加新的數值而得到的向量。像這樣對構成解的元素進行某些操作而得到的向量，稱為**特徵向量**（**feature vector**），或直接稱為特徵。

輸入這些解的元素之後，該進行怎樣的操作產生特徵呢？其實並沒有特定的方法，而這也是資料分析者的能力之所在。為了達到某個目標而對輸入內容進行變換、設計特徵等過程，稱為**特徵工程**（**feature engineering**）。

引入這樣的表記法後，就可以用非常簡單的形式描述各種模型，而這些模型的一般形式都有一個名稱。如式 (6.1)，將目標變數 $\theta_{\boldsymbol{x}}$ 以特徵和參數的內積 $\boldsymbol{\phi}(\boldsymbol{x})^\top \boldsymbol{w}$ 表示，這樣的模型稱為**線性模型**（**linear model**）。而這種內積被某種函數包住的模型，稱為**廣義線性模型**（**generalized linear model**）。特別是如式 (6.2) 和 (6.3) 中的，將此內積以 logistic 函數包住，這種就稱為 **logistic 迴歸模型**（**logistic regression model**）。

式 (6.2) 和 (6.3) 如果用 logit 函數，也可以改寫為

$$\mathrm{logit}(\theta_{\boldsymbol{x}}) = \boldsymbol{\phi}(\boldsymbol{x})^\top \boldsymbol{w}$$

其中右側對應特徵和參數的內積稱為**線性預測子**（**linear predictor**），將線性預測子與目標變數 $\theta_{\boldsymbol{x}}$ 關聯起來的函數，稱為**連結函數**（**link function**），如 logit 函數。

綜上所述，我們可以把各種模型整理成下表。其中**恆等函數**（**identity function**）是指將輸入照原樣輸出，即 $f(x) = x$ ，且恆等函數的反函數也是恆等函數。

| 模型 | 連結函數 link | 特徵 $\boldsymbol{\phi}(\boldsymbol{x})$ | 參數 $\boldsymbol{w}$ |
|---|---|---|---|
| 式 (6.1) | 恆等函數 | $(x_1, x_2, 1)^\top$ | $(\beta_1, \beta_2, \alpha)^\top$ |
| 式 (6.2) | logit 函數 | $(x_1, x_2, 1)^\top$ | $(\beta_1, \beta_2, \alpha)^\top$ |
| 式 (6.3) | logit 函數 | $(x_1 x_2, x_1, x_2, 1)^\top$ | $(\gamma, \beta_1, \beta_2, \alpha)^\top$ |

利用上述的表示方式，我們可以用一種簡單的方式來描述統計模型。將**圖 3-8** 的模型改寫後，如**圖 6-3**。但請注意**圖 6-3** 關心的是單次的伯努利試驗，處理的是有無點擊 $r$ ，而不是點擊總數 $a$。

從圖中首先可以了解的是，以往我們對基線與實行措施分別給了不同的隨機變數 $\alpha, \beta_1, \beta_2$ ，但這裡統整為參數 $\boldsymbol{w}$。至今我們考慮的是將各種變數相異的常態分布作為事前分布，但這裡也統整為一個**多變量常態分布**（**multivariate normal distribution**）。多變量常態分布是常態分布向多維度的擴展，在 6.4.1 節將詳細解釋。

接著我們將參數與特徵的內積代入連結函數的反函數，亦即計算 $\mathrm{link}^{-1}(\boldsymbol{\phi}(\boldsymbol{x})^\top \boldsymbol{w})$，以決定報酬期望值 $\theta_{\boldsymbol{x}}$。另外，交互作用是否存在，取決於特徵 $\boldsymbol{\phi}(\boldsymbol{x})$ 中是否包括 $x_1 x_2$。最後，從該點擊率的伯努利分布 $p(r \mid \theta_{\boldsymbol{x}}) = \mathrm{Bernoulli}(\theta_{\boldsymbol{x}})$ 產生報酬 $r$。

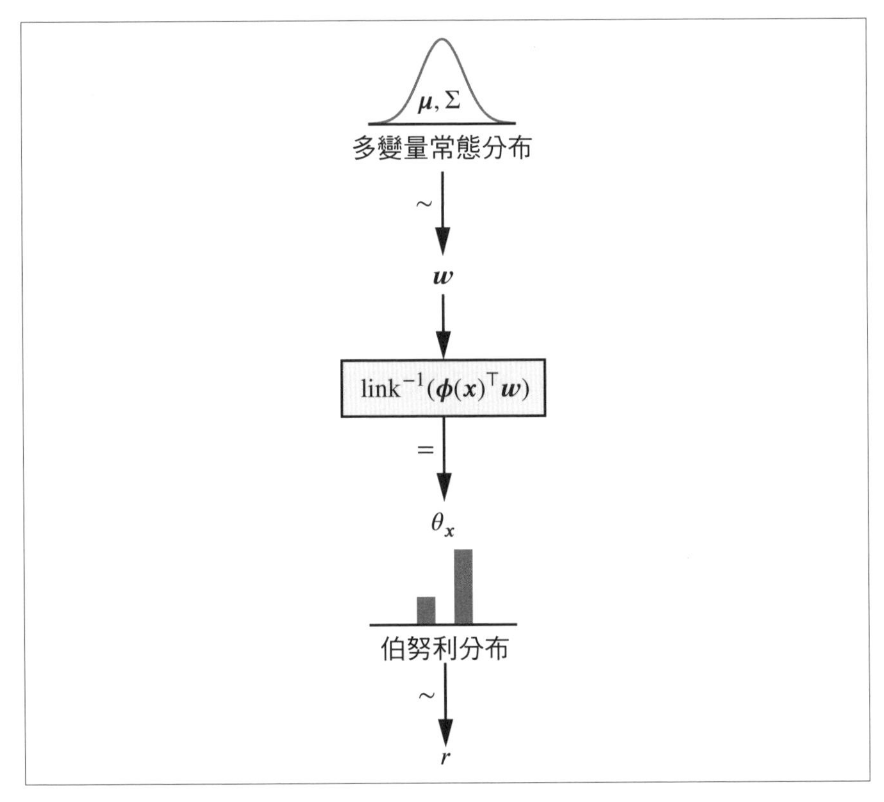


圖 6-3 用廣義線性模型改寫的統計模型

最後用數學式將同樣的統計模型統整如下。

$$
\begin{aligned}
\boldsymbol{w} &\sim \mathcal{N}(\boldsymbol{\mu}_0, \Sigma_0) \\
\theta_{\boldsymbol{x}} &= \mathrm{link}^{-1}(\boldsymbol{\phi}(\boldsymbol{x})^\top \boldsymbol{w}) \\
r &\sim \mathrm{Bernoulli}(\theta_{\boldsymbol{x}})
\end{aligned}
$$

我們在**第 3 章**中研究了各種統計模型，現在我們知道它們都可以統整表達為簡單的式子。在這個共同的大架構內，特徵 $\boldsymbol{\phi}(\boldsymbol{x})$ 和連結函數 link 的具體定義會根據模型各自的特點而有所不同。經過以上討論，我們成功將 Charlie 報告中所用到的統計模型改寫為簡潔的形式，這將成為我們今後討論的基礎。

# 6.3 將 MCMC 用在吃角子老虎機

## 6.3.1 情境式吃角子老虎機問題

如本章開頭所述，將各選項視為功能組合而非獨立解，這種吃角子老虎機問題的模式，稱為情境式吃角子老虎機問題。我們重新整理一下問題的設定。

代理人在各時刻 $t$ 從可選解的集合 $X(t) = \{\boldsymbol{x}_{1,t}, \cdots, \boldsymbol{x}_{K(t),t}\}$ 中選擇一個解，將選擇的解寫成 $\boldsymbol{x}(t)$，$K(t)$ 則表示在時間 $t$ 可選解的總數。每個解都有其固有報酬期望值 $\theta_{\boldsymbol{x}}$，被選到時會根據期望值產生報酬 $r(t) \sim p(r \mid \theta_{\boldsymbol{x}(t)})$。此時要解決的問題是找到一種策略，在給定預算 $T$ 內，獲得最大的累積報酬 $R(T) = \sum_{t=1}^{T} r(t)$。

在多臂吃角子老虎機問題中，對於各解都是獨立考慮的，所以我們只要以一個表來記錄各解的選擇次數及對應的報酬樣本平均，這樣就已經是個很好用的演算法了。具體來說，就是 `EpsilonGreedyAgent` 和 `UCBAgent` 的成員變數：`self.counts` 和 `self.values`。

然而如果試圖用類似方式來解決情境式吃角子老虎機問題，就會因為各解所具有的特徵組合太多，導致表格急劇膨脹。重點是無法有效利用解特徵所給的提示，因此對於情境式吃角子老虎機問題，常用的方式是假設每個解的特徵 $\boldsymbol{\phi}(\boldsymbol{x})$ 與報酬期望值 $\theta_{\boldsymbol{x}}$ 之間存在某種關係，也就是基於模型的方式。接下來我們要討論基於模型的吃角子老虎機演算法，就是針對情境式吃角子老虎機問題的。

## 6.3.2　用 MCMC 進行 logistic 迴歸湯普森抽樣

現在回到 Charlie 報告，考慮解決方式。在**第 3 章**中，我們使用廣義線性模型，特別是 logistic 迴歸模型，來推論設計方案的組成元素（主圖和 CTA 按鈕）與設計方案點擊率之間的關係。我們該如何將其與吃角子老虎機演算法相結合？

**第 5 章**中介紹了各種吃角子老虎機演算法，其中的湯普森抽樣似乎很適合，只要知道報酬期望值的事後分布，就只要從中產生樣本，輕易組成演算法。在此將引入 logistic 迴歸模型來進行湯普森抽樣。

湯普森抽樣的步驟如下。

1. 將時刻初始化為 $t = 1$ 。
2. 在時刻 $t$ 時，對可選擇的各解 $\boldsymbol{x}_{i,t} \in X(t)$，重複以下步驟。
   - 2-1. 根據時刻 $t-1$ 為止的歷史紀錄 $D(t-1)$，推論 $\boldsymbol{x}_{i,t}$ 的報酬期望值的事後分布 $p\left(\theta_{\boldsymbol{x}_{i,t}} \mid D(t-1)\right)$。
   - 2-2. 產生報酬期望值的樣本 $\hat{\theta}_{\boldsymbol{x}_{i,t}} \sim p(\theta_{\boldsymbol{x}_{i,t}})$。
3. 選擇報酬期望值的樣本值最大的解 $\hat{\boldsymbol{x}}^* = \arg\max_{\boldsymbol{x}_{i,t} \in X(t)} \hat{\theta}_{\boldsymbol{x}_{i,t}}$，從環境獲得報酬 $r(t)$。
4. 根據報酬 $r(t)$ 將歷史紀錄更新為 $D(t)$。
5. 若 $t = T$ 則終止，否則將時間前進至 $t+1$，然後回到 2.。

在情境式吃角子老虎機問題中，湯普森抽樣的基本策略沒有改變，一樣是選擇使報酬期望值樣本最大的解。但不同的地方在於，我們使用 logistic 迴歸來推論報酬期望值的事後分布 $p\left(\theta_{\boldsymbol{x}_{i,t}} \mid D(t-1)\right)$。當我們認為各解獨立的時候，可以用 beta 分布來表示報酬期望值的事後分布，但是我們也需要用某種方式來推論事後分布。前面已學過如何用 MCMC 來推論統計模型參數，我們就用這個方法吧，下面就是利用 MCMC 基於 logistic 迴歸進行湯普森抽樣的一個實作範例。

```
import numpy as np
import pymc3 as pm

arms = [[0, 0], [0, 1], [1, 0], [1, 1]]

class MCMC_GLMTSAgent(object):
```

```
def __init__(self):
  self.counts = [0 for _ in arms]
  self.wins = [0 for _ in arms]
  self.phis = np.array([[arm[0], arm[1], 1] for arm in arms]).T

def get_arm(self):
  if 0 in self.counts: return self.counts.index(0)
  with pm.Model() as model:
    w = pm.Normal('w', mu=0, sigma=10, shape=3)
    linpred = pm.math.dot(w, self.phis)
    theta = pm.Deterministic(
        'theta', 1 / (1 + pm.math.exp(-linpred)))
    obs = pm.Binomial(
        'obs', n=self.counts, p=theta, observed=self.wins)
    trace = pm.sample(2000, chains=1)
  sample = pm.sample_posterior_predictive(
      trace, samples=1, model=model, vars=[theta])
  return np.argmax(sample['theta'])

def sample(self, arm_index, reward):
  self.counts[arm_index] += 1
  self.wins[arm_index] += reward
```

首先在開頭定義了 `arms`，代表可選擇的解集合 $X(t)$。`MCMC_GLMTSAgent` 的結構與 5.6 節的 `BernoulliTSAgent` 沒有太大區別，但新增了代表特徵的 `self.phis` 成員變數。`self.phis` 則是對 `arms` 的每個元素加上一個常數 1，表示將 $\boldsymbol{\phi}(\boldsymbol{x}) = (x_1, x_2, 1)^\top$ 作為特徵。

`get_arm` 方法利用 PyMC3 執行 MCMC 來推論各解的報酬期望值 `theta`，並輸出使事後分布樣本最大的解。但如果有一個從未嘗試過的解，則先輸出該解。我們假設 `w` 是一個大小為 3 的陣列，對應 $\boldsymbol{w} = (\beta_1, \beta_2, \alpha)^\top$，且事前分布是個尾巴很長的常態分布 $\mathcal{N}(\mu = 0, \sigma = 10)$。`pm.math.dot` 是 PyMC3 中定義的隨機變數內積運算，`pm.math.dot(w, self.phis)` 則可以得到對應線性預測子的 `linpred`，然後將此線性預測子乘以 logistic 函數，決定隨機變數 `theta`。用 `pm.sample` 進行抽樣並推論參數，這部分與**第 3 章**的範例程式碼相同，但考慮到模擬所花的時間，這裡只設定為較少的 `2000` 次。

在推論參數後，`pm.sample_posterior_predictive` 方法可以從事後分布中對每個解的報酬期望值 `theta` 抽樣 1 個，然後回傳使該樣本值最大的解的索引值 `np.argmax(sample['theta'])`。`sample` 方法與 `BernoulliTSAgent` 的一樣。

接著我們考慮代理人所面臨的環境。我們假設：當選擇解 $\boldsymbol{x} = (x_1, x_2)^\top$ 時，是遵循帶有真實報酬期望值 $\theta_{\boldsymbol{x}} = \text{logistic}(0.2x_1 + 0.8x_2 - 4)$ 的伯努利分布給予報酬的。為了簡化，假設環境中沒有元素之間的交互作用。

```
class Env(object):
  def p(arm):
    x = arm[0] * 0.2 + arm[1] * 0.8 - 4
    p = 1 / (1 + np.exp(-x))
    return p

  def react(arm):
    return 1 if np.random.random() < Env.p(arm) else 0

  def opt():
    return np.argmax([Env.p(arm) for arm in arms])
```

現在就用這段程式碼來執行模擬。雖然利用 MCMC 實作吃角子老虎機演算法的方法能簡單描述統計模型並推論參數，但 MCMC 演算法會產生大量亂數，所以執行時間難免較長，為了方便起見，我們假設只產生一個代理人，並且每 50 次才更新一次選項。

```
np.random.seed(0)
selected_arms = []
earned_rewards = []
n_step = 20
agent = MCMC_GLMTSAgent()
for step in range(n_step):
  arm_index = agent.get_arm()
  for _ in range(50):
    reward = Env.react(arms[arm_index])
    agent.sample(arm_index, reward)
    selected_arms.append(arm_index)
    earned_rewards.append(reward)
```

執行模擬後，將真實報酬期望值與代理人選擇各解的次數進行比較（**圖 6-4**）。

```
from matplotlib import pyplot as plt
from collections import Counter

arm_count = [row[1] for row in sorted(Counter(selected_arms).items())]
plt.subplot(1, 2, 1)
plt.bar(range(4), [Env.p(arm) for arm in arms], tick_label=range(4))
plt.xlabel('Arm')
plt.ylabel(r'$\theta$')
plt.title('Actual Probability')
```

```
plt.subplot(1, 2, 2)
plt.bar(range(4), arm_count, tick_label=range(4))
plt.xlabel('Arm')
plt.ylabel('Frequency')
plt.title('Simulation Results')
plt.tight_layout(pad=3)
plt.show()
```

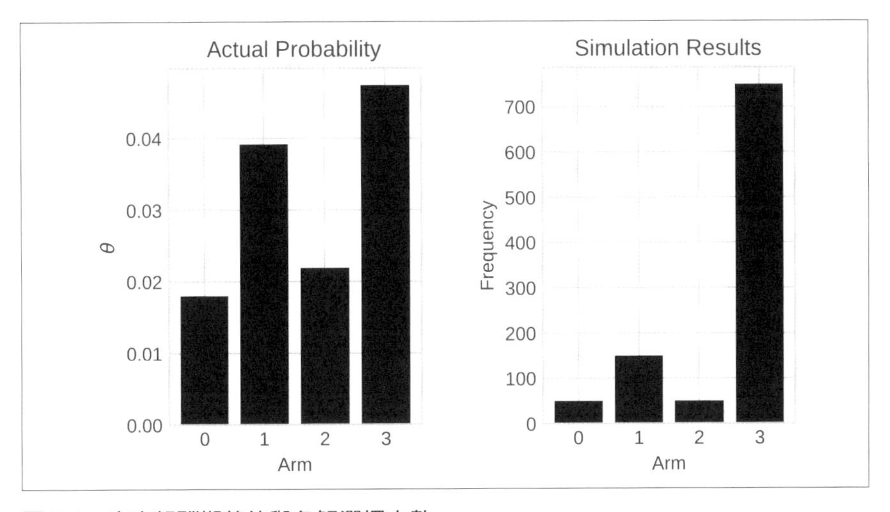


圖 6-4 真實報酬期望值與各解選擇次數

由於這是單次模擬的結果，所以無法對整體趨勢下結論，但可以看到代理人優先選擇期望值高的解 $\boldsymbol{x}_2$ 和 $\boldsymbol{x}_4$。因此可以說 MCMC 的模型推論在某種程度上是有效的。

但實際執行上述程式碼可以知道，用 MCMC 建立統計模型並推論參數的做法並不實用，因為執行時間很長。我們在這裡故意介紹這種沒有效率的方法，是為了簡單描述使用線性模型作為吃角子老虎機演算法的想法。但該如何用統計模型建立一個同樣高效率的吃角子老虎機演算法呢？這裡我們要借用一些數學的力量。

## 6.4 貝氏線性迴歸模型

目前已用了 MCMC 來推論線性模型與廣義線性模型的參數，但如果是用在重複推論事後分布的情況時，以速度來說不是很實用。看來還是得轉為較有效率的計算，就像在 1.6 節中，將點擊率事後分布推論改寫為

beta 分布的參數更新那樣。幸運的是，這裡也能引入一些數學技巧得到更有效率的實作。我們先暫時放下程式，進入計算的世界。

首先考慮**圖 6-5** 的統計模型，它比前面的 logistic 迴歸更簡單。與 logistic 迴歸模型的第一個不同之處，是用一個恆等函數作為連結函數，沒有包住特徵及參數內積 $\boldsymbol{\phi}(\boldsymbol{x})^\top \boldsymbol{w}$ 的函數。還有一點是產生點擊 $r$ 的機率分布並非伯努利分布，而是常態分布。這裡大家可能會覺得，隨機變數 $r$ 應該以 0 或 1 的離散值表示，但卻用了連續機率分布的常態分布，似乎不太合適。然而將產生資料 $r$ 的分布設為常態分布，除了能使數學上的討論更加容易之外，還能建構一個應用範圍更廣泛的理論，這裡請大家先暫時接受這個假設。

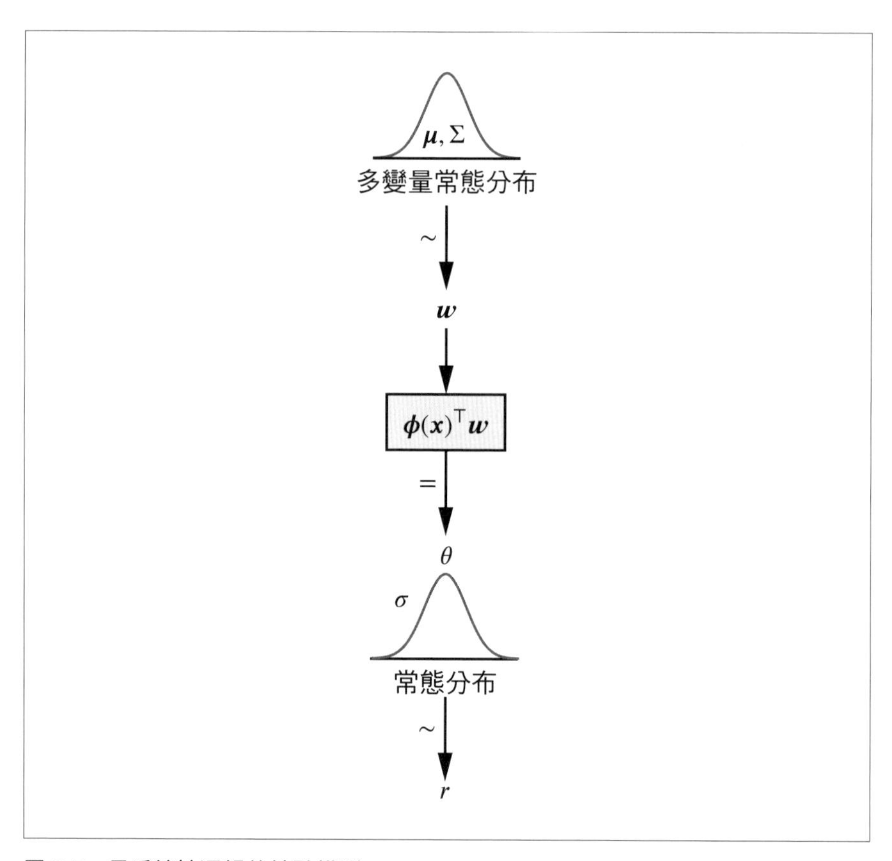


圖 6-5　貝氏線性迴歸的統計模型

這個統計模型若以數學式表達，會是以下這樣。

$$\begin{aligned} \boldsymbol{w} &\sim p(\boldsymbol{w}) = \mathcal{N}(\boldsymbol{\mu}, \Sigma) \\ \theta &= \boldsymbol{\phi}(\boldsymbol{x})^\top \boldsymbol{w} \\ r &\sim p(r \mid \theta, \sigma^2) = \mathcal{N}(\theta, \sigma^2) \end{aligned} \tag{6.4}$$

產生資料的分布以常態分布表示，而期望值只用參數和特徵的內積表示，這種模型稱為**線性迴歸模型**（**linear regression model**）。這裡線性迴歸模型的參數 $\boldsymbol{w}$ 的事後分布是透過貝氏推論得到的，所以我們將其特別稱為**貝氏線性迴歸模型**（**Bayesian linear regression model**）。

我們首先考慮貝氏推論的組成部分：似然函數和事前分布。從式 (6.4) 最後一行可以看出，我們認為報酬 $r$ 遵循平均值 $\theta$ 、變異數 $\sigma^2$ 的常態分布，因此這裡處理的似然函數可以表示為

$$p(r \mid \boldsymbol{w}) = \mathcal{N}(\theta, \sigma^2) = \mathcal{N}(\boldsymbol{\phi}(\boldsymbol{x})^\top \boldsymbol{w}, \sigma^2)$$

現在來考慮反覆進行貝氏推論時的似然函數。假設到某個時刻 $t$ 為止，代理人提出解 $\boldsymbol{x}_1 \cdots \boldsymbol{x}_t$，並得到了對應的報酬 $r_1, \cdots r_t$。我們將其記述為集合，寫成歷史紀錄 $D(t)$。

$$D(t) = \{(\boldsymbol{x}_1, r_1), (\boldsymbol{x}_2, r_2), \cdots, (\boldsymbol{x}_t, r_t)\}$$

如 1.6 節中所見，對此歷史紀錄 $D(t)$ 重複貝氏推論時的似然函數，可以將各時刻的似然函數相乘計算得到。亦即

$$p(D(t) \mid \boldsymbol{w}) = \prod_{\tau=1}^{t} \mathcal{N}(\boldsymbol{\phi}(\boldsymbol{x}_\tau)^\top \boldsymbol{w}, \sigma^2) \tag{6.5}$$

其中 $\prod$ 是表示**連乘**（**product of a sequence**）的符號，是將給定的多個數相乘的運算。

### 6.4.1　多變量常態分布和事前分布

現在我們已經得到似然函數，接著考慮事前分布 $p(\boldsymbol{w})$。這裡的常態分布假設平均為 $\boldsymbol{\mu}_0$，變異數為 $\Sigma_0$，與我們在 logistic 迴歸中將長尾常態分布作為事前分布時相同，這點在式 (6.4) 的第一行也可看出。

$$\boldsymbol{w} \sim p(\boldsymbol{w}) = \mathcal{N}(\boldsymbol{\mu}_0, \Sigma_0) \tag{6.6}$$

不過這個常態分布並非以實數、而是以向量 $\boldsymbol{w}$ 作為隨機變數，也就是多變量常態分布。多變量常態分布是將 3.2.3 節中所處理的一維常態分布擴展至多維度。這裡要對多變量常態分布稍作解釋。

多變量常態分布是以平均值向量 $\boldsymbol{\mu}$ 和變異數 - 共變異數矩陣（variance-covariance matrix）$\Sigma$ 為參數的連續機率分布。當一個 $n$ 維的隨機變數向量 $\boldsymbol{x}$ 遵循多變量常態分布時，其機率密度函數表示如下。

$$p(\boldsymbol{x} \mid \boldsymbol{\mu}, \Sigma) = \frac{1}{(2\pi)^{n/2}\sqrt{|\Sigma|}} \exp\left(-\frac{1}{2}(\boldsymbol{x}-\boldsymbol{\mu})^\top \Sigma^{-1}(\boldsymbol{x}-\boldsymbol{\mu})\right) \tag{6.7}$$

而此時平均值會是一個 $n$ 維向量，變異數 - 共變異數矩陣 $\Sigma$ 則是 $n \times n$ 的對稱矩陣。本書所需的基本矩陣運算都整理在**附錄 A** 供讀者參考。

變異數 - 共變異數矩陣 $\Sigma$ 是一個對稱矩陣，而且還是半正定矩陣（positive semi-definite matrix）。半正定矩陣是指所有固有值都在 0 以上（非負值）的對稱矩陣。

擴展到多維並不能改變平均值 $\mu$ 決定分布位置、變異數 - 共變異數矩陣決定分布寬度的事實，我們可以透過視覺化來驗證。首先是以 $\boldsymbol{\mu} = (0,0)^\top,\ \Sigma = \begin{pmatrix} 1 & 0 \\ 0 & 1 \end{pmatrix}$ 為參數的雙變量常態分布（bivariate normal distribution，或稱二維常態分布、二元常態分布），如**圖 6-6** 所示。

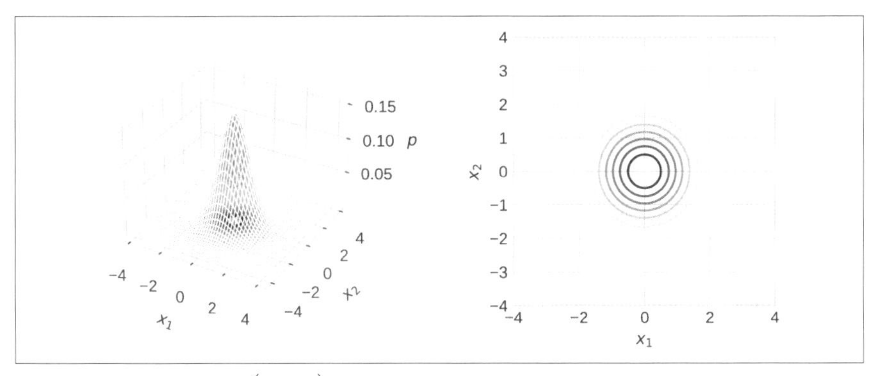


**圖 6-6** $\boldsymbol{\mu} = (0,0)^\top,\ \Sigma = \begin{pmatrix} 1 & 0 \\ 0 & 1 \end{pmatrix}$ **的多變量常態分布**

從左圖可以看出，多變量的常態分布也和一維的常態分布一樣，畫出了一條鐘形曲線。此外觀察右圖中的等高線，可看到曲線以原點 $(0,0)^\top$ 為中心展開，這是因為平均值 $\boldsymbol{\mu}$ 與原點一致。

接下來的**圖 6-7** 是平均值移到 $\boldsymbol{\mu} = (2,3)^\top$ 時的情況。

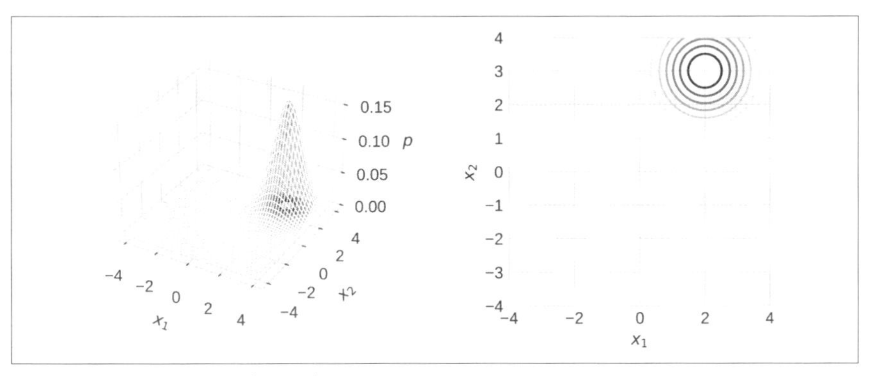


**圖 6-7** $\mu = (2,3)^\top,\ \Sigma = \begin{pmatrix} 1 & 0 \\ 0 & 1 \end{pmatrix}$ **的多變量常態分布**

從等高線可以看出，中心從原點移到了 $(2,3)^\top$，由此可見，平均值參數決定了分布的位置。

接著我們改變變異數 - 共變異數矩陣，**圖 6-8** 是以 $\boldsymbol{\mu} = (0,0)^\top$, $\Sigma = \begin{pmatrix} 4 & 0 \\ 0 & 0.5 \end{pmatrix}$ 為參數的常態分布。

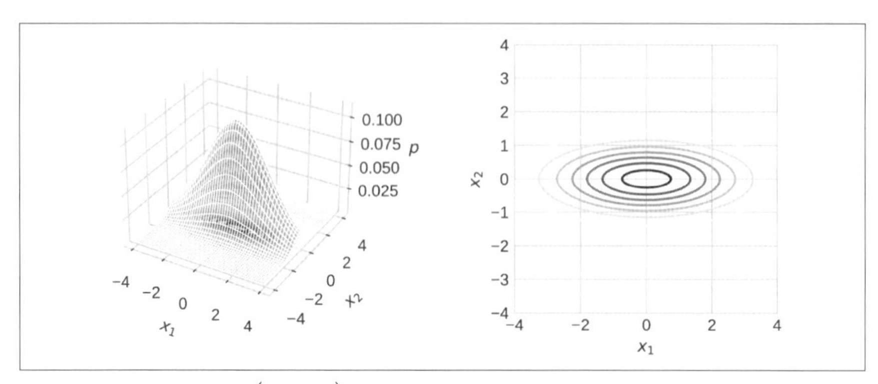


**圖 6-8** $\boldsymbol{\mu} = (0,0)^\top,\ \Sigma = \begin{pmatrix} 4 & 0 \\ 0 & 0.5 \end{pmatrix}$ 的多變量常態分布

在先前的圖中，等高線是以平均值 $\boldsymbol{\mu}$ 為中心的圓，這裡則成了橢圓。關於這個問題，我們可以仔細看看變異數 - 共變異數矩陣 $\Sigma$ 。隨機變數 $x$ 和 $y$ 的二維變異數 - 共變異數矩陣，可以分解為下式。

$$\Sigma = \begin{pmatrix} \sigma_x^2 & \sigma_{xy} \\ \sigma_{xy} & \sigma_y^2 \end{pmatrix}$$

此時 $\sigma_x^2$ 代表隨機變數 $x$ 的變異數，$\sigma_y^2$ 代表隨機變數 $y$ 的變異數，$\sigma_{xy}$ 則是隨機變數 $x$ 與 $y$ 的**共變異數**（**covariance**），共變異數簡單來說就是兩個隨機變數之間相關性的強度。如果把 $x$ 視為圖中橫軸對應的變數，把 $y$ 視為縱軸對應的變數，那麼 $\sigma_x^2$ 就是控制水平方向尾巴長度的參數，$\sigma_y^2$ 則是控制垂直方向尾巴長度的參數。本圖中，變異數 - 共變異數矩陣對應 $\sigma_x^2 = 4,\ \sigma_y^2 = 0.5$，因此分布會呈現水平拉長的樣子。

最後，我們還要考慮共變異數 $\sigma_{xy}$ 非 0 的情況，**圖 6-9** 是變異數 - 共變異數矩陣為 $\boldsymbol{\mu} = (0,0)^\top,\ \Sigma = \begin{pmatrix} 4 & 1 \\ 1 & 0.5 \end{pmatrix}$ 的情況。

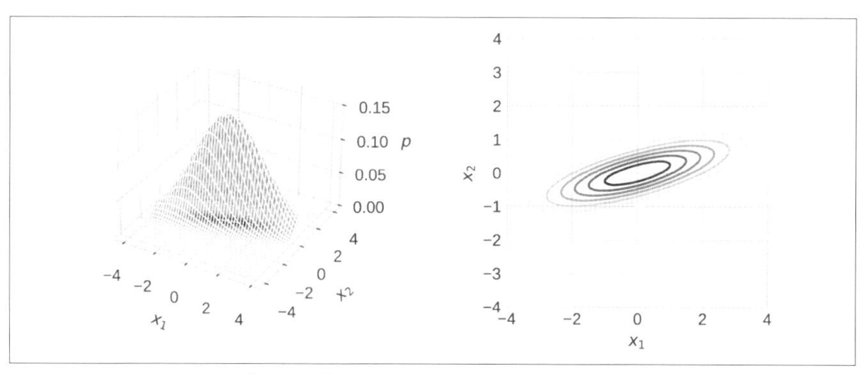


圖 6-9 $\mu = (0,0)^\top,\ \Sigma = \begin{pmatrix} 4 & 1 \\ 1 & 0.5 \end{pmatrix}$ 的多變量常態分布

和之前一樣可以看到比較扁的等高線，同時也比較傾斜。當 $x_1 = 3$ 時，$x_2$ 的分布範圍為 $0 \leqq x_2 \leqq 1.5$，當 $x_1 = -3$ 時，$x_2$ 分布範圍則是 $-1.5 \leqq x_2 \leqq 0$。換句話說，當 $x_1$ 大時，$x_2$ 也比較大，當 $x_1$ 小時，$x_2$ 就比較小，這種傾向稱為**正相關（positive correlation）**。這是共變異數 $\sigma_{xy}$ 為正值時可以看到的關係。反之當共變異數為負值時，所看到的相反的相關稱為**負相關（negative correlation）**。

通常用各變數的共變異數 $\sigma_{xy}$ 除以各變數的標準差 $\sigma_x,\ \sigma_y$，作為相關性強度的指標。

$$\rho = \frac{\sigma_{xy}}{\sigma_x \sigma_y}$$

這個指標 $\rho$ 稱為**相關係數（correlation coefficient）**，表示兩個變數之間的相關性強度。相關係數 $\rho$ 範圍在 -1 ~ 1 之間，-1 表示強負相關，0 表示無相關，1 表示強正相關。

## 6.4.2 套用貝氏定理

經過這麼長的介紹，我們終於有了貝氏推論的零件。將式 (6.6) 表示的事前分布和式 (6.5) 表示的似然函數套用貝氏定理，我們可以得到觀測歷史紀錄 $D(t)$ 之後的參數 $\boldsymbol{w}$ 的事後分布。其中 $m$ 表示特徵 $\boldsymbol{\phi}(\boldsymbol{x})$ 的維度（＝參數 $\boldsymbol{w}$ 的維度）。

$$
\begin{aligned}
p(\boldsymbol{w} \mid D(t)) &\propto p(\boldsymbol{w})p(D(t) \mid \boldsymbol{w}) \\
&\propto \mathcal{N}(\boldsymbol{\mu}_0, \Sigma_0) \prod_{\tau=1}^{t} \mathcal{N}\left(\boldsymbol{\phi}(\boldsymbol{x}_\tau)^\top \boldsymbol{w}, \sigma^2\right) \\
&\propto \frac{1}{(2\pi)^{m/2}\sqrt{|\Sigma_0|}} \exp\left(-\frac{1}{2}(\boldsymbol{w}-\boldsymbol{\mu}_0)^\top \Sigma_0^{-1}(\boldsymbol{w}-\boldsymbol{\mu}_0)\right) \times \\
&\qquad \prod_{\tau=1}^{t} \frac{1}{\sqrt{2\pi\sigma^2}} \exp\left(-\frac{1}{2\sigma^2}(r_\tau - \boldsymbol{\phi}(\boldsymbol{x}_\tau)^\top \boldsymbol{w})^2\right) \\
&\propto \exp\left(-\frac{1}{2}(\boldsymbol{w}-\boldsymbol{\mu}_0)^\top \Sigma_0^{-1}(\boldsymbol{w}-\boldsymbol{\mu}_0) - \frac{1}{2\sigma^2}\sum_{\tau=1}^{t}(r_\tau - \boldsymbol{\phi}(\boldsymbol{x}_\tau)^\top \boldsymbol{w})^2\right) \\
&\propto \exp\left(-\frac{1}{2}(\boldsymbol{w}-\boldsymbol{\mu}_0)^\top \Sigma_0^{-1}(\boldsymbol{w}-\boldsymbol{\mu}_0) - \frac{1}{2\sigma^2}(\boldsymbol{r}-\Phi\boldsymbol{w})^\top(\boldsymbol{r}-\Phi\boldsymbol{w})\right) \\
&\propto \exp\left(-\frac{1}{2}\boldsymbol{w}^\top(\Sigma_0^{-1} + \frac{1}{\sigma^2}\Phi^\top\Phi)\boldsymbol{w} + \boldsymbol{w}^\top(\Sigma_0^{-1}\boldsymbol{\mu}_0 + \frac{1}{\sigma^2}\Phi^\top\boldsymbol{r})\right) \\
&\propto \exp\left(-\frac{1}{2}\boldsymbol{w}^\top A\boldsymbol{w} + \boldsymbol{w}^\top\boldsymbol{b}\right) \\
&\qquad (\text{設} A = \Sigma_0^{-1} + \frac{1}{\sigma^2}\Phi^\top\Phi,\ \boldsymbol{b} = \Sigma_0^{-1}\boldsymbol{\mu}_0 + \frac{1}{\sigma^2}\Phi^\top\boldsymbol{r}) \\
&\propto \exp\left(-\frac{1}{2}(\boldsymbol{w} - A^{-1}\boldsymbol{b})^\top A(\boldsymbol{w} - A^{-1}\boldsymbol{b})\right)
\end{aligned}
\tag{6.8}
$$

數學式有點複雜，下面逐行解釋。第 1 行是使用貝氏定理，第 2 行是式 (6.6) 和式 (6.5)，第 3 行則是利用式 (3.5) 和式 (6.7)，將常態分布轉寫成數學式。

第 4 行主要是進行了 2 個變換。第一個變換是省略了常態分布中的常數 $\frac{1}{(2\pi)^{m/2}\sqrt{|\Sigma_0|}}$ 和 $\frac{1}{\sqrt{2\pi\sigma^2}}$，由於這個計算式要計算的 $\boldsymbol{w}$ 的事後分布 $p(\boldsymbol{w} \mid D(t))$ 是 $\boldsymbol{w}$ 的函數，所以我們省略不包含 $\boldsymbol{w}$ 的常數。

另一個變換是由連乘 $\prod$ 轉為總和 $\sum$。這裡請注意，對於指數運算來說，$x^a \times x^b = x^{a+b}$ 的關係一般來說是成立的，如果有 100 張（$10^2$）1 萬日元（$10^4$）的紙鈔，可以說是 100 萬日元（$10^4 \times 10^2 = 10^{4+2} = 10^6$）。由於 $\exp(x)$ 是納皮爾常數 e 的指數 $\mathrm{e}^x$ ，所以可以改寫為

$$
\prod_{i=1}^{N} \exp(x_i) = \mathrm{e}^{x_1} \times \cdots \times \mathrm{e}^{x_N} = \mathrm{e}^{x_1 \cdots + x_N} = \exp\left(\sum_{i=1}^{N} x_i\right)
$$

這樣可以在第 4 行中將連乘 $\prod$ 轉為總和 $\sum$。

在第 5 行中，將總和改寫為向量內積形式。請注意報酬歷史紀錄 $r_1, \cdots, r_t$ 被改寫為向量 $\boldsymbol{r} = (r_1, \cdots, r_t)^\top$。此外，為了統整描述所選解的特徵歷史紀錄，引入了矩陣

$$\Phi = \begin{pmatrix} \boldsymbol{\phi}^\top(\boldsymbol{x}_1) \\ \vdots \\ \boldsymbol{\phi}^\top(\boldsymbol{x}_t) \end{pmatrix}$$

我們將這個矩陣稱為**設計矩陣（design matrix）**。這是將轉置後的特徵縱排，形成 $t$ 列 $m$ 行的矩陣。

在第 6 行中我們要處理的是 $\boldsymbol{w}$，整理為二次項 $-\frac{1}{2}\boldsymbol{w}^\top(\Sigma_0^{-1} + \frac{1}{\sigma^2}\Phi^\top\Phi)\boldsymbol{w}$ 和一次項 $\boldsymbol{w}^\top(\Sigma_0^{-1}\boldsymbol{\mu}_0 + \frac{1}{\sigma^2}\Phi^\top\boldsymbol{r})$，同時省略了沒有 $\boldsymbol{w}$ 的常數。

第 7 行引入新的矩陣 $A$ 和向量 $\boldsymbol{b}$，更易於閱讀。第 8 行完成了矩陣版本的配方法。將第 8 行的式子展開並無視常數的話，就跟第 7 行一樣，請各位確認。

經由以上操作，我們可以很清楚地表達參數 $\boldsymbol{w}$ 的事後分布，但從中可以學到什麼呢？回顧式 (6.7)，它是多變量常態分布的一般式，若省略常數，可以表達為

$$\mathcal{N}(\boldsymbol{w} \mid \boldsymbol{\mu}, \Sigma) \propto \exp\left(-\frac{1}{2}(\boldsymbol{w} - \boldsymbol{\mu})^\top \Sigma^{-1}(\boldsymbol{w} - \boldsymbol{\mu})\right)$$

如果細看這個式子與式 (6.8) 之間的對應關係，參數 $\boldsymbol{w}$ 的事後分布是多變量常態分布，其平均 $\boldsymbol{\mu}_t$ 與變異數 $\Sigma_t$ 可計算如下。這裡我們增加了下標 $t$，以強調它們是利用時刻 $t$ 時的歷史紀錄 $D(t)$ 推論的值。

$$\begin{aligned} \boldsymbol{\mu}_t &= A_t^{-1}\boldsymbol{b}_t \\ \Sigma_t &= A_t^{-1} \\ A_t &= \Sigma_0^{-1} + \frac{1}{\sigma^2}\Phi^\top\Phi \\ \boldsymbol{b}_t &= \Sigma_0^{-1}\boldsymbol{\mu}_0 + \frac{1}{\sigma^2}\Phi^\top\boldsymbol{r} \end{aligned} \tag{6.9}$$

### 6.4.3　改寫為更新式

在吃角子老虎機演算法的架構下，希望每有一筆資料就更新一次參數，這樣有助於探索，所以我們將式 (6.9) 改寫為更新式的形式。因此接著來考慮在 $t+1$ 時刻加入新資料 $(\boldsymbol{x}_{t+1}, r_{t+1})$ 時的貝氏更新。這意味著，將截至時刻 $t$ 的資料所推論的平均 $\boldsymbol{\mu}_t$ 和變異數 $\Sigma_t$ 作為事前分布，求得新的事後分布 $\boldsymbol{\mu}_{t+1}, \Sigma_{t+1}$ 。

基於式 (6.9) 中的總結，時刻 $t+1$ 時的事後分布的參數 $\boldsymbol{\mu}_{t+1}$ 和 $\Sigma_{t+1}$ 可表示如下。

$$
\begin{aligned}
\boldsymbol{\mu}_{t+1} &= A_{t+1}^{-1}\boldsymbol{b}_{t+1} \\
\Sigma_{t+1} &= A_{t+1}^{-1} \\
A_{t+1} &= \Sigma_t^{-1} + \frac{1}{\sigma^2}\boldsymbol{\phi}(\boldsymbol{x}_{t+1})\boldsymbol{\phi}(\boldsymbol{x}_{t+1})^\top \\
\boldsymbol{b}_{t+1} &= \Sigma_t^{-1}\boldsymbol{\mu}_t + \frac{1}{\sigma^2}\boldsymbol{\phi}(\boldsymbol{x}_{t+1})r_{t+1}
\end{aligned}
$$

由式 (6.9) 可知 $\Sigma_t^{-1} = A_t$、$\Sigma_t^{-1}\boldsymbol{\mu}_t = A_t A_t^{-1}\boldsymbol{b}_t = \boldsymbol{b}_t$，所以我們可以用此來消去 $\Sigma_t^{-1}$ 和 $\Sigma_t^{-1}\boldsymbol{\mu}_t$，將式 (6.9) 改寫如下。

$$
\begin{aligned}
A_{t+1} &= A_t + \frac{1}{\sigma^2}\boldsymbol{\phi}(\boldsymbol{x}_{t+1})\boldsymbol{\phi}(\boldsymbol{x}_{t+1})^\top \\
\boldsymbol{b}_{t+1} &= \boldsymbol{b}_t + \frac{1}{\sigma^2}\boldsymbol{\phi}(\boldsymbol{x}_{t+1})r_{t+1} \\
\boldsymbol{\mu}_{t+1} &= A_{t+1}^{-1}\boldsymbol{b}_{t+1} \\
\Sigma_{t+1} &= A_{t+1}^{-1}
\end{aligned} \tag{6.10}
$$

### 6.4.4　對新輸入的預測

現在我們已推導出參數 $\boldsymbol{w}$ 的事後分布，所以也可以計算出對某個解 $\boldsymbol{x}_*$ 來說，報酬期望值 $\theta_*$ 的事後分布 $p(\theta_* \mid \boldsymbol{x}_*)$。我們標上 $*$ 符號，以強調它是新輸入的獎勵的期望值，不用於推論。首先考慮這個分布的期望值 $\mathbb{E}[\theta_* \mid \boldsymbol{x}_*]$，注意與式 (6.4) 一樣，$\theta = \boldsymbol{\phi}(\boldsymbol{x})^\top\boldsymbol{w}$。

$$
\begin{aligned}
\mathbb{E}[\theta_* \mid \boldsymbol{x}_*] &= \mathbb{E}[\boldsymbol{\phi}(\boldsymbol{x}_*)^\top\boldsymbol{w}] \\
&= \boldsymbol{\phi}(\boldsymbol{x}_*)^\top\mathbb{E}[\boldsymbol{w}] \\
&= \boldsymbol{\phi}(\boldsymbol{x}_*)^\top\boldsymbol{\mu}_t
\end{aligned}
$$

由於 $\boldsymbol{\phi}(\boldsymbol{x}_*)$ 不是隨機變量，所以考慮期望值時只需 $\boldsymbol{w}$ 即可，而 $\boldsymbol{w}$ 的期望值則是剛得到的事後分布的平均值 $\boldsymbol{\mu}_t$。因此只要有參數 $\boldsymbol{w}$ 的平均值 $\boldsymbol{\mu}_t$ 及輸入的特徵 $\boldsymbol{\phi}(\boldsymbol{x}_*)$ 的兩者內積就能求得。

接下來考慮報酬期望值的事後分布的變異數 $\mathbb{V}[\theta_* \mid \boldsymbol{x}_*]$。在 1.7.1 節中，我們考慮了純量的變異數，可以將其擴展到向量的變異數，一般是用矩陣表示。隨機變數向量 $\boldsymbol{x}$ 的變異數 $\mathbb{V}[\boldsymbol{x}]$ 表示如下。

$$\mathbb{V}[\boldsymbol{x}] = \mathbb{E}[(\boldsymbol{x} - \mathbb{E}[\boldsymbol{x}])(\boldsymbol{x} - \mathbb{E}[\boldsymbol{x}])^\top]$$

因此這個變異數 $\mathbb{V}[\theta_* \mid \boldsymbol{x}_*]$ 可整理如下。但請注意，$\mathbb{V}[\boldsymbol{w}]$ 對應的是參數 $\boldsymbol{w}$ 的事後分布的變異數 $\Sigma_t$。

$$\begin{aligned}
\mathbb{V}[\theta_* \mid \boldsymbol{x}_*] &= \mathbb{E}[\left(\boldsymbol{\phi}(\boldsymbol{x}_*)^\top \boldsymbol{w} - \boldsymbol{\phi}(\boldsymbol{x}_*)^\top \boldsymbol{\mu}_t\right)\left(\boldsymbol{\phi}(\boldsymbol{x}_*)^\top \boldsymbol{w} - \boldsymbol{\phi}(\boldsymbol{x}_*)^\top \boldsymbol{\mu}_t\right)^\top] \\
&= \mathbb{E}[\left(\boldsymbol{\phi}(\boldsymbol{x}_*)^\top (\boldsymbol{w} - \boldsymbol{\mu}_t)\right)\left(\boldsymbol{\phi}(\boldsymbol{x}_*)^\top (\boldsymbol{w} - \boldsymbol{\mu}_t)\right)^\top] \\
&= \mathbb{E}[\boldsymbol{\phi}(\boldsymbol{x}_*)^\top (\boldsymbol{w} - \boldsymbol{\mu}_t)(\boldsymbol{w} - \boldsymbol{\mu}_t)^\top \boldsymbol{\phi}(\boldsymbol{x}_*)] \\
&= \boldsymbol{\phi}(\boldsymbol{x}_*)^\top \mathbb{E}[(\boldsymbol{w} - \boldsymbol{\mu}_t)(\boldsymbol{w} - \boldsymbol{\mu}_t)^\top] \boldsymbol{\phi}(\boldsymbol{x}_*) \\
&= \boldsymbol{\phi}(\boldsymbol{x}_*)^\top \mathbb{V}[\boldsymbol{w}] \boldsymbol{\phi}(\boldsymbol{x}_*) \\
&= \boldsymbol{\phi}(\boldsymbol{x}_*)^\top \Sigma_t \boldsymbol{\phi}(\boldsymbol{x}_*)
\end{aligned}$$

綜上所述，對於新輸入的 $\boldsymbol{x}_*$ ，報酬期望值 $\theta_*$ 遵循以下常態分布。

$$\theta_* \sim \mathcal{N}\left(\boldsymbol{\phi}(\boldsymbol{x}_*)^\top \boldsymbol{\mu}_t,\ \boldsymbol{\phi}(\boldsymbol{x}_*)^\top \Sigma_t \boldsymbol{\phi}(\boldsymbol{x}_*)\right) \tag{6.11}$$

同樣地，我們可以考慮新輸入 $\boldsymbol{x}_*$ 的報酬 $r_*$ 的分布 $p(r_* \mid \boldsymbol{x}_*)$，這種分布稱為**預測分布（predictive distribution）**。如式 (6.4) 所述，報酬 $r_*$ 遵循期望值為 $\theta_*$ 的常態分布，所以其期望值為 $\theta_*$。而對於變異數，我們加上與產生資料相關的變異數 $\sigma^2$ ，所以會變成 $\sigma^2 + \boldsymbol{\phi}(\boldsymbol{x}_*)^\top \Sigma_t \boldsymbol{\phi}(\boldsymbol{x}_*)$。綜上所述，報酬的預測分布可以寫成這樣。

$$r_* \sim \mathcal{N}\left(\boldsymbol{\phi}(\boldsymbol{x}_*)^\top \boldsymbol{\mu}_t,\ \sigma^2 + \boldsymbol{\phi}(\boldsymbol{x}_*)^\top \Sigma_t \boldsymbol{\phi}(\boldsymbol{x}_*)\right)$$

目前為止已經走過很長的路，介紹了如何對線性模型的參數 $\boldsymbol{w}$ 進行貝氏推論的方法。我們先定義參數 $\boldsymbol{w}$ 的事前分布 $p(\boldsymbol{w})$ 和似然函數 $p(D(t) \mid \boldsymbol{w})$，然後透過各種展開式，最終得到參數 $\boldsymbol{w}$ 的事後分布 $p(\boldsymbol{w} \mid D(t)) = \mathcal{N}(\boldsymbol{\mu}_t, \Sigma_t)$。此外還利用此結果計算了新輸入 $\boldsymbol{x}_*$ 的報酬期望值事後分布 $p(\theta_* \mid \boldsymbol{x}_*)$，以及報酬的預測分布 $p(r_* \mid \boldsymbol{x}_*)$。

為了建構使用線性模型的吃角子老虎機演算法，我們終於完成事前準備了。在下一節，我們將介紹將線性模型引入 UCB 演算法的 **LinUCB 演算法**。

## 6.5 LinUCB 演算法

5.7 節所述的 UCB 演算法根據各選項選擇次數和報酬樣本平均值計算 UCB 值，達到搜尋時利用和探索兩者之間的平衡。雖然基本上是取報酬樣本平均值最高的方案，但靠著「獎勵」未探索解的不確定性，可以將一部分試驗次數分給尚未完全評估的選項。

現在我們已經學會該如何透過線性模型來推論報酬期望值了。我們知道對於某個選項 $\boldsymbol{x}_*$ 的報酬 $\theta_*$，其期望值是 $\mathbb{E}[\theta_* \mid \boldsymbol{x}_*]$，變異數是 $\mathbb{V}[\theta_* \mid \boldsymbol{x}_*]$。因此，如果我們在期望值所代表的「有希望」再加上變異數所代表的「不確定性」，就能建構出線性迴歸模型上的 UCB 演算法，即 LinUCB 演算法。

LinUCB 演算法依次選擇的解，可使下式所求得的 UCB 值最大。這就是報酬期望值的期望值 $\mathbb{E}[\theta_* \mid \boldsymbol{x}_*]$，加上乘以常數倍（$\alpha > 0$）的報酬期望值標準差 $\sqrt{\mathbb{V}[\theta_* \mid \boldsymbol{x}_*]}$，也就是每個解的希望程度直接加上不確定性。

$$
\begin{aligned}
UCB_{\boldsymbol{x}_*}(t) &= \mathbb{E}[\theta_* \mid \boldsymbol{x}_*] + \alpha\sqrt{\mathbb{V}[\theta_* \mid \boldsymbol{x}_*]} \\
&= \boldsymbol{\phi}(\boldsymbol{x}_*)^\top \boldsymbol{\mu}_t + \alpha\sqrt{\boldsymbol{\phi}(\boldsymbol{x}_*)^\top \Sigma_t \boldsymbol{\phi}(\boldsymbol{x}_*)}
\end{aligned} \tag{6.12}
$$

接著我們來驗證這個演算法在情境式吃角子老虎機問題上是否有效。以下是 LinUCB 演算法的一個實作範例。

```
class LinUCBAgent(object):
  def __init__(self):
    self.phis = np.array([[arm[0], arm[1], 1] for arm in arms]).T
    self.alpha = 1
    self.sigma = 1
    self.A = np.identity(self.phis.shape[0])
    self.b = np.zeros((self.phis.shape[0], 1))

  def get_arm(self):
    inv_A = np.linalg.inv(self.A)
    mu = inv_A.dot(self.b)
    S = inv_A
    pred_mean = self.phis.T.dot(mu)
    pred_var = self.phis.T.dot(S).dot(self.phis)
    ucb = pred_mean.T + self.alpha * np.sqrt(np.diag(pred_var))
    return np.argmax(ucb)

  def sample(self, arm_index, reward):
    phi = self.phis[:, [arm_index]]
    self.b = self.b + phi * reward / (self.sigma ** 2)
    self.A = self.A + phi.dot(phi.T) / (self.sigma ** 2)
```

即使引入了線性模型，其基本架構也和實作 UCB 演算法的 `UCBAgent` 沒有太大差別。`LinUCBAgent` 有一個成員變數 `self.alpha`，就是計算 UCB 值時乘以標準差的常數 $\alpha$，這裡我們設 $\alpha = 1$。我們也將觀測到的報酬變異數 $\sigma^2$ 設為 `self.sigma`，值設為 1。此外還有在計算參數 $\boldsymbol{w}$ 時會逐步更新的數字 $A, \boldsymbol{b}$，分別是成員變數的 `self.A` 和 `self.b`。初始值分別設為 $A = I, \boldsymbol{b} = \boldsymbol{0}$。其中，$I$ 表示對角線上元素皆為 1、其他為 0 的**單位矩陣（identity matrix）**，$\boldsymbol{0}$ 表示所有元素皆為 0 的向量，即**零向量（zero vector）**。

在 `get_arm` 中，根據式 (6.10) 從成員變數 `self.A` 和 `self.b` 計算出參數 $\boldsymbol{w}$ 的平均值 $\boldsymbol{\mu}_{t+1}$ 和變異數 $\Sigma_{t+1}$。`np.linalg.inv` 方法會回傳給定矩陣的反矩陣。據此算出 UCB 值，再找出哪一個解能使 UCB 最大，輸出其索引值。`sample` 會使用觀測到的報酬 $r$，根據式 (6.10) 更新時刻 $t+1$ 的 $A, \boldsymbol{b}$。

接著就用這個實作進行模擬，我們將以 6.3 節中用過的環境作為代理人所面臨的環境，計算正確答案百分比的變化。這裡我們設定預算 $T = 5000$，500 次模擬結果的平均值如**圖 6-10**。

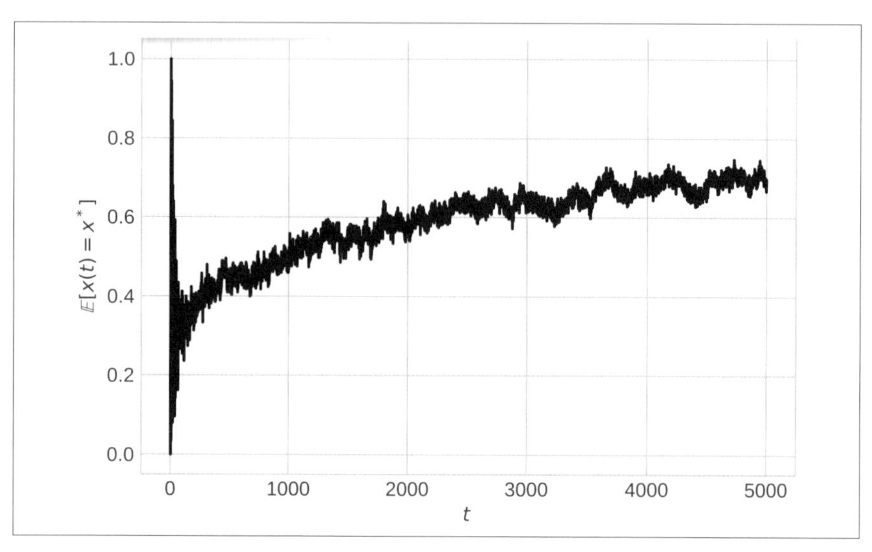


圖 6-10 LinUCB 演算法的正確率變化

觀察選擇最佳解的正確率變化，我們可以看到隨著時間的推移，正確率穩定提高。就此結果而言，我們可以說它對吃角子老虎機演算法是有效果的。

```
n_iter = 500
n_step = 5000
selected_arms = np.zeros((n_iter, n_step), dtype=int)
earned_rewards = np.zeros((n_iter, n_step), dtype=int)
for it in range(n_iter):
  agent = LinUCBAgent()
  for step in range(n_step):
    arm_index = agent.get_arm()
    reward = Env.react(arms[arm_index])
    agent.sample(arm_index, reward)
    selected_arms[it, step] = arm_index
    earned_rewards[it, step] = reward
plt.plot(np.mean(selected_arms==Env.opt(), axis=0))
plt.xlabel(r'$t$')
plt.ylabel(r'$\mathbb{E}[x(t) = x^*]$')
plt.show()
```

### 6.5.1 避免反矩陣計算以加速

看來 LinUCB 演算法的效果也不錯，但隨著處理的特徵維度增加，矩陣 $A$ 的大小也跟著增加，此時計算反矩陣 $A^{-1}$ 成了瓶頸，但只要採用以下方法，就能避開反矩陣計算。

下面是**伍德伯里公式（Woodbury formula）**。

$$(A + BDC)^{-1} = A^{-1} - A^{-1}B(D^{-1} + CA^{-1}B)^{-1}CA^{-1} \tag{6.13}$$

在這個式子中，代入 $A = A_t,\ B = \boldsymbol{\phi}(\boldsymbol{x}_{t+1}),\ C = \boldsymbol{\phi}(\boldsymbol{x}_{t+1})^\top,\ D = \sigma^{-2}$，左右兩側各自表示如下。

$$\begin{aligned}
(\text{左側}) &= (A_t + \sigma^{-2}\boldsymbol{\phi}(\boldsymbol{x}_{t+1})\boldsymbol{\phi}(\boldsymbol{x}_{t+1})^\top)^{-1} = A_{t+1}^{-1} \\
(\text{右側}) &= A_t^{-1} - A_t^{-1}\boldsymbol{\phi}(\boldsymbol{x}_{t+1})(\sigma^2 + \boldsymbol{\phi}(\boldsymbol{x}_{t+1})^\top A_t^{-1}\boldsymbol{\phi}(\boldsymbol{x}_{t+1}))^{-1}\boldsymbol{\phi}(\boldsymbol{x}_{t+1})^\top A_t^{-1} \\
&= A_t^{-1} - \frac{A_t^{-1}\boldsymbol{\phi}(\boldsymbol{x}_{t+1})\boldsymbol{\phi}(\boldsymbol{x}_{t+1})^\top A_t^{-1}}{\sigma^2 + \boldsymbol{\phi}(\boldsymbol{x}_{t+1})^\top A_t^{-1}\boldsymbol{\phi}(\boldsymbol{x}_{t+1})}
\end{aligned}$$

因此矩陣 $A_{t+1}^{-1}$ 的更新式可以表示如下。

$$A_{t+1}^{-1} = A_t^{-1} - \frac{A_t^{-1}\boldsymbol{\phi}(\boldsymbol{x}_{t+1})\boldsymbol{\phi}(\boldsymbol{x}_{t+1})^\top A_t^{-1}}{\sigma^2 + \boldsymbol{\phi}(\boldsymbol{x}_{t+1})^\top A_t^{-1}\boldsymbol{\phi}(\boldsymbol{x}_{t+1})} \tag{6.14}$$

由於要計算參數 $\boldsymbol{w}$ 的平均值 $\boldsymbol{\mu}_{t+1}$ 和變異數 $\Sigma_{t+1}$，只需要反矩陣 $A_{t+1}^{-1}$，所以不需要求 $A_{t+1}$。因此只需要利用這個公式更新反矩陣 $A_{t+1}^{-1}$，就可得到 LinUCB 演算法所需的參數。接著介紹使用這個新的更新式實作的 `LinUCBAgent2`。

```
class LinUCBAgent2(object):
  def __init__(self):
    self.phis = np.array([[arm[0], arm[1], 1] for arm in arms]).T
    self.alpha = 1
    self.sigma = 1
    self.inv_A = np.identity(self.phis.shape[0])
    self.b = np.zeros((self.phis.shape[0], 1))

  def get_arm(self):
    post_mean = self.inv_A.dot(self.b)
    post_var = self.inv_A
    pred_mean = self.phis.T.dot(post_mean)
    pred_var = self.phis.T.dot(post_var).dot(self.phis)
```

```
    ucb = pred_mean.T + self.alpha * np.sqrt(np.diag(pred_var))
    return np.argmax(ucb)

  def sample(self, arm_index, reward):
    phi = self.phis[:, [arm_index]]
    iAppTiA = self.inv_A.dot(phi).dot(phi.T).dot(self.inv_A)
    s2_pTiAp = self.sigma ** 2 + phi.T.dot(self.inv_A).dot(phi)
    self.inv_A = self.inv_A - iAppTiA / s2_pTiAp
    self.b = self.b + (self.sigma ** 2) * reward * phi
```

注意整體結構與 `LinUCBAgent` 相同，但成員變數由 `self.A` 變成 `self.invA`。由於單位矩陣 $I$ 的反矩陣還是單位矩陣，所以設 $A = I$ 和設 $A^{-1} = I$ 是一樣的。另外，`get_arm` 中計算反矩陣的方法 `np.linalg.inv` 也消失了。在 `sample` 中，會根據式 (6.14) 更新 $A^{-1}$ 。

在筆者的環境中，使用上述實作進行同樣的模擬，只要一半的時間就得到了類似的結果。這次的特徵維度為 3，但對於特徵較大的問題，差異應該會更明顯。

## 6.5.2 與普通 UCB 的性能比較

最後為了確認考慮了特徵後的效果，想與 UCB 演算法的性能進行比較，UCB 演算法將每個臂視為獨立的而不考慮特徵。下面的程式碼比較了每種實作都給予預算 $T = 5000$ 的情況下，500 次模擬的正確率變化（**圖 6-11**）和累積報酬（**圖 6-12**）變化。

如果您已經為本章建立了一個新的 Colab 或 Jupyter 筆記本，請將**第 5 章**中的 `UCBAgent` 類別程式碼複製並貼到一個新的區塊中並執行。

```
agent_classes = [LinUCBAgent2, UCBAgent]
n_arms = len(arms)
n_iter = 500
n_step = 5000
selected_arms = np.zeros(
    (n_iter, len(agent_classes), n_step), dtype=int)
earned_rewards = np.zeros(
    (n_iter, len(agent_classes), n_step), dtype=int)
for it in range(n_iter):
  for i, agent_class in enumerate(agent_classes):
    agent = agent_class()
    for step in range(n_step):
```

```
            arm_index = agent.get_arm()
            arm = arms[arm_index]
            reward = Env.react(arm)
            agent.sample(arm_index, reward)
            selected_arms[it, i, step] = arm_index
            earned_rewards[it, i, step] = reward

acc = np.mean(selected_arms==Env.opt(), axis=0)
plt.plot(acc[0], label='LinUCB')
plt.plot(acc[1], label='UCB')
plt.xlabel(r'$t$')
plt.ylabel(r'$\mathbb{E}[x(t) = x^*]$')
plt.legend()
plt.show()
```

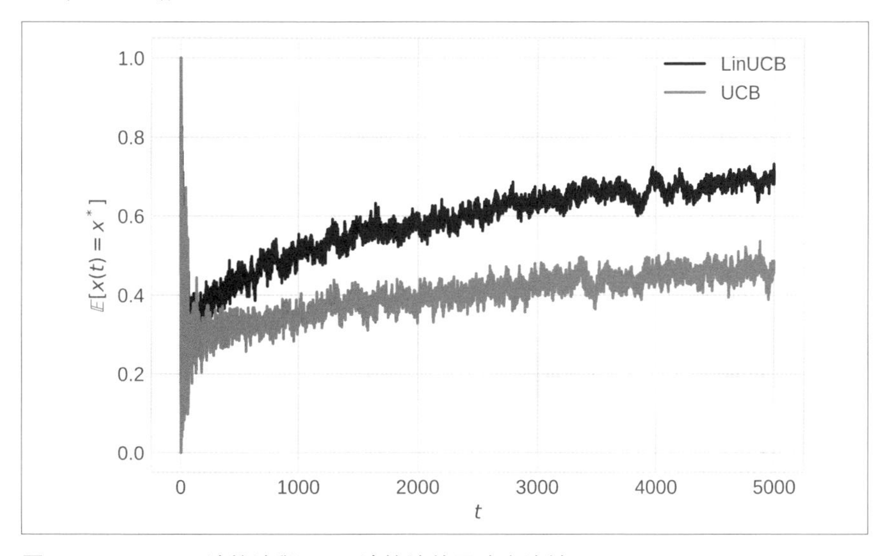


圖 6-11 LinUCB 演算法與 UCB 演算法的正確率比較

```
plt.plot(np.mean(np.cumsum(earned_rewards, axis=2), axis=0)[0],
         label='LinUCB')
plt.plot(np.mean(np.cumsum(earned_rewards, axis=2), axis=0)[1],
         label='UCB')
plt.xlabel(r'$t$')
plt.ylabel('Cumulative reward')
plt.legend()
plt.show()
```

從正確率變化可以知道 LinUCB 演算法比 UCB 演算法更快提高正確率。從累積報酬來看，可看到 LinUCB 演算法在同樣期間獲得的報酬較多。由此可以了解，如果特徵和統計模型設計適當，速度可以改善到比不考慮特徵的還快。

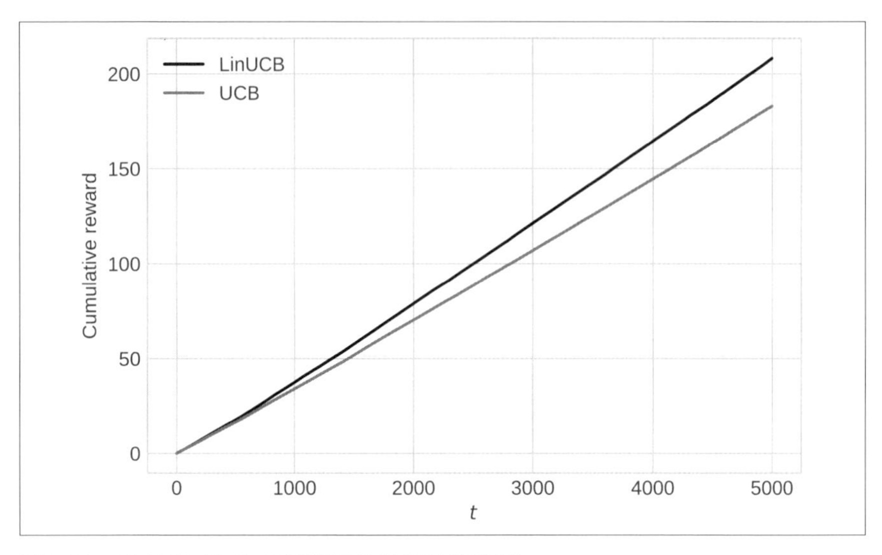


圖 6-12　LinUCB 和 UCB 演算法的累積報酬比較

雖然在處理二元離散值（如點擊率）的報酬時，本來會想要使用 logistic 迴歸模型，但現在知道就算使用線性迴歸模型也可以得到良好結果。線性迴歸模型的優點是，由於事前分布和似然函數是用常態分布表示的，所以事後分布可以利用上述計算以封閉形式表示。

「封閉形式」（closed form）是指該主體可由數量有限的簡單運算組合來表示。

而在 logistic 迴歸模型中，事後分布無法用封閉形式表示，需要用梯度法（gradient method）或機率密度函數近似技術進行數值計算。我們將在**附錄 B** 中討論如何在 logistic 迴歸中引入吃角子老虎機演算法。

## 6.6 本章總結

本章解釋了吃角子老虎機演算法和統計模型的融合是如何達成快速的網站最佳化的，且考慮構成解的特徵。首先是回顧至今所提到的統計模型，並用統一的形式重新描述，稱為廣義線性模型。接著嘗試了 MCMC 作為推論統計模型參數的方法，發現它並不適合需要頻繁更新事後分布的吃角子老虎機演算法，所以決定借助數學的力量，以封閉形式來尋找線性迴歸模型參數的事後分布。

接著將貝氏線性迴歸模型與 UCB 演算法融合成 LinUCB 演算法。模擬結果顯示，透過考慮各解特徵，LinUCB 演算法比普通 UCB 演算法更快達成累積報酬最大化。雖然此種方式帶來的挑戰是如何設計合適的特徵和選擇統計模型，但若使用得當，可以成為以少量試驗尋找最佳解的有力武器。

### 6.6.1 進一步學習

- 本多淳也，中村篤祥．バンディット問題の理論とアルゴリズム（吃角子老虎機問題理論和演算法）．講談社，2016.

  吃角子老虎機問題及其演算法的全面解說。對於我們在本書中介紹的演算法，如想進一步了解其背景及理論上的性能比較，請參考本資料。

- John Myles White. *Bandit Algorithms for Website Optimization.* O'Reilly, 2012.

  對於本書介紹的 $\varepsilon$-greedy 演算法、softmax 演算法，以及 UCB 演算法，均使用簡潔的 Python 程式碼進行說明。如果對上一章和本章所述的吃角子老虎機演算法理解困難，那麼參考這本書邊看邊實際執行程式碼，應該能加深理解。

- Richard S. Sutton and Andrew G. Barto. *Reinforcement Learning: An Introduction.* The MIT Press, 2nd Edition, 2018.

  吃角子老虎機演算法和強化學習有密切的關係。本書適合學習吃角子老虎問題的理論如何引導和發展強化學習。

## 個人化的應用

回顧情境式吃角子老虎機問題的表述，一般假設選項 $X(t)$ 會根據時刻 $t$ 發生變化。以網站最佳化來說，各時刻是對應到使用者的來訪，這表示選項也可以隨著使用者來訪而變化。如果把我們顯示的設計方案特徵與來訪使用者特徵結合作為某個時刻的選項 $X(t)$，就能根據使用者特徵顯示不同的設計案，也就是說可以做到**個人化（personalization）**。

用一個具體的例子來說明。過去的網站最佳化是使用構成網頁的元素來表達設計方案。和 6.1 節一樣，我們考慮一種情況：我們必須在兩種主圖中選擇一個最適合的，一邊是產品圖片，另一邊是範例照片。我們用一個變數 $x_{圖片}$，取值 0（產品圖片）或 1（範例照片），那麼設計方案 $\boldsymbol{x}$可表示如下。

$$\boldsymbol{x} = \begin{pmatrix} x_{圖片} \end{pmatrix}$$

另一方面，假設在某一時刻 $t$ 訪問的使用者 $\boldsymbol{u}_t$，表示是否使用行動裝置的特徵。這個特徵我們用 $u_{行動裝置,t}$ 來表示，值為 0 或 1。注意與設計方案不同之處在於這裡用了下標 $t$，因為網站在不同時刻所面對的使用者特徵是不同的。

$$\boldsymbol{u}_t = \begin{pmatrix} u_{行動裝置,t} \end{pmatrix}$$

將使用者在時刻 $t$ 的特徵 $\boldsymbol{u}_t$ 加到設計方案 $\boldsymbol{x}$ 上，並對其進行操作，設計出如下的特徵 $\boldsymbol{\phi}_t$。注意並非簡單地將每個元素相加，還包括 $x_{圖片}$ 和 $u_{行動裝置,t}$ 的交互作用 $x_{圖片}u_{行動裝置,t}$。

$$\boldsymbol{\phi}_t = \begin{pmatrix} x_{圖片} \\ u_{行動裝置,t} \\ x_{圖片}u_{行動裝置,t} \\ 1 \end{pmatrix}$$

這裡假設真實情況是，網頁在桌機顯示時（即 $u_{行動裝置,t} = 0$ 時）主圖用範例照片（$x_{圖片} = 1$）可以用大畫面強調產品畫質的魅力以增加購買意願。另一方面我們也假設在行動裝置顯示時（$u_{行動裝置,t}=1$ 時），因為畫面小所以顯示產品圖片比較好（$x_{圖片}=0$）。也就是說，我們考慮的是交互作用存在的情況，即主圖 $x_{圖片}$ 會根據使用者特徵 $u_{行動裝置,t}$ 而改變。

如果將某時刻 $t$ 的點擊率 $\theta_t$ 用線性模型表示，則如下。

$$\theta_t = \boldsymbol{w}^\top \boldsymbol{\phi}_t = (w_1, w_2, w_3, w_4) \begin{pmatrix} x_{圖片} \\ u_{行動裝置,t} \\ x_{圖片} u_{行動裝置,t} \\ 1 \end{pmatrix}$$

若前面假設的情況為真，此模型應該學習的參數會是 $w_1 > 0$ 和 $w_3 < 0$。如果能夠學習到這樣的參數，就能根據使用者的設備類型顯示不同主圖，從而得到更多報酬（即點擊）。

如果使用者使用的是桌機（$u_{行動裝置,t}=0$），那麼在時刻 $t$ 上可以顯示的選項 $X(t)$ 就是

$$X(t) = \left\{ \begin{pmatrix} 0 \\ 0 \\ 0 \\ 1 \end{pmatrix}, \begin{pmatrix} 1 \\ 0 \\ 0 \\ 1 \end{pmatrix} \right\}$$

因此，點擊率 $\theta_t$ 分別為 $w_4$ 和 $w_1 + w_4$，因此如果學習了 $w_1 > 0$，我們可以推論後者更好，即範例照片（$x_{圖片}=1$）。

而如果使用者來自行動裝置（$u_{行動裝置,t}=1$），在時刻 $t$ 可以顯示的選項就是

$$X(t) = \left\{ \begin{pmatrix} 0 \\ 1 \\ 0 \\ 1 \end{pmatrix}, \begin{pmatrix} 1 \\ 1 \\ 1 \\ 1 \end{pmatrix} \right\}$$

因此，點擊率 $\theta_t$ 分別為 $w_2 + w_4$ 和 $w_1 + w_2 + w_3 + w_4$，所以可以推論，如果負的交互作用交互較大，$w_1 + w_3 < 0$，那麼前者更好，即產品圖片（$x_{\text{圖片}} = 0$）。換句話說，如果設計方案和使用者特徵之間存在較大的交互作用，例如 $w_3 x_{\text{圖片}} u_{\text{行動裝置},t}$，我們可以根據使用者特徵 $u_{\text{行動裝置},t}$ 選擇顯示不同的設計方案。擴展到不同的設計方案和使用者特徵，我們就能做到個人化，為每位使用者找到最佳解。

這種個人化的例子可以在 Yahoo! 的案例中看到 [Li10]。該研究的問題是根據每位使用者的興趣，在 Yahoo! 首頁顯示適合的新聞文章（參見**圖 6-13**）。研究認為，在首頁顯示使用者較感興趣的新聞能提高新聞報導的點擊率，增加服務使用率。

因此在該研究中，將此問題表述為情境式吃角子老虎機問題。研究中重新定義了該問題，即搜尋首頁該顯示的新聞，並把使用者對新聞的點擊作為報酬，當天的新聞文章作為選項。每篇文章根據來源媒體 URL 及新聞中的主題標籤等，以約 100 維度的特徵來表示。使用者也是根據屬性、地理資訊、使用狀況等約 1000 維度的特徵來表示。利用維度縮減（dimensionality reduction）將這些特徵壓縮為 6 維特徵後，再使用 LinUCB 演算法。根據結果報告，與不考慮使用者特徵的吃角子老虎機演算法相比，點擊數增加了 12.5%。

圖 6-13 2009 年時 Yahoo! 首頁的新聞區塊。F1 位置的新聞會在 STORY 部分放大顯示。在實驗中，STORY 部分所顯示的新聞就是解，而新聞點擊就是報酬。

# 第 7 章
# 貝氏最佳化：處理連續值的解空間

## 7.1 行銷會議

X 公司的會議室內，這天大家討論的，是公司經營的餐廳評論網站「Foody Talk」的營收改善方案。網站的搜尋功能可以按照地區或分類搜尋餐廳，搜尋結果中也會顯示廣告，提高其點擊率是改善營收的關鍵。雖然之前已在搜尋結果頁上採取各種措施，但近來已經沒什麼明顯的效果了。

「真的試過所有想得到的手段了嗎？」市場部經理 Frank 說。會議室裡瀰漫著一股沉重的氣息。他打開筆記型電腦，看著網站搜尋結果頁面說「例如……這些連結的顏色是怎麼決定的？」

Frank 指著搜尋結果中連到各餐廳頁面的文字連結，這是由之前曾是設計師的 George 決定的，遵循一套包含標誌的網站整體設計系統。Frank 建議在文字連結上嘗試各種不同顏色，並採用能最大化使用者反應的顏色。大家以此提案為起點討論了很多，看到底是要根據使用者反應還是設計邏輯來做決策。不過最後還是 Frank 一錘定音，決定對文字連結顏色動刀。

會議結束後，行銷人員 Charlie 得到了新實驗的概述。Charlie 已經進行了許多實驗，並對網站最佳化充滿信心，因此他不加思索地接下工作，但進一步細想，才發現有點棘手。

顏色的表示方式有很多種，但一般來說電腦處理的是 RGB 色彩空間，在 RGB 色彩空間中，顏色使用三種原色表示：紅（red）、綠（green）、藍（blue）。例如在網站上指定文字顏色時，若將樣式指定為 `color: rgb(255, 0, 0);`，那麼該文字將以紅色顯示。在電腦上使用顏色時，通常為 R、G、B 各分配 8 位元，因此若將其視為解空間，會有大量的解：$(8+8+8)\text{bit} = 24\text{bit} = 2^{24} = 16777216$。

利用**第 6 章**中學到的情境式吃角子老虎機問題架構來思考的話，解空間可以用 R、G、B 的三個維度表示，但之前處理的都是只有 0 或 1 這種情況，而這次每個元素都有 256 種值，這種情況該如何實驗才有效率？

## 7.1.1 用資料決定連結文字的顏色

其實最佳化網頁文字顏色這個主題，是各種網路服務都曾嘗試過的想法。例如 Microsoft 的搜尋引擎網站 Bing 就曾測試過改變搜尋結果頁面上連結文字的顏色。觀察**圖 7-1**（本書開頭的**圖 5**）的前後截圖，能看出有什麼變化嗎？

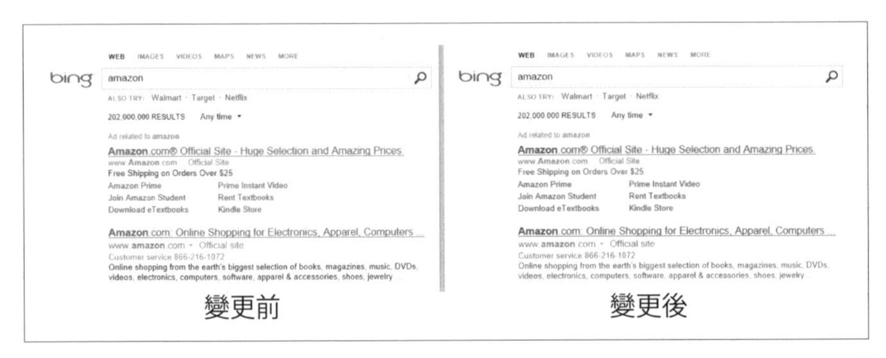


**圖 7-1** 根據 2013 年進行的 A/B 測試，修改了 Bing 搜尋結果畫面的設計。截圖引用自 [Kohavi14]

其實變更後的連結文字顏色都比較深，藍色連結從 `#034cd2` 改為 `#0f23b9`，綠色連結從 `#408d26` 改為 `#008b37`。相反地，內文文字顏色變淡了，從黑色（`#000000`）變為深灰色（`#373737`）。這種程度的差異，不講的話其實不太會發現，但根據報導，這種變化改變了使用者行為，每年營收增加 1000 萬美元以上 [Kohavi14]。

當然，如果你原本想嘗試的候選顏色數量有限，可以使用先前介紹的方法進行最佳化，但這樣就會受到人類感覺的限制，若我們搜尋整個解空間，可能會發現意想不到的最佳解。一旦知道如何最佳化顏色，就能將類似技術用於其他地方，例如元素大小和長度。這種問題該如何描述呢？

## 7.2 貝氏最佳化

與這個問題接近的表述，是**貝氏最佳化**（**Bayesian optimization**）。貝氏最佳化是指找到一個解 $\boldsymbol{x}^* = \arg\max_{\boldsymbol{x}\in X} f(\boldsymbol{x})$，使某個未知函數 $f(\boldsymbol{x})$ 最大化的問題。看起來很像一般的最佳化問題，但其特點是，我們假設目標函數 $f(\boldsymbol{x})$ 的評估需要一定的成本，所以只能獲得最小限度數量的評估值。

另外，對於目標函數的假設也是最小限度的，只需要給出解 $\boldsymbol{x}$ 的評估值即可。評估函數的斜率，也就是微分的資訊，是沒有需要的。這與通用啟發法中的問題設定類似，但貝氏最佳化可以自然地處理評估值存在變異性的情形。本章將介紹如何在網站最佳化中利用貝氏最佳化。

先整理一下問題設定，代理人在每個時刻 $t$ 從解空間 $X$ 中選擇一個解，令 $\boldsymbol{x}_t \in X$ 為此時選擇的解。而代理人會從評估值的期望值的函數 $f(\boldsymbol{x}_t)$（我們將其稱為**期望值函數**）得到評估值 $r_t$。此時，假設評估值含有變異性，也就是假設是從這個常態分布

$$r_t \sim \mathcal{N}(f(\boldsymbol{x}_t), \sigma^2)$$

產生的。在這種情況下，我們的目標是找到一個最佳解$\boldsymbol{x}^* = \arg\max_{\boldsymbol{x}\in X} f(\boldsymbol{x})$，用最少的評估次數使期望值最大化。

以網站最佳化來說，我們可以把解空間 $X$ 對應到想嘗試的所有設計方案，解 $\boldsymbol{x}_t$ 對應到顯示給第 $t$ 位使用者看的設計方案，評估值 $r_t$ 則是來自使用者的反應（是否點擊或停留時間等）。此時期望值函數 $f(\boldsymbol{x})$ 表示使用者反應的期望值，所以若以點擊率最大化的例子來說，就相當於各設計方案的固有點擊率，即報酬期望值 $\theta_{\boldsymbol{x}}$。用最少評估次數找到最大化此函數的解，意味著貝氏最佳化可以找到一個設計方案，以最少的使用者數量最大化使用者反應的期望值。當然，我們並不知道使用者會對某個設計方案有怎樣的反應，所以我們無法對期望值函數 $f(\boldsymbol{x})$ 做

出任何假設。這種幾乎沒有事前訊息的函數，稱為**黑箱函數**（**black-box function**）。

Charlie 這次面臨的問題是最佳化連結文字的顏色，因為解空間就是色彩空間，因此其維度為 3。而某個 RGB 組合，或說是顏色，對應的就是一個解 $\boldsymbol{x}$。目標是要找到一個顏色 $\boldsymbol{x}$，使點擊率 $f(\boldsymbol{x})$ 最大化。

本書中，我們的寫法是將輸入記為 $\boldsymbol{x}$，未知的期望值函數記為 $f(\boldsymbol{x})$ 或 $f$，實際觀測資料記為 $\boldsymbol{r}$。所使用的符號因書籍而異，因此在參考其他書籍時請務必小心，例如 [RW06] 使用 $\boldsymbol{y}$，[Bishop06] 使用 $\boldsymbol{t}$ 作為觀測資料的符號。

## 7.3　高斯過程

現在我們想以某種方式估計能最大化期望值函數值 $f(\boldsymbol{x})$ 的解 $\boldsymbol{x}^*$，但我們對此函數一無所知，此時正是**高斯過程**（**Gaussian process**）派上用場的時候。

高斯過程是**隨機過程**（**stochastic process**）的一種，而隨機過程是指隨機變數序列的機率分布。如果隨機變數序列是任意輸入 $\boldsymbol{x}$ 的函數值 $f(\boldsymbol{x})$，那麼函數 $f$ 就是一個機率分布，可視為隨機變數。而其中用多變量常態分布來表示這種機率分布的，特別稱為高斯過程，對未知期望值函數的信念這裡將用高斯過程來建模。

事實上，我們在本書中已經觸及到了高斯過程之一。在 6.4.4 節中，我們考慮了當假設為線性模型時，報酬期望值所遵循的事後分布，這裡重述該公式 (6.11)，但請注意其中的點擊率 $\theta_*$ 已取代為期望值函數 $f_*$。

$$f_* \sim \mathcal{N}\left(\boldsymbol{\phi}(\boldsymbol{x}_*)^\top \boldsymbol{\mu}_t,\ \boldsymbol{\phi}(\boldsymbol{x}_*)^\top \Sigma_t \boldsymbol{\phi}(\boldsymbol{x}_*)\right)$$

此式對於單個輸入點 $\boldsymbol{x}_*$ 會給出函數值 $f_*$，我們也能考慮 $N$ 個輸入點序列 $X_* = (\boldsymbol{x}_{*,1}, \cdots, \boldsymbol{x}_{*,N})^\top$ 給出的函數值序列 $\boldsymbol{f}_* = (f_{*,1}, \cdots, f_{*,N})^\top$。如果設 $\Phi_* = (\boldsymbol{\phi}(\boldsymbol{x}_{*,1}), \cdots, \boldsymbol{\phi}(\boldsymbol{x}_{*,N}))^\top$ 為輸入點序列 $X_*$ 所對應的設計矩陣，則函數值序列 $\boldsymbol{f}_*$ 可表示如下。

$$\boldsymbol{f}_* \sim \mathcal{N}(\Phi_* \boldsymbol{\mu}_t,\ \Phi_* \Sigma_t \Phi_*^\top) \tag{7.1}$$

也就是說，對於 $N$ 個輸入值 $\boldsymbol{x}_{*,1}, \cdots, \boldsymbol{x}_{*,N}$ 得到的函數值 $f_{*,1}, \cdots, f_{*,N}$，是遵循某個多變量常態分布 $\mathcal{N}(\Phi_* \boldsymbol{\mu}_t, \Phi_* \Sigma_t \Phi_*^\top)$ 的。不管是怎樣的 $N$ 個輸入點，關係都會成立。換句話說，這就是輸入點序列 $\boldsymbol{x}_{*,1}, \cdots, \boldsymbol{x}_{*,N}$ 的期望值函數 $f$ 的事後分布。

像這樣，對於任意 $N$ 個輸入 $\boldsymbol{x}_1, \cdots, \boldsymbol{x}_N$ 的輸出 $f_1, \cdots, f_N$，其聯合分布 $p(\boldsymbol{f})$ 遵循多變量常態分布，這就稱為高斯過程。另外，使用高斯過程的迴歸稱為**高斯過程迴歸（Gaussian process regression）**。

然而如果只是這樣的話，不過就是貝氏線性迴歸的另一個名字罷了，這樣給個新名字有什麼值得高興的嗎？事實上，貝氏線性迴歸對應的是高斯過程迴歸的一種特殊情況，將其擴展到一般的高斯過程迴歸，建模就能更靈活。讓我們順著這條路繼續下去。

在 6.4 節中，我們在線性模型中使用貝氏定理，得到參數 $\boldsymbol{w}$ 的事後分布，這裡我們重述式 (6.9)。

$$\begin{aligned}
\boldsymbol{\mu}_t &= A_t^{-1} \boldsymbol{b}_t \\
\Sigma_t &= A_t^{-1} \\
A_t &= \Sigma_0^{-1} + \frac{1}{\sigma^2} \Phi^\top \Phi \\
\boldsymbol{b}_t &= \Sigma_0^{-1} \boldsymbol{\mu}_0 + \frac{1}{\sigma^2} \Phi^\top \boldsymbol{r}
\end{aligned}$$

將 $A_t$ 和 $\boldsymbol{b}_t$ 消去，可以得到以下內容。

$$\begin{aligned}
\boldsymbol{\mu}_t &= (\Sigma_0^{-1} + \sigma^{-2} \Phi^\top \Phi)^{-1} (\Sigma_0^{-1} \boldsymbol{\mu}_0 + \sigma^{-2} \Phi^\top \boldsymbol{r}) \\
\Sigma_t &= (\Sigma_0^{-1} + \sigma^{-2} \Phi^\top \Phi)^{-1}
\end{aligned}$$

用 6.5.1 節中的伍德伯里公式改寫反矩陣的計算，將 $A = \Sigma_0^{-1},\ B = \Phi^\top,\ C = \Phi,\ D = \sigma^{-2} I$ 代入式 (6.13)，得到 $(\Sigma_0^{-1} + \sigma^{-2} \Phi^\top \Phi)^{-1} = \Sigma_0 - \Sigma_0 \Phi^\top (\sigma^2 I + \Phi \Sigma_0 \Phi^\top)^{-1} \Phi \Sigma_0$，因此 $\boldsymbol{\mu}_t$ 和 $\Sigma_t$ 可表示如下。

$$\begin{aligned}
\boldsymbol{\mu}_t &= (\Sigma_0 - \Sigma_0 \Phi^\top (\sigma^2 I + \Phi \Sigma_0 \Phi^\top)^{-1} \Phi \Sigma_0)(\Sigma_0^{-1} \boldsymbol{\mu}_0 + \sigma^{-2} \Phi^\top \boldsymbol{r}) \\
\Sigma_t &= \Sigma_0 - \Sigma_0 \Phi^\top (\sigma^2 I + \Phi \Sigma_0 \Phi^\top)^{-1} \Phi \Sigma_0
\end{aligned}$$

以此改寫輸入點序列 $X_*$的期望值函數 $\boldsymbol{f}$ 事後分布的期望值 $\mathbb{E}[\boldsymbol{f}_* \mid X_*]$ 和變異數 $\mathbb{V}[\boldsymbol{f}_* \mid X_*]$。請注意根據式 (7.1)，可以分別表示為 $\mathbb{V}[\boldsymbol{f}_* \mid X_*] = \Phi_*\Sigma_t\Phi_*^\top$, $\mathbb{E}[\boldsymbol{f}_* \mid X_*] = \Phi_*\boldsymbol{\mu}_t$。先考慮變異數 $\mathbb{V}[\boldsymbol{f}_* \mid X_*]$：

$$
\begin{aligned}
\mathbb{V}[\boldsymbol{f}_* \mid X_*] &= \Phi_*\Sigma_t\Phi_*^\top \\
&= \Phi_*(\Sigma_0 - \Sigma_0\Phi^\top(\sigma^2 I + \Phi\Sigma_0\Phi^\top)^{-1}\Phi\Sigma_0)\Phi_*^\top \\
&= \Phi_*\Sigma_0\Phi_*^\top - \Phi_*\Sigma_0\Phi^\top(\sigma^2 I + \Phi\Sigma_0\Phi^\top)^{-1}\Phi\Sigma_0\Phi_*^\top
\end{aligned}
$$

接著考慮期望值 $\mathbb{E}[\boldsymbol{f}_* \mid X_*]$。簡單起見，假設參數 $\boldsymbol{w}$ 的事前分布期望值是零向量，即 $\boldsymbol{\mu}_0 = \boldsymbol{0}$。

$$
\begin{aligned}
\mathbb{E}[\boldsymbol{f}_* \mid X_*] &= \Phi_*\boldsymbol{\mu}_t \\
&= \Phi_*\left(\Sigma_0 - \Sigma_0\Phi^\top(\sigma^2 I + \Phi\Sigma_0\Phi^\top)^{-1}\Phi\Sigma_0\right)(\Sigma_0^{-1}\boldsymbol{\mu}_0 + \sigma^{-2}\Phi^\top\boldsymbol{r}) \\
&= \sigma^{-2}\Phi_*\left(\Sigma_0 - \Sigma_0\Phi^\top(\sigma^2 I + \Phi\Sigma_0\Phi^\top)^{-1}\Phi\Sigma_0\right)\Phi^\top\boldsymbol{r} \\
&= \sigma^{-2}\Phi_*\Sigma_0\left(I - \Phi^\top(\sigma^2 I + \Phi\Sigma_0\Phi^\top)^{-1}\Phi\Sigma_0\right)\Phi^\top\boldsymbol{r} \\
&= \sigma^{-2}\Phi_*\Sigma_0\left(\Phi^\top - \Phi^\top(\sigma^2 I + \Phi\Sigma_0\Phi^\top)^{-1}\Phi\Sigma_0\Phi^\top\right)\boldsymbol{r} \\
&= \sigma^{-2}\Phi_*\Sigma_0\Phi^\top\left(I - (\sigma^2 I + \Phi\Sigma_0\Phi^\top)^{-1}\Phi\Sigma_0\Phi^\top\right)\boldsymbol{r} \\
&= \sigma^{-2}\Phi_*\Sigma_0\Phi^\top\left((\sigma^2 I + \Phi\Sigma_0\Phi^\top)^{-1}\left((\sigma^2 I + \Phi\Sigma_0\Phi^\top) - \Phi\Sigma_0\Phi^\top\right)\right)\boldsymbol{r} \\
&= \Phi_*\Sigma_0\Phi^\top(\sigma^2 I + \Phi\Sigma_0\Phi^\top)^{-1}\boldsymbol{r}
\end{aligned}
$$

從這些計算式可以看到，所有設計矩陣 $\Phi$ 都以 $\Phi\Sigma_0\Phi^\top$ 的形式出現。現在，我們可以引入新的變數 $K, K_*, K_{**}$ 將這些式子改寫得簡潔些，如下。

$$
\begin{aligned}
\mathbb{E}[\boldsymbol{f}_* \mid X_*] &= K_*^\top(\sigma^2 I + K)^{-1}\boldsymbol{r} \\
\mathbb{V}[\boldsymbol{f}_* \mid X_*] &= K_{**} - K_*^\top(\sigma^2 I + K)^{-1}K_* \\
K &= \Phi\Sigma_0\Phi^\top \\
K_* &= \Phi\Sigma_0\Phi_*^\top \\
K_{**} &= \Phi_*\Sigma_0\Phi_*^\top
\end{aligned}
\tag{7.2}
$$

以上考慮的是輸入點序列 $X_*$ 的事後分布，但也能考慮單個輸入點 $\boldsymbol{x}_*$ 的期望值函數事後分布的期望值和變異數，表示如下。

$$\begin{aligned} \mathbb{E}[f_* \mid \boldsymbol{x}_*] &= \boldsymbol{k}_*^\top (\sigma^2 I + K)^{-1} \boldsymbol{r} \\ \mathbb{V}[f_* \mid \boldsymbol{x}_*] &= k_{**} - \boldsymbol{k}_*^\top (\sigma^2 I + K)^{-1} \boldsymbol{k}_* \\ K &= \Phi \Sigma_0 \Phi^\top \\ \boldsymbol{k}_* &= \Phi \Sigma_0 \boldsymbol{\phi}(\boldsymbol{x}_*) \\ k_{**} &= \boldsymbol{\phi}^\top (\boldsymbol{x}_*) \Sigma_0 \boldsymbol{\phi}(\boldsymbol{x}_*) \end{aligned} \tag{7.3}$$

## 7.3.1 核心技巧

引入三個新的變數 $K, K_*, K_{**}$ 後，我們可以清楚描述期望值函數的事後分布 $p(\boldsymbol{f}_* \mid X_*)$，但這種變換能帶來什麼好處嗎？現在我們分解 $K$ 並仔細觀察。

$$K = \Phi \Sigma_0 \Phi^\top = \begin{pmatrix} \boldsymbol{\phi}(\boldsymbol{x}_1)^\top \\ \vdots \\ \boldsymbol{\phi}(\boldsymbol{x}_N)^\top \end{pmatrix} \Sigma_0 \left(\boldsymbol{\phi}(\boldsymbol{x}_1), \cdots, \boldsymbol{\phi}(\boldsymbol{x}_N)\right)$$

此時矩陣 $K$ 的第 $i$ 列第 $j$ 行的元素 $K_{i,j}$ 可表示為

$$K_{i,j} = \boldsymbol{\phi}(\boldsymbol{x}_i)^\top \Sigma_0 \boldsymbol{\phi}(\boldsymbol{x}_j)$$

事前分布的變異數 $\Sigma_0$ 是半正定矩陣，可將其分解為矩陣及其轉置矩陣的乘積。也就是說，存在一個矩陣 $\Sigma_0^{1/2}$ 滿足 $\Sigma_0 = (\Sigma_0^{1/2})^\top \Sigma_0^{1/2}$。因此 $K_{i,j}$可改寫為

$$\begin{aligned} K_{i,j} &= \boldsymbol{\phi}(\boldsymbol{x}_i)^\top (\Sigma_0^{1/2})^\top \Sigma_0^{1/2} \boldsymbol{\phi}(\boldsymbol{x}_j) \\ &= (\Sigma_0^{1/2} \boldsymbol{\phi}(\boldsymbol{x}_i))^\top (\Sigma_0^{1/2} \boldsymbol{\phi}(\boldsymbol{x}_j)) \\ &= \boldsymbol{\varphi}(\boldsymbol{x}_i)^\top \boldsymbol{\varphi}(\boldsymbol{x}_j) \\ &= k(\boldsymbol{x}_i, \boldsymbol{x}_j) \end{aligned}$$

請注意在第 3 行我們引入了一個新的函數 $\boldsymbol{\varphi}(\boldsymbol{x}_i) = \Sigma_0^{1/2} \boldsymbol{\phi}(\boldsymbol{x}_i)$。由此可見，$K$ 的各元素都可以用兩個特徵向量 $\boldsymbol{\varphi}(\boldsymbol{x}_i), \boldsymbol{\varphi}(\boldsymbol{x}_j)$ 的內積形式來描述。這個內積，即以 $\boldsymbol{x}_i$ 和 $\boldsymbol{x}_j$ 為輸入的函數 $k(\boldsymbol{x}_i, \boldsymbol{x}_j)$，稱為**核心函數（kernel function）**，可說是代表了兩個輸入 $\boldsymbol{x}_i$ 和 $\boldsymbol{x}_j$ 的**相似程度（similarity）**。

如圖 7-2 所示，特徵的內積對應的操作是將原先存在於解空間中的解置放到由特徵構成的空間（即**特徵空間**）中，並在該特徵空間中取內積。以**第 6 章**開頭討論的例子來說，就是透過 $\boldsymbol{\phi}(\boldsymbol{x}) = (x_1, x_2, 1)^\top$ 與特徵抽取，將原先存在於二維解空間中的解 $\boldsymbol{x} = (x_1, x_2)^\top \in X$ 置放到三維特徵空間中，並在其中取內積。

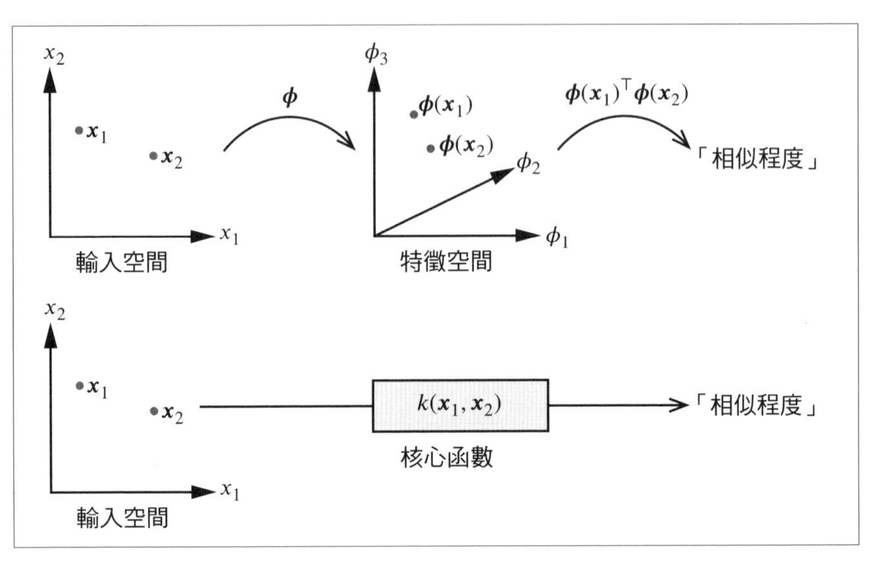


圖 7-2 核心技巧的概念。將兩個輸入 $\boldsymbol{x}_1, \boldsymbol{x}_2$ 從輸入空間映射到特徵空間，所得到的特徵 $\phi(\boldsymbol{x}_1)$ 和 $\phi(\boldsymbol{x}_2)$ 取其內積，操作如圖所示。而圖中下側的方法對應到核心技巧，是將映射至特徵空間及取內積的操作組合在一起

基於以上討論，回顧式 (7.2) 時可以發現，特徵 $\boldsymbol{\phi}(\boldsymbol{x})$ 或設計矩陣 $\Phi$ 並沒有出現在期望值 $\mathbb{E}[\boldsymbol{f}_* \mid X_*]$ 與變異數 $\mathbb{V}[\boldsymbol{f}_* \mid X_*]$ 之中，而是透過對矩陣 $K, K_*, K_{**}$ 的運算來完成，該矩陣皆由核心函數構成。這倒是讓我們突然有個點子：不考慮特徵 $\boldsymbol{\phi}(\boldsymbol{x})$，而是**直接**只考慮其內積 $k(\boldsymbol{x}, \boldsymbol{x}')$。這就是所謂的**核心技巧（kernel trick）**，是高斯過程中的一個關鍵想法，概念如**圖 7-2** 下側所示。

## 7.3.2 各種核心

由於核心函數的輸出必須滿足是內積結果這一性質，因此即使交換輸入順序也能得到同樣的結果，即 $k(\boldsymbol{x}, \boldsymbol{x}') = k(\boldsymbol{x}', \boldsymbol{x})$。能滿足這樣性質的典型核心函數是**高斯核心（Gaussian kernel）**或 **RBF 核心（radial basis function kernel）**，其函數如下。

$$k(\boldsymbol{x}, \boldsymbol{x}') = \exp(-\gamma \|\boldsymbol{x} - \boldsymbol{x}'\|^2) \tag{7.4}$$

其中 $\|\boldsymbol{x}\|$ 表示向量 $\boldsymbol{x}$ 的長度，亦即 $\|\boldsymbol{x}\|^2 = \boldsymbol{x}^\top \boldsymbol{x}$，且 $\gamma$ 是正實數。

為進一步了解該函數，我們在**圖 7-3** 中展示當 $\boldsymbol{x}' = (1,2)^\top$ 固定時，高斯核心的值如何隨 $\boldsymbol{x} = (x_1, x_2)^\top$ 的值變化，其中該常數被設定為 $\gamma = 0.5$。

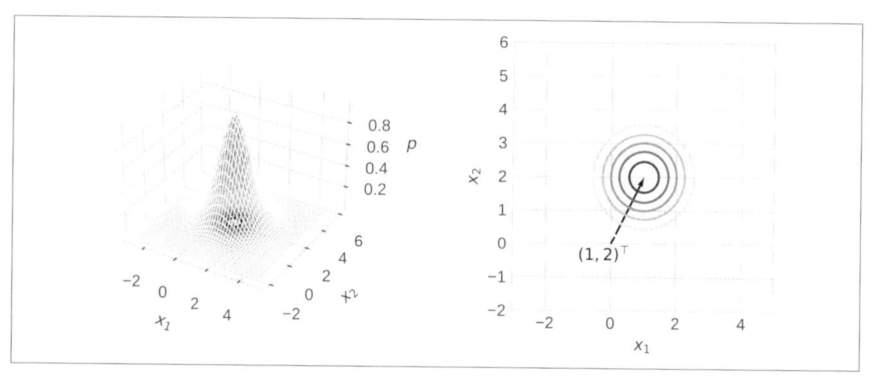


**圖 7-3** $\boldsymbol{x}' = (1,2)^\top$ **的高斯核心視覺化**

圖中可看到 $\boldsymbol{x} = (1,2)^\top$ 附近的數值變大，或者可以說高斯核心認為在特徵空間中距離小就算是「相似」。

而目前為止在線性迴歸模型中處理過的核心，則相當於**線性核心（linear kernel）**。

$$k(\boldsymbol{x}, \boldsymbol{x}') = \boldsymbol{x}^\top \boldsymbol{x}'$$

也就是兩個輸入之間的內積。為了進行比較，跟高斯核心一樣，我們將線性核心固定在 $\boldsymbol{x}' = (1,2)^\top$，形狀如**圖 7-4**。

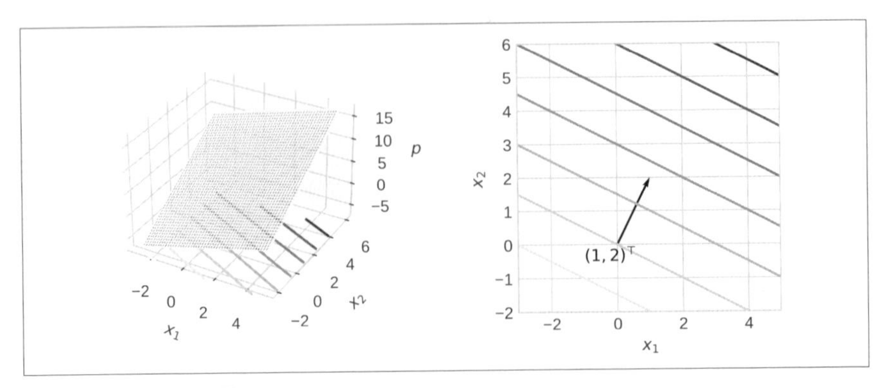


圖 7-4　$\boldsymbol{x}' = (1, 2)^\top$ 的線性核心視覺化

從結果可看出，兩者等高線有截然不同的特徵。在高斯核心中，根據 $\boldsymbol{x}'$ 的距離，有相對應的同心圓狀等高線，而在線性核心中，則是有很多條與 $\boldsymbol{x}'$ 正交的等高線。如果兩個向量 $\boldsymbol{x}, \boldsymbol{x}'$ 之間的夾角為 $\theta$，那麼內積表示為 $\boldsymbol{x}^\top \boldsymbol{x}' = \|\boldsymbol{x}\|\|\boldsymbol{x}'\| \cos(\theta)$。由此可知，當與 $\boldsymbol{x}'$ 的夾角越小時（即更接近 $\cos(\theta) = 1$ 時），長度 $\|\boldsymbol{x}\|$ 越長，線性核心的值也越大。也就是說，線性核心認為在特徵空間中朝向同一方向且長度較長的，就算是「相似」。

## 7.3.3　高斯過程的實作

以上就是實作高斯過程所需的所有知識，接下來要將高斯過程用在人工資料集，看看它如何運作。這裡處理的資料點是以函數 $f(x) = 10x \sin(4\pi x)$ 產生的，其中包含了遵循常態分布的雜訊 $\varepsilon$，對於輸入值 $x$ 輸出觀測用的 $r$ 表示如下，並假設輸入值 $x$ 範圍為 0 至 1。

$$r = x \sin(4\pi x) + \varepsilon,\ \varepsilon \sim \mathcal{N}(0, 1),\ 0 \leqq x \leqq 1$$

我們先產生 30 筆符合此條件的資料，輸入值 $x$ 根據均勻分布在 0 到 1 的範圍內選擇。將此人工資料集 $D = \{(x_1, r_1), \cdots, (x_{30}, r_{30})\}$ 畫成圖 7-5。觀測資料點用 $\times$ 表示，函數 $f(x)$ 用虛線表示。

```
import numpy as np
from matplotlib import pyplot as plt

np.random.seed(0)
```

```
X_star = np.arange(0, 1, 0.01)
n_points = 30
f = lambda x: 10 * x * np.sin(4 * np.pi * x)
X = np.sort(np.random.random(size=n_points))
r = f(X) + np.random.normal(0, 1, size=n_points)
plt.ylim(-12, 12)
plt.xlabel(r'$x$')
plt.ylabel(r'$y$')
plt.plot(X_star, f(X_star), color='black', linestyle='dotted')
plt.plot(X, r, 'x', color='black')
plt.show()
```

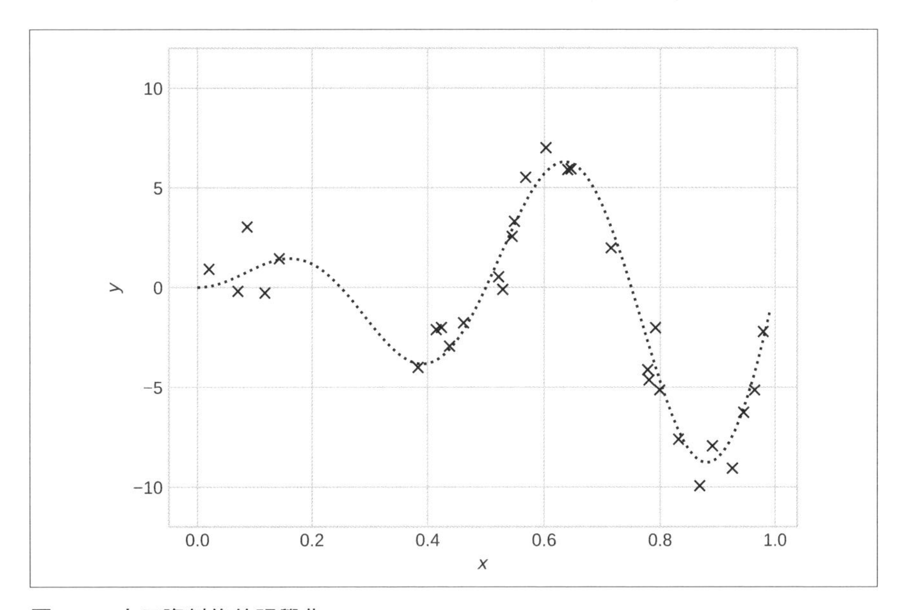


**圖 7-5 人工資料集的視覺化**

現在我們已經有了套用高斯過程迴歸的資料集，可以繼續計算式 (7.2) 中引入的矩陣 $K, K_*, K_{**}$。本書把這些有核心函數值的矩陣稱為**核心矩陣**，並使用式 (7.4) 所示的高斯核心作為核心函數。

我們首先考慮 $K$ 的計算，這是計算輸入的觀測資料 $x_1, \cdots, x_{30}$ 彼此之間的高斯核心而得到的。由於隨機選擇的 30 個輸入點都在 X，所以計算這些元素之間的核心值。

```
def gaussian_kernel(x1, x2, gamma=100):
  return np.exp(-gamma * (x1 - x2)**2)
```

```
K = np.zeros((len(X), len(X)))
for i, xi in enumerate(X):
  for j, xj in enumerate(X):
    K[i, j] = gaussian_kernel(xi, xj)

plt.xlabel(r'$x^{\prime}$')
plt.ylabel(r'$x$')
plt.title(r'$K$')
plt.imshow(K)
plt.colorbar()
plt.grid(None)
plt.show()
```

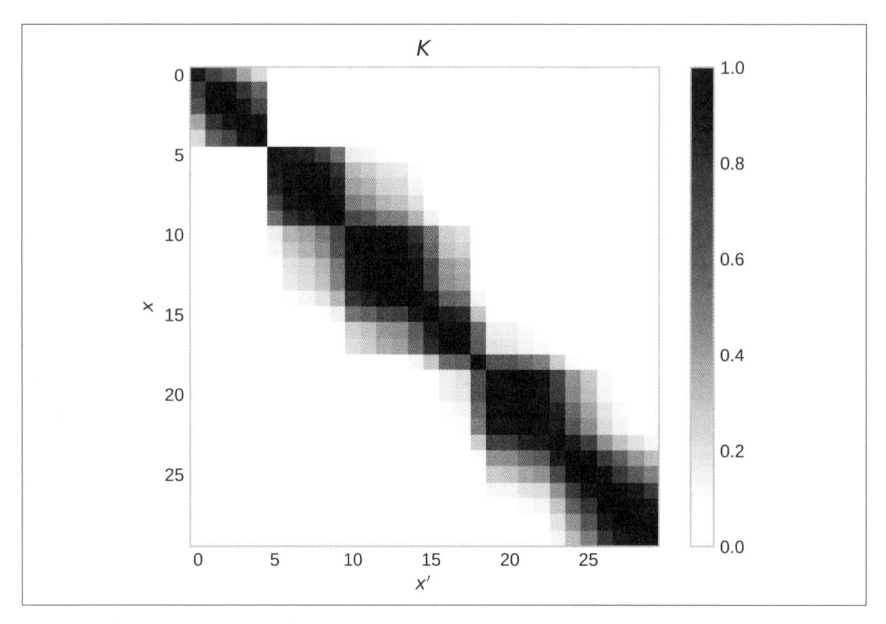


圖 7-6　核心矩陣 $K$ 的視覺化

圖 7-6 是核心矩陣 $K$ 的計算及熱圖，注意 30 個輸入點 X 已先按升序排列。縱軸代表輸入值 $x$ 的索引值，橫軸代表另一個輸入值 $x'$ 的索引值。顏色表示這兩個輸入值之間的核心值，顏色淺的表示數值較小，顏色深的表示數值較大。

從熱圖可以看到，核心值最高的區域從左上方延伸到右下方。這說明當輸入值之間距離較近時，核心值較大；反之，當輸入值之間距離較遠時，核心值就較小，這也說明了核心值代表「相近程度」。

接下來我們要計算 $K_*$，這是指計算已觀測資料集的輸入點 $x$ 與未知的輸入點 $x_*$ 之間的核心值。這次我們將推論未知的輸入點 X_star 的函數值，這些輸入點在 0 到 1 的區間內，間隔 0.01，因此，我們將計算 X 各元素及 X_star 各元素之間的核心值，計算結果得到的核心矩陣 K_star 如圖 7-7。

```
K_star = np.zeros((len(X), len(X_star)))
for i, xi in enumerate(X):
  for j, xj_star in enumerate(X_star):
    K_star[i, j] = gaussian_kernel(xi, xj_star)
plt.xlabel(r'$x_\ast$')
plt.ylabel(r'$x$')
plt.title(r'$K_\ast$')
plt.imshow(K_star)
plt.grid(None)
plt.show()
```

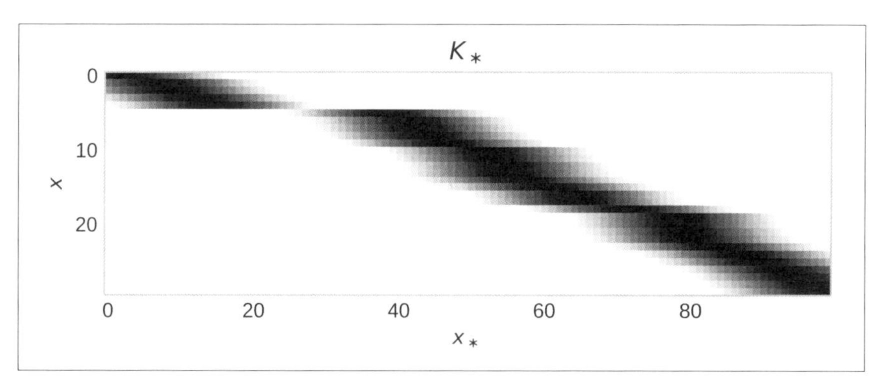


圖 7-7　核心矩陣 $K_*$ 的視覺化

我們在縱軸放的是資料中的輸入點 X，橫軸則是未知的輸入點 X_star。X 的元素數量是 30，未知的輸入點則有 100 個，所以畫出來的圖是橫向的長方形，兩者皆已按升序排列，可以看到跟 $K$ 一樣，數值較高的一條區域從左上方延伸到右下方。

最後我們計算 $K_{**}$，由於是未知輸入點 $x_*$ 彼此之間的核心值，所以透過計算 X_star 元素之間的核心值來獲得。

```
K_starstar = np.zeros((len(X_star), len(X_star)))
for i, xi_star in enumerate(X_star):
  for j, xj_star in enumerate(X_star):
    K_starstar[i, j] = gaussian_kernel(xi_star, xj_star)
plt.xlabel(r'$x_\ast^{\prime}$')
```

```
plt.ylabel(r'$x_\ast$')
plt.title(r'$K_{\ast\ast}$')
plt.imshow(K_starstar)
plt.grid(None)
plt.show()
```

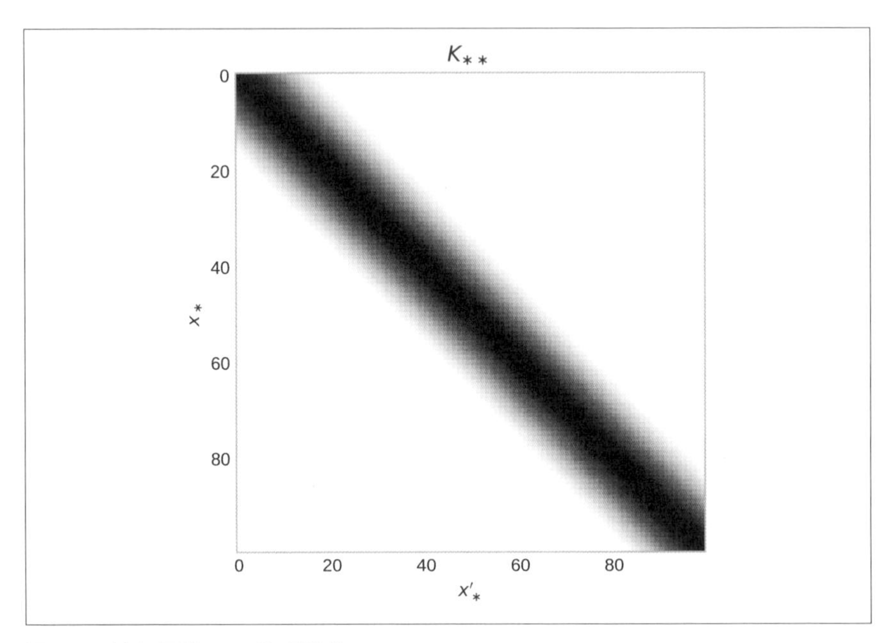


圖 7-8 核心矩陣 $K_{**}$ 的視覺化

從熱圖中可以看到（**圖 7-8**），有一條漂亮的帶狀區域從左上方延伸到右下方，這是因為未知輸入點 `X_star` 在 0 到 1 的區間內均勻分布，從而畫出這樣一條漂亮的條帶。

現在我們將根據式 (7.2) 的結果，將高斯過程迴歸的結果（**圖 7-9**）以視覺化方式呈現。

```
s = 1
A = np.linalg.inv(K + s * np.eye(K.shape[0]))
mu = np.dot(np.dot(K_star.T, A), r)
sigma = K_starstar - np.dot(np.dot(K_star.T, A), K_star)
plt.ylim(-12, 12)
plt.plot(X_star, f(X_star), color='black', linestyle='dotted')
plt.fill_between(X_star, mu - 2 * np.sqrt(np.diag(sigma)),
    mu + 2 * np.sqrt(np.diag(sigma)), alpha=0.5, color='gray')
plt.plot(X_star, mu, color='black')
plt.plot(X, r, 'x', color='black')
```

```
plt.xlabel(r'$x$')
plt.ylabel(r'$y$')
plt.show()
```

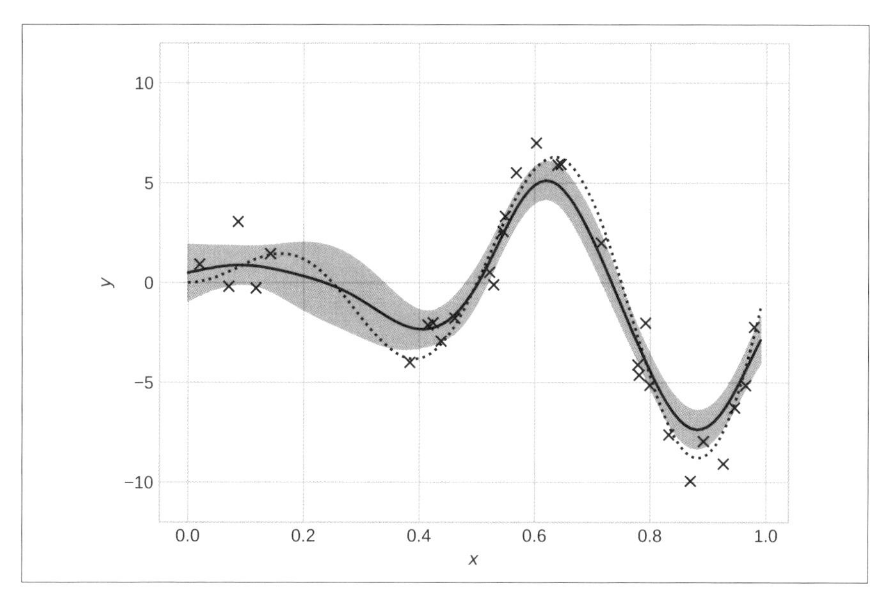


圖 7-9　對人工資料集進行高斯過程迴歸的結果

實作中，首先計算出 $(K+\sigma^2 I)^{-1}$ 的部分，將其存在變數 A 中，並設定 $\sigma=1$。然後根據式 (7.2) 計算高斯過程迴歸的期望值 mu 和變異數 sigma。產生資料的原始函數 $f(x)$ 用虛線表示，期望值函數的事後分布期望值用實線表示，資料集的觀測點用 $\times$ 表示，另外也將事後分布的 2 倍標準差區域塗上灰色表示。

從結果可以看到，高斯過程迴歸得到的期望值，即**迴歸曲線**（實線），是跟隨著產生資料的真函數 $f(x)$（虛線）的。儘管觀測資料中有雜訊，但我們似乎成功估計了原始函數。在資料不多的區間 $0.2 \leqq x \leqq 0.4$，標準差的寬度大於其他區間，這表示在沒有資料的時候，比較無法肯定資料是否在某個值附近，因此寬度較大，亦即有較多的可能性。基於貝氏推論的方法的重要特徵，就是能得到一條附有信賴區間的迴歸曲線。

我們已經得到了代表期望值函數 $f$ 事後分布的多變量常態分布，以及該分布的期望值 $\mathbb{E}[f_* \mid \boldsymbol{x}_*]$ 和變異數 $\mathbb{V}[f_* \mid \boldsymbol{x}_*]$，所以我們可以產生樣本，用來繪製迴歸曲線的樣本。**圖 7-10** 是從這個多變量常態分布中抽樣 100 次的迴歸曲線結果。

```
plt.ylim(-12, 12)
for _ in range(100):
  plt.plot(X_star, np.random.multivariate_normal(mu, sigma), alpha=0.1)
plt.plot(X_star, f(X_star), color='black', linestyle='dotted')
plt.plot(X, r, 'x', color='black')
plt.xlabel(r'$x$')
plt.ylabel(r'$y$')
plt.show()
```

結果顯示，在觀測資料較多的範圍內，樣本看起來像是密集的「一束」，而在 $0.2 \leqq x \leqq 0.4$ 的區間內的觀測資料不多，看起來就像是鬆散的一束。

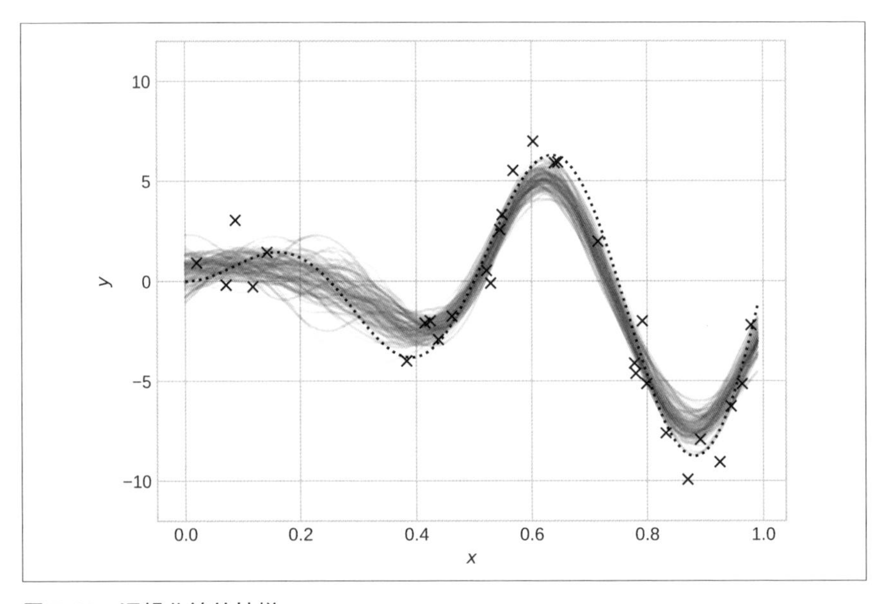


圖 7-10　迴歸曲線的抽樣

### 7.3.4 設法加速計算

在上面的例子中，計算核心矩陣 $K, K_*, K_{**}$ 時，分別用了 2 個 for 迴圈掃過所有的元素，計算彼此之間的核心函數。這個實作基於核心矩陣的定義，也很直覺，但當解的數量增大時，計算速度難免變慢。只有一維的時候影響有限，但若要在高維的解空間使用高斯過程，因為組合劇增，計算量是很可觀的。這裡要介紹一種求得核心矩陣的方法來加快計算速度：不使用 for，而是靠矩陣之間的運算。

首先我們考慮兩個子集 $X = \{\boldsymbol{x}_1, \cdots, \boldsymbol{x}_N\}$, $X' = \{\boldsymbol{x}'_1, \cdots, \boldsymbol{x}'_M\}$，這兩個子集是從解集合中選擇一些解組成的，其中所包含的解數量分別為 $N, M$。考慮兩個集合之間的核心矩陣 $K(X, X')$，並假設核心函數使用高斯核心。

$$
\begin{aligned}
K(X, X') &= \begin{pmatrix} \exp\left(-\gamma(\|\boldsymbol{x}_1 - \boldsymbol{x}'_1\|^2)\right) & \cdots & \exp\left(-\gamma(\|\boldsymbol{x}_1 - \boldsymbol{x}'_M\|^2)\right) \\ \vdots & \ddots & \vdots \\ \exp\left(-\gamma(\|\boldsymbol{x}_N - \boldsymbol{x}'_1\|^2)\right) & \cdots & \exp\left(-\gamma(\|\boldsymbol{x}_N - \boldsymbol{x}'_M\|^2)\right) \end{pmatrix} \\
&= \exp\left(-\gamma \begin{pmatrix} \|\boldsymbol{x}_1 - \boldsymbol{x}'_1\|^2 & \cdots & \|\boldsymbol{x}_1 - \boldsymbol{x}'_M\|^2 \\ \vdots & \ddots & \vdots \\ \|\boldsymbol{x}_N - \boldsymbol{x}'_1\|^2 & \cdots & \|\boldsymbol{x}_N - \boldsymbol{x}'_M\|^2 \end{pmatrix}\right) \\
&= \exp\left(-\gamma\left(\begin{pmatrix} \|\boldsymbol{x}_1\|^2 & \cdots & \|\boldsymbol{x}_1\|^2 \\ \vdots & \ddots & \vdots \\ \|\boldsymbol{x}_N\|^2 & \cdots & \|\boldsymbol{x}_N\|^2 \end{pmatrix} - 2\begin{pmatrix} \boldsymbol{x}_1^\top \boldsymbol{x}'_1 & \cdots & \boldsymbol{x}_1^\top \boldsymbol{x}'_M \\ \vdots & \ddots & \vdots \\ \boldsymbol{x}_N^\top \boldsymbol{x}'_1 & \cdots & \boldsymbol{x}_N^\top \boldsymbol{x}'_M \end{pmatrix}\right.\right. \\
&\qquad \left.\left. + \begin{pmatrix} \|\boldsymbol{x}'_1\|^2 & \cdots & \|\boldsymbol{x}'_M\|^2 \\ \vdots & \ddots & \vdots \\ \|\boldsymbol{x}'_1\|^2 & \cdots & \|\boldsymbol{x}'_M\|^2 \end{pmatrix}\right)\right) \\
&= \exp\left(-\gamma\left(P_X^\top - 2Q_{X,X'} + P_{X'}\right)\right)
\end{aligned}
$$

第 2 行到第 3 行的展開中，利用了 $\|\boldsymbol{x} - \boldsymbol{x}'\|^2 = \|\boldsymbol{x}\|^2 - 2\boldsymbol{x}^\top \boldsymbol{x}' + \|\boldsymbol{x}'\|^2$。第 4 行時則是定義了 $P_X$ 和 $Q_{X,X'}$，如下。$P_{X'}$ 的定義方式與 $P_X$ 相同。

$$P_X = \begin{pmatrix} \|\boldsymbol{x}_1\|^2 & \cdots & \|\boldsymbol{x}_N\|^2 \\ \vdots & \ddots & \vdots \\ \|\boldsymbol{x}_1\|^2 & \cdots & \|\boldsymbol{x}_N\|^2 \end{pmatrix}, \quad Q_{X,X'} = \begin{pmatrix} \boldsymbol{x}_1^\top \boldsymbol{x}'_1 & \cdots & \boldsymbol{x}_1^\top \boldsymbol{x}'_M \\ \vdots & \ddots & \vdots \\ \boldsymbol{x}_N^\top \boldsymbol{x}'_1 & \cdots & \boldsymbol{x}_N^\top \boldsymbol{x}'_M \end{pmatrix}$$

如果我們按照 $Q_{X,X'}$ 的這個定義來考慮 $Q_{X,X}$ 和 $Q_{X',X'}$，那麼它們分別會是 $N \times N$ 和 $M \times M$ 的正方矩陣。現在，考慮一個函數 $\boldsymbol{\delta}$，將正方矩陣的對角元素回傳為一個列向量，則 $Q_{X,X}$ 和 $Q_{X',X'}$ 的對角元素可以分別表示如下。

$$\begin{aligned} \boldsymbol{\delta}(Q_{X,X}) &= \left(\boldsymbol{x}_1^\top \boldsymbol{x}_1, \cdots, \boldsymbol{x}_N^\top \boldsymbol{x}_N\right) \\ &= \left(\|\boldsymbol{x}_1\|^2, \cdots, \|\boldsymbol{x}_N\|^2\right) \\ \boldsymbol{\delta}(Q_{X',X'}) &= \left(\boldsymbol{x}_1'^\top \boldsymbol{x}'_1, \cdots, \boldsymbol{x}_M'^\top \boldsymbol{x}'_M\right) \\ &= \left(\|\boldsymbol{x}'_1\|^2, \cdots, \|\boldsymbol{x}'_M\|^2\right) \end{aligned}$$

將這些對角元素與 $P_X, P_{X'}$ 比較可以發現，$P_X$ 是 $\boldsymbol{\delta}(Q_{X,X})$ 在列方向上重複 $M$ 次，$P_{X'}$ 是 $\boldsymbol{\delta}(Q_{X',X'})$ 在列方向上重複 $N$ 次。現在考慮一個會回傳矩陣的函數 $T_a$，將所給的列向量在列方向上重複 $a$ 次，那麼就能表示成

$$\begin{aligned} P_X &= T_M(\boldsymbol{\delta}(Q_{X,X})) \\ P_{X'} &= T_N(\boldsymbol{\delta}(Q_{X',X'})) \end{aligned}$$

因此，核心矩陣可以表示如下。

$$K(X, X') = \exp\left(-\gamma\left(T_M^\top(\boldsymbol{\delta}(Q_{X,X})) - 2Q_{X,X'} + T_N(\boldsymbol{\delta}(Q_{X',X'}))\right)\right)$$

利用此結果，高斯過程所需的核心矩陣可以分別計算如下。

$$\begin{aligned} K = K(X, X) &= \exp\left(-\gamma\left(T_N^\top(\boldsymbol{\delta}(Q_{X,X})) - 2Q_{X,X} + T_N(\boldsymbol{\delta}(Q_{X,X}))\right)\right) \\ K_* = K(X, X_*) &= \exp\left(-\gamma\left(T_M^\top(\boldsymbol{\delta}(Q_{X,X})) - 2Q_{X,X_*} + T_N(\boldsymbol{\delta}(Q_{X_*,X_*}))\right)\right) \\ K_{**} = K(X_*, X_*) &= \exp\left(-\gamma\left(T_M^\top(\boldsymbol{\delta}(Q_{X_*,X_*})) - 2Q_{X_*,X_*} + T_M(\boldsymbol{\delta}(Q_{X_*,X_*}))\right)\right) \end{aligned} \tag{7.5}$$

在使用 NumPy 實作此計算過程時，`np.diag` 可以對應到函數 $\delta$ 以取出對角元素；`np.tile` 則對應函數 $T_a$，將向量重複指定次數並回傳矩陣。用這個方式來計算先前的核心矩陣，可以實作如下，**圖 7-11** 則是各個計算所得核心矩陣的熱圖。

```
gamma = 100
X = np.expand_dims(X, 0)
X_star = np.expand_dims(X_star, 0)
Q = np.dot(X.T, X)
Q_star = np.dot(X.T, X_star)
Q_starstar = np.dot(X_star.T, X_star)

K = np.exp(-gamma * (np.tile(np.diag(Q), (X.shape[1], 1)).T
    - 2 * Q + np.tile(np.diag(Q), (X.shape[1], 1))))
K_star = np.exp(-gamma * (np.tile(np.diag(Q), (X_star.shape[1], 1)).T
    - 2 * Q_star + np.tile(np.diag(Q_starstar), (X.shape[1], 1))))
K_starstar = np.exp(-gamma * (
    np.tile(np.diag(Q_starstar), (X_star.shape[1], 1)).T
    - 2 * Q_starstar
    + np.tile(np.diag(Q_starstar), (X_star.shape[1], 1))))

plt.figure(figsize=(9, 3))
plt.subplot(1, 3, 1)
plt.title(r'$K$')
plt.imshow(K)
plt.grid(None)
plt.subplot(1, 3, 2)
plt.title(r'$K_\ast$')
plt.imshow(K_star)
plt.grid(None)
plt.subplot(1, 3, 3)
plt.title(r'$K_{\ast\ast}$')
plt.imshow(K_starstar)
plt.grid(None)
plt.show()
```

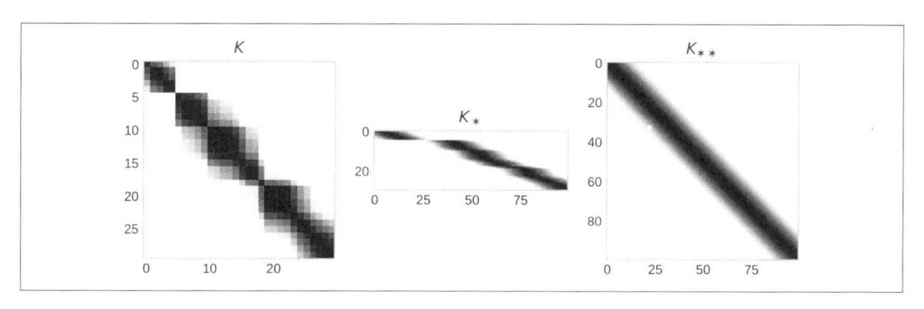


圖 7-11 使用加速方式計算得到的核心矩陣

在先前的實作中使用了 for 迴圈來存取陣列中各個元素並求得它們之間的核心值，這裡可以看到已經替換為矩陣運算，改成這個方式後，就能受益於 NumPy 的高速矩陣運算。

## 7.4　與電腦互動並尋找最佳色彩

接著要將高斯過程應用於貝氏最佳化。貝氏最佳化演算法與先前所介紹的吃角子老虎機演算法有很大的關係，在解決情境式吃角子老虎機問題時用了一個演算法，其實只要將其中的統計模型改為高斯過程，就能建構一個有用的演算法。在開始解釋具體的演算法之前，先解釋一下所要處理的例題。

正如 7.1.1 節介紹的 Bing 案例，顏色是對人類行為影響很大的因素之一，只要把顏色加深一點、增加對比度，或是改變色溫，就能改變給人的印象。然而要事先知道什麼顏色最能引出我們所期望的行為，是極其困難的。很多情況下，要等到目標使用者真正看到、反應並對產品採取行動才能知道。這就是為何各家公司都在進行 A/B 測試和行銷研究，在網站服務和產品上嘗試各種顏色。

那麼該如何規劃這樣的實驗呢？當然可以先選擇一些比較有可能的顏色來試試看，這樣可以使用先前介紹的規劃方法。但這種方法產生的設計方案畢竟受限於想像範疇，所以可能不會有太大膽的想法。

如果我們能從所有可能的顏色中找到最好的顏色呢？當然最後也可能產生糟糕的方案，但也可能會出現從未想像過的方案，且得到好的反應。但若如此進行，要考慮的設計方案會非常多，無法像之前那樣進行實驗。現在就讓我們看看貝氏最佳化要如何解決問題。

### 7.4.1　作為解空間的色彩空間

我們首先定義所有要考慮的選項，即解空間。既然我們要把所有顏色視為解空間，那麼問題就在該如何表現色彩。定量表示色彩的系統，稱為表色系統（color specification system），而在空間中表示表色系統，就稱為**色彩空間（color space）**。因此這裡就將某個色彩空間視為解空間即可。

不過其實有各種色彩空間，根據用途會使用不同的色彩空間，其中**RGB 色彩空間**是最常用在螢幕顯示的。顧名思義，RGB 顏色系統由三種顏色混合表示，分別是紅色（red, R）、綠色（green, G）和藍色（blue, B），對應到光的三原色，數值越高就越明亮、越白。這種混合色彩的方式，稱為**加法混色（additive color mixing）**。考慮由 RGB 構成的三維空間，各種顏色的配置如**圖 7-12**。

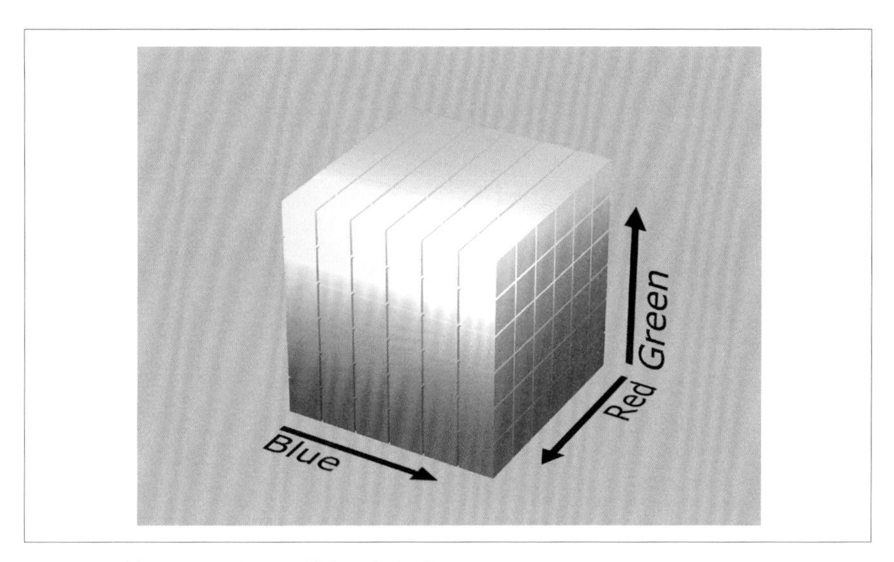


圖 7-12　使用 RGB 表色系統表示顏色空間。
圖片引用自 https://github.com/mjhorvath/Mike-Wikipedia-Illustrations

現今一般是為每種顏色分配 8 位元的數值，合計 24 位元（$2^{24} = 16777216$）的色彩種類。在 web 開發中，也會使用 RGB 色彩空間來指定顏色，也就是 RGB 中各個值指定為 0 到 255 之間的值（如 `rgb(30, 144, 255)`）；另一種常見方式是將 RGB 中各個值的 16 進位數相連在一起，使用顏色代碼（如 `#1E90FF`）。

然而 RGB 色彩空間的一個缺點是，它的數值和實際色彩之間的關係不太直觀。當然，如果你在加法混色方面訓練有素，那麼可以在 RGB 色彩空間中說出想要的顏色，但如果不是，就不太容易把某種顏色分解成這些原色。

所以若要更直觀，會採用 **HSV 色彩空間**或 **HLS 色彩空間**（圖 7-13）。HSV 色彩空間以這三個部分來表示色彩：色相（hue, H）、飽和度（saturation, S，亦稱彩度），以及明度（value, V）。色相代表色彩種類，飽和度代表鮮豔度，明度代表亮度。色調以圓表示，顏色則以圓上的某點表示。因此，某個顏色的色相可以用角度來表示，取值範圍是 0 到 360 度之間。飽和度和明度則用百分比來表示，範圍從 0% 到 100%。

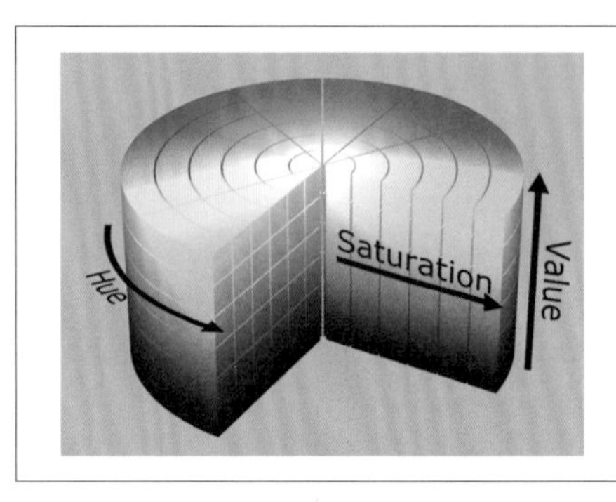


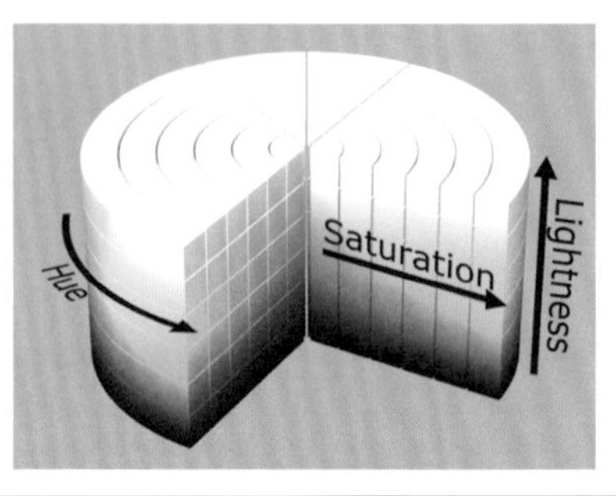


圖 7-13 以 HSV 和 HLS 表色系統表現色彩空間。
圖片引用自 https://github.com/mjhorvath/Mike-Wikipedia-Illustrations

使用這種色彩空間的好處是，可以用「哪種顏色」、「調淡多少」、「增亮多少」的參數組合來指定具體的顏色，而不需要考慮加法混色。譬如想到長崎蛋糕表面顏色時，會先選擇黃色的色相，然後選擇大致的明度，再稍微降低一點飽和度調得暗淡一點……可以像這樣從色相出發來設計顏色。這與 RGB 色彩空間形成鮮明的對比，在 RGB 色彩空間中，我們得記得紅色與綠色以加法混色後會是黃色。正因為如此，HSV 色彩空間以及後面提到的 HLS 色彩空間，才會成為各種圖形工具（包括 Adobe Photoshop）的顏色選擇器介面。

另一種是 HLS 色彩空間，與 HSV 色彩空間非常相似。HLS 色彩空間以三個成分來表示色彩：色相（hue, H）、亮度（lightness, L）和飽和度（saturation, S）。與 HSV 色彩空間類似，HLS 色彩空間首先以色相確定色彩種類，然後調整飽和度和亮度來指定色彩，而不需要考慮加色混合。

這兩者之間的差異，在於原色顯示的區域。在 HSV 色彩空間中，原色出現在 100% 明度（value）的區域，而在 HLS 色彩空間中，對應的是 50% 亮度（lightness）的區域。如果根據顏色的變化重新繪製色彩空間，可以將色彩空間分別重新繪製成圓錐體和雙圓錐體，如**圖 7-14**。

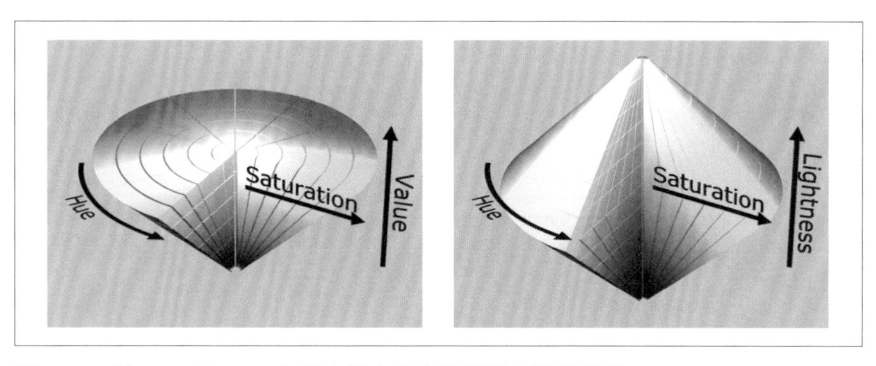


**圖 7-14　將 HSV 和 HLS 色彩空間表現為圓錐體和雙圓錐體。**
**圖片引用自 https://github.com/mjhorvath/Mike-Wikipedia-Illustrations**

現在回到貝氏最佳化的例子。為了最佳化色彩，我們可以直接採用 RGB 色彩空間，但考慮到視覺化，我們希望能採用有各種顏色的二維色彩空間[1]。上面介紹的色彩空間都是三維空間，我們可以固定其中一個維度，利用其二維空間。這麼想來，只要不是固定 HSV 或 HLS 色彩空間中的色相維度，就還是能表現出各種色彩。而若將飽和度固定為 100%，就能在二維調色盤上排列各種鮮豔的色彩，應該很方便。

此外由於 HLS 色彩空間在亮度維度上涵蓋了從黑到白的顏色，即使我們將飽和度固定為 100%，也可以在二維調色盤上表現顏色的深淺。基於上述理由，本例的解空間我們將採用 HLS 色彩空間，並將飽和度固定為 100%。

現在就來看看解空間的具體實作。

```
import colorsys

N = 30
X_im = np.zeros((N, N, 2))
rs = []
xs = []
```

1　其實圖形工具的顏色選擇器也是經過特別設計的，能在二維空間中容納各種顏色。

```
for i in range(N):
  for j in range(N):
    X_im[i, j, 0] = i / N  # Hue
    X_im[i, j, 1] = j / N  # Lightness
hl_to_rgb = lambda x: colorsys.hls_to_rgb(x[0], x[1], 1)
X_rgb = np.apply_along_axis(hl_to_rgb, -1, X_im)
plt.imshow(X_rgb)
plt.grid(None)
plt.xlabel('Lightness')
plt.ylabel('Hue')
plt.show()
```

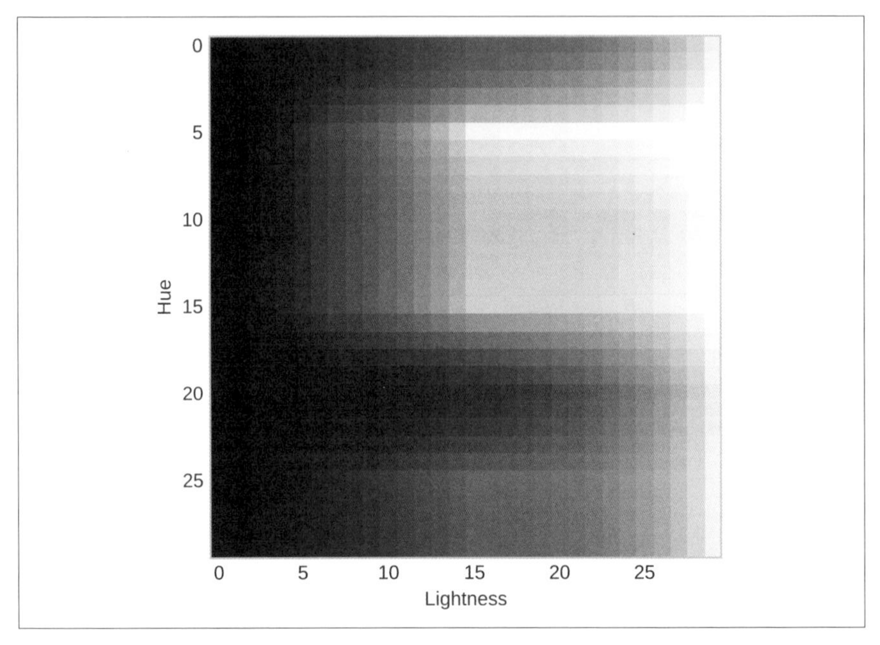


圖 7-15　解空間的視覺化

以上面程式碼視覺化得到的解空間如**圖 7-15** 所示。這裡將色相與亮度分別設定為 30 個階段，在解空間中準備一個 `(30, 30, 2)` 的多維陣列變數 `X_im`，並記錄色相和亮度。這裡我們用 Matplotlib 將解空間以圖形的方式進行視覺化，需要注意的是，Matplotlib 的圖形視覺化方法 `imshow` 需要傳入 RGB 值，所以我們準備了一個函式 `hl_to_rgb`，收到色相及亮度時，會回傳飽和度 100% 時的 RGB 值。

觀察視覺化的結果，可以看到熟悉的圖片，也就是我們在顏色選擇器所看過的。這就是在問題設定中，我們所要搜尋的解空間的樣子，也就是從 HLS 色彩空間中，切出飽和度 100% 的部分，相當於從**圖 7-13** 右邊的圓柱中，只切出外側並展開。關於這個解空間，還有幾點需要注意。

**黑色與白色在兩端分佈很廣**

在 HLS 色彩空間中，亮度極小或極大的地方，會收斂為黑色及白色，因此無論是什麼色相，接近黑色的顏色會集中在解空間的左端，而接近白色的顏色會集中在解空間的右端。

**紅色出現在上端與下端**

這是因為色相就是用角度表現，因此 0 度與 360 度會是同樣的值。這裡的視覺化看不出這種週期性，因此相距較遠的上端與下端會有相似的顏色。

接下來要思考這些性質會如何影響搜尋。

## 7.5 GP-UCB 演算法

現在我們已經了解問題設定了，終於可以開始描述具體的解法。如 7.4 節開頭所述，吃角子老虎機演算法與貝氏最佳化的解法之間有著密切關聯，我們可以應用吃角子老虎機演算法的想法。本節將特別介紹 **GP-UCB（Gaussian process upper confidence bound，高斯過程 UCB）演算法**，它是 UCB 演算法的一種應用。

GP-UCB 演算法會先根據高斯過程得到期望值函數的事後分布，再根據該分布的期望值和變異數計算 UCB 值，依序選擇最大化 UCB 值的解 [Srinivas10]。LinUCB 演算法的貝氏線性迴歸被高斯過程迴歸取代，UCB 值的計算方法同 6.5 節，以期望值和標準差的常數倍計算得出。換句話說，與式 (6.12) 相同，對於某個解 $\boldsymbol{x}_* \in X$ 的 UCB 值 $UCB_{\boldsymbol{x}_*}$，可計算如下，注意我們用式 (7.3) 的結果來展開第二行。

$$
\begin{aligned}
UCB_{\boldsymbol{x}_*} &= \mathbb{E}[f_* \mid \boldsymbol{x}_*] + \alpha\sqrt{\mathbb{V}[f_* \mid \boldsymbol{x}_*]} \\
&= \boldsymbol{k}_*^\top(\sigma^2 I + K)^{-1}\boldsymbol{r} + \alpha\sqrt{k_{**} - \boldsymbol{k}_*^\top(\sigma^2 I + K)^{-1}\boldsymbol{k}_*}
\end{aligned}
\tag{7.6}
$$

以貝氏最佳化來說，像 UCB 值這樣能指明應選擇解的函數，稱為**採集函數（acquisition function）**。在貝氏最佳化中，會依序選擇使該採集函數最大化的解來進行搜尋，因此，這種採集函數的實作就帶有每種貝氏最佳化方法的特徵。現在就來看看 GP-UCB 演算法的實作範例。

```
X_star = X_im.reshape((N * N, 2)).T

class GPUCBAgent(object):
  def __init__(self):
    self.xs = []
    self.rs = []
    self.gamma = 10
    self.s = 0.5
    self.alpha = 2
    self.Q_starstar = X_star.T.dot(X_star)
    self.K_starstar = np.exp(-self.gamma * (
        np.tile(np.diag(self.Q_starstar), (X_star.shape[1], 1)).T
        - 2 * self.Q_starstar
        + np.tile(np.diag(self.Q_starstar), (X_star.shape[1], 1))))
    self.mu = np.zeros(self.K_starstar.shape[0])
    self.sigma = self.K_starstar

  def get_arm(self):
    ucb = self.mu + self.alpha * np.diag(self.sigma)
    return X_star[:, np.argmax(ucb)], ucb

  def sample(self, x, r):
    self.xs.append(x)
    self.rs.append(r)
    X = np.array(self.xs).T
    Q = X.T.dot(X)
    Q_star = X.T.dot(X_star)
    K = np.exp(-self.gamma * (np.tile(np.diag(Q), (X.shape[1], 1)).T
        - 2 * Q + np.tile(np.diag(Q), (X.shape[1], 1))))
    K_star = np.exp(-self.gamma * (
        np.tile(np.diag(Q), (X_star.shape[1], 1)).T
        - 2 * Q_star
        + np.tile(np.diag(self.Q_starstar), (X.shape[1], 1))))
    A = np.linalg.inv(self.s + np.identity(K.shape[0]) + K)
    self.mu = K_star.T.dot(A).dot(self.rs)
    self.sigma = self.K_starstar - K_star.T.dot(A).dot(K_star)
```

首先定義了 `X_star`，也就是未知輸入點 $X_*$的集合。由於我們感興趣的是解空間中包含的解的所有輸入點，所以只是將剛剛定義的解空間 `X_im` 重新組合，變成解的集合。

代理人 GPUCBAgent 的結構大致與 6.5 節的 LinUCBAgent 相同，除了建構子外，還有 get_arm 和 sample 兩個類別方法。

我們來看看 GPUCBAgent 的成員變數，首先，self.xs 是陣列，儲存目前為止所選解的歷史紀錄，self.rs 也是陣列，儲存所得到評估值的歷史紀錄。self.gamma 對應高斯核心 $k(\boldsymbol{x}, \boldsymbol{x}') = \exp(-\gamma\|\boldsymbol{x} - \boldsymbol{x}'\|^2)$ 的常數 $\gamma > 0$，這裡是以 self.gamma = 10 執行。

接著是 self.s，對應到假設為評估值的變異數，即式 (7.6) 中的 $\sigma^2$，而 self.alpha 對應到計算 UCB 值時乘以標準差的常數 $\alpha$，這裡執行時分別設為 self.s=0.5、self.alpha=2。

在實作中，高斯過程所需的每個核心矩陣都是根據 7.3.4 節介紹的方法計算的。其中未知輸入點 $X_*$ 的核心可以事先計算，所以在建構子中進行。self.Q_starstar 對應式 (7.5) 中的 $Q_{X_*,X_*}$，用在計算核心矩陣 $K_*$ 和 $K_{**}$，self.K_starstar 是未知輸入點之間的核心矩陣 $K_{**}$。

最後，self.mu 和 self.sigma 分別對應於期望函數事後分布的期望值 $\mathbb{E}[\boldsymbol{f}_* \mid X_*]$ 和變異數 $\mathbb{V}[\boldsymbol{f}_* \mid X_*]$。由於我們在產生實例時還沒有觀察到任何解，所以 $X, K, K_*$ 都是**空矩陣**。空矩陣是指行或列為 0 的矩陣。因此根據式 (7.2)，$K_*^\top(\sigma^2 I + K)^{-1}$ 也是一個空矩陣，所以將期望值初始化為 $\mathbf{0}$，變異數初始化為 $K_{**}$。

接著來看類別方法。get_arm 方法利用式 (7.6) 從期望函數事後分布的期望值和變異數，計算出輸入點 $\boldsymbol{x}_*$ 的 UCB 值，並回傳最大化 UCB 值的解。sample 將給出的解與其評估值作為輸入，並使用式 (7.5) 更新核心矩陣和事後分布。

## 7.5.1 以互動式最佳化檢查運作情況

接下來將此實作用在開頭描述的問題上。在實際的網站最佳化中應該是要學習使用者反應的，但很難準備眾多使用者，所以將此問題換成如何找到自己心目中最佳顏色作為正確解答。換句話說，互動式最佳化能透過互動找出我們想像中的顏色。譬如我現在突然想到了一種清新的綠色「萊姆綠」，就將清爽的綠色作為最佳解。讀者們在執行下面的程式時，請先想個喜歡的顏色，觀察是如何運作的。

我腦中對顏色有個大概的概念，但不知道具體的 RGB 值，我們可以用貝氏最佳化進行互動式最佳化來找到該值。人給代理人的評估值是個整數，分成五個等級：-2（完全不同）、-1（有些不同）、0（不確定）、1（有些相同）、2（完全相同）。如果這個嘗試成功的話，我們就能將最佳化詮釋為使用者與網站之間的互動，而非受試者個人與電腦的互動，並且認為貝氏最佳化也能用於網站最佳化。

首先準備一個視覺化方法 visualize，將代理人內部發生的事情和代理人所呈現的顏色呈現出來。我們將在實際執行該代理人的搜尋後，解釋該方法的視覺化結果。

```
from mpl_toolkits.axes_grid1 import ImageGrid

def visualize(agent, x, f):
  vmax = 1.6
  vmin = -1.6
  contour_linewidth = 0.6
  contour_fontsize = 6
  contour_levels = np.linspace(-2, 2, 17)
  fig = plt.figure()
  grid = ImageGrid(fig, 211, nrows_ncols=(1, 2), axes_pad=0.1)
  grid[0].imshow(X_rgb)
  cs = grid[0].contour(f.reshape(N, N), levels=contour_levels,
      colors='white', linewidths=contour_linewidth)
  grid[0].clabel(cs, inline=1, fontsize=contour_fontsize)
  grid[0].plot(x[1] * N, x[0] * N, '*', markersize=20, color='yellow',
      markeredgecolor='black')
  grid[0].set_title('Solution space')
  grid[0].set_xticklabels([])
  grid[0].set_yticklabels([])
  grid[1].imshow(np.tile(hl_to_rgb(x), (N, N, 1)))
  grid[1].set_title('Proposed color')
  grid[1].set_xticklabels([])
  grid[1].set_yticklabels([])
  grid = ImageGrid(fig, 212, nrows_ncols=(1, 3), axes_pad=0.2,
      share_all=True, label_mode='L', cbar_location='left',
      cbar_mode='single')
  im = grid[0].imshow(agent.mu.reshape(N, N), vmin=vmin, vmax=vmax)
  cs = grid[0].contour(agent.mu.reshape(N, N), levels=contour_levels,
      colors='white', linewidths=contour_linewidth)
  grid[0].clabel(cs, inline=1, fontsize=contour_fontsize)
  grid[0].set_title(r'$\mu$')
  grid.cbar_axes[0].colorbar(im)
  grid[1].imshow(np.diag(agent.sigma).reshape(N, N),
      vmin=vmin, vmax=vmax)
```

```
cs = grid[1].contour(np.diag(agent.sigma).reshape(N, N),
    levels=contour_levels, colors='white',
    linewidths=contour_linewidth)
grid[1].set_title(r'$diag(\Sigma)$')
grid[1].clabel(cs, inline=1, fontsize=contour_fontsize)
grid[2].imshow(f.reshape(N, N), vmin=vmin, vmax=vmax)
cs = grid[2].contour(f.reshape(N, N), levels=contour_levels,
    colors='black', linewidths=contour_linewidth)
grid[2].clabel(cs, inline=1, fontsize=contour_fontsize)
grid[2].set_title('Acquisition function')
plt.show()
```

都準備好了，所以就開始吧。首先建立一個代理的實例，並將其內部及顯示的顏色視覺化（**圖 7-16**）。

```
agent = GPUCBAgent()
x, ucb = agent.get_arm()
visualize(agent, x, ucb)
```

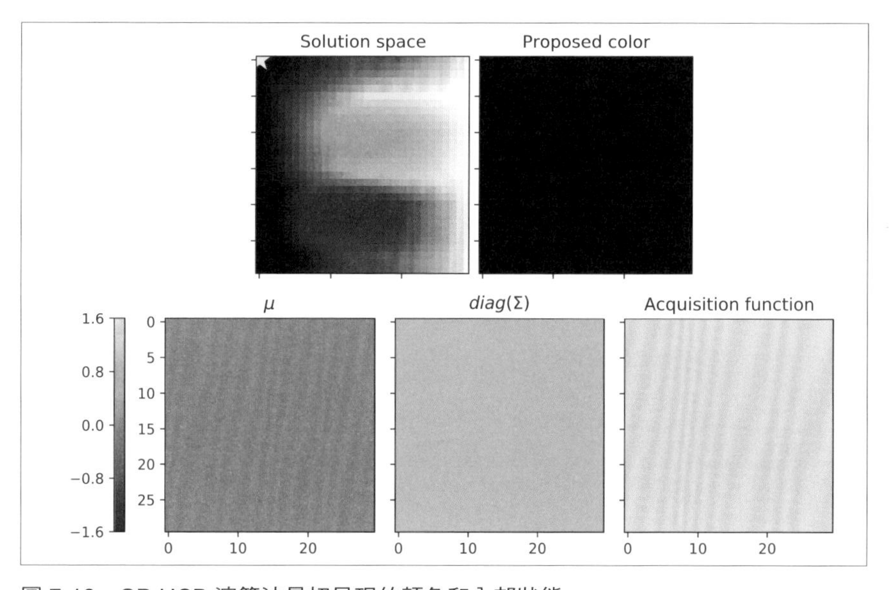


**圖 7-16　GP-UCB 演算法最初呈現的顏色和內部狀態**

將代理人 agent 給出的解 x 及採集函數 f 傳給 visualize 方法，會畫出 5 張圖。首先，上排左側是解空間和所選解的視覺化。在 HLS 色彩空間中，將飽和度固定為 100%、只改變色相及亮度，該圖所描繪的正是解空間的色彩變化。星號表示 GP-UCB 代理人提出的解位置，上排右側是解的對應顏色。

接著是下排：左側是期望函數事後分布的期望值 $\mathbb{E}[f_* \mid \boldsymbol{x}_*]$，中間是變異數的對角元素 $\mathbb{V}[f_* \mid \boldsymbol{x}_*]$，右側是採集函數（這裡相當於 UCB 值）。在此階段還沒有評估值，所以用平面來表示比較難理解，但隨著我們與代理人不斷進行互動，評估值會發生複雜的變化。

我們看看一開始代理人給出的解，正是所給出的（色相, 亮度）$= (0,0)$ 對應的黑色，這個跟我所想像的清爽的萊姆綠，完全是不同顏色，因此我給它的評估是 -2（完全不同）。

```
agent.sample(x, -2)
```

現在我們有第一個評估值了。目前還沒有太多資訊，但我們可以再嘗試一次視覺化來確認這個階段代理人所給出的顏色是如何變化的（圖 7-17）。

```
x, ucb = agent.get_arm()
visualize(agent, x, ucb)
```

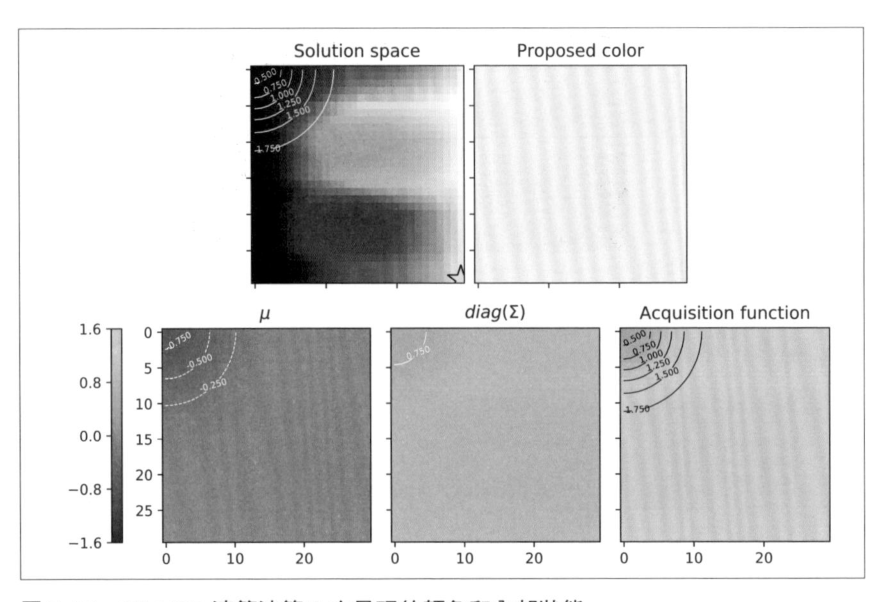


圖 7-17　GP-UCB 演算法第 2 次呈現的顏色和內部狀態

隨著我們對代理人給予評估值，圖中的結果也發生了變化，左上角的解空間加上了採集函數的等高線。從等高線可以看出，圖中左上角對應 ( 色相 , 亮度 ) = (0,0) 的點的 UCB 值，我們給的評估值是 -2，低於其他區域，因此，其對角（圖中右下角）的解會使 UCB 值最大，並作為下一個解呈現。觀察上排右側的顏色，我們可以看到選擇了接近白色的顏色，與之前的顏色形成了對比。

觀察下排左側的期望值，我們可以看到圖中左上角的解，也就是剛剛給過評估值的地方，周圍的數值較低。在初始化時，所有區域的期望值都是 0，但我們可以看到，現在這個區域的期望值為負值。由此可知前面提到的負面反饋的影響出現在事後分布中。同樣地，對於下排中間的變異數，圖中左上角周圍的數值也較低。但請注意，這並不是因為回饋是負值，而是因為給出了評估值，所以這個區域的不確定性降低了。就算剛剛給的是相反的評估值 2，也會得到同樣的結果。最後是下排右側的採集函數，圖中左上角的解周圍的數值也較低。由於 UCB 值是事後分布的期望值加上變異數的常數倍，而這兩個值都變得很低，所以是可以接受的結果。

現在，這種白色與我們心目中的萊姆綠也相差甚遠，所以我們給它的評估值是 -2。之後還進行了兩次，先是極暗再來是極亮的顏色，也都給了 -2，我們再來直觀地看一下代理人得到的顏色（**圖 7-18**）。

```
agent.sample(x, -2)
x, ucb = agent.get_arm()
agent.sample(x, -2)
x, ucb = agent.get_arm()
agent.sample(x, -2)
x, ucb = agent.get_arm()
visualize(agent, x, ucb)
```

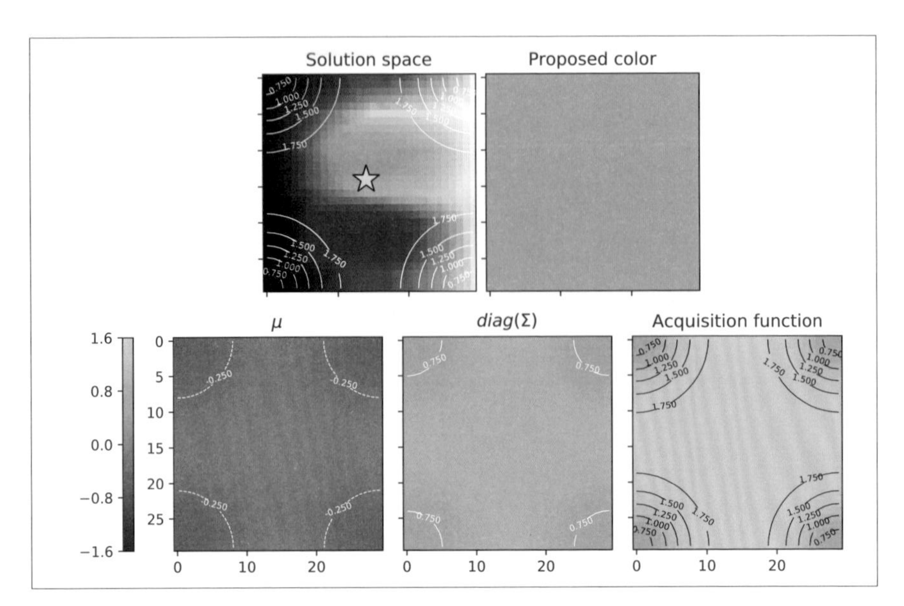


圖 7-18 GP-UCB 演算法第 5 次呈現的顏色和內部狀態

前面因為給出的都是解空間的角落，所以我們都給了評估值 -2。我們看看採集函數的 UCB 值等高線，反映的是以四個角落為中心的地方數值較低，而這次給出的解不是極端的暗色或亮色，而是解空間中心的鮮豔顏色，雖然還不是萊姆綠，但已經比之前給出的非黑即白好多了，我們在這裡給它的評估值是 -1（有些不同）。之後所給的又都是跟我們想像的不同的顏色，所以連續給了評估值 -2，這裡我們先省略視覺化，在實驗最後的記錄視覺化時可以看到。**圖 7-19** 是第 11 次給出解時的情況。

```
agent.sample(x, -1)
x, ucb = agent.get_arm()
agent.sample(x, -2)
x, ucb = agent.get_arm()
agent.sample(x, -2)
x, ucb = agent.get_arm()
agent.sample(x, -2)
x, ucb = agent.get_arm()
agent.sample(x, -2)
x, ucb = agent.get_arm()
agent.sample(x, -2)
x, ucb = agent.get_arm()
visualize(agent, x, ucb)
```

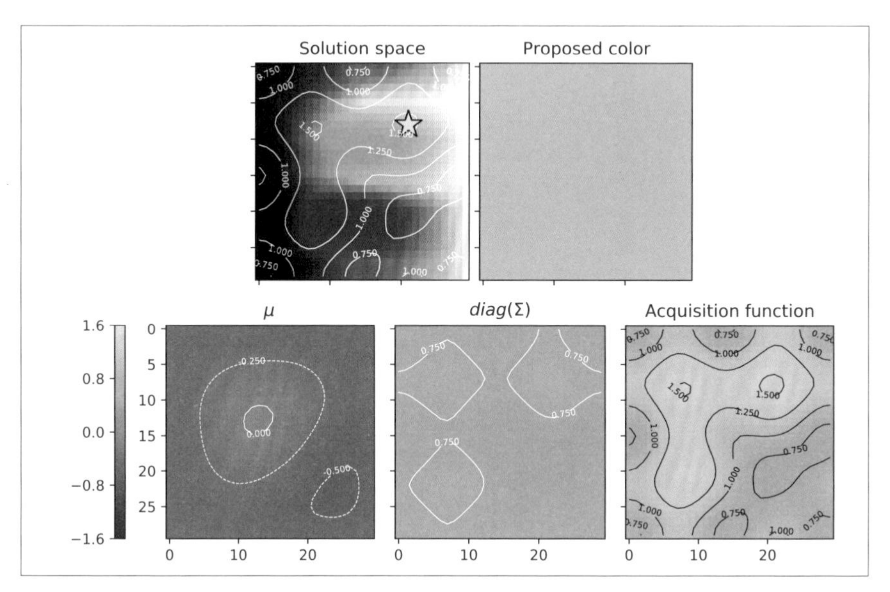


圖 7-19 GP-UCB 演算法第 11 次呈現的顏色和內部狀態

經過幾次評估之後，又出現了有些接近我們心中想法的顏色。從結果中可以看到反映出來的結果，事後分布的期望值和變異數以及採集函數的等高線都比以前變得更加複雜。我們給這個顏色的評估值是 -1（有些不同），之後顯示的顏色也同樣給予評估值。接著是第 14 次的顏色及當時的內部狀態，如圖 7-20。

```
agent.sample(x, -1)
x, ucb = agent.get_arm()
agent.sample(x, -1)
x, ucb = agent.get_arm()
agent.sample(x, -2)
x, ucb = agent.get_arm()
visualize(agent, x, ucb)
```

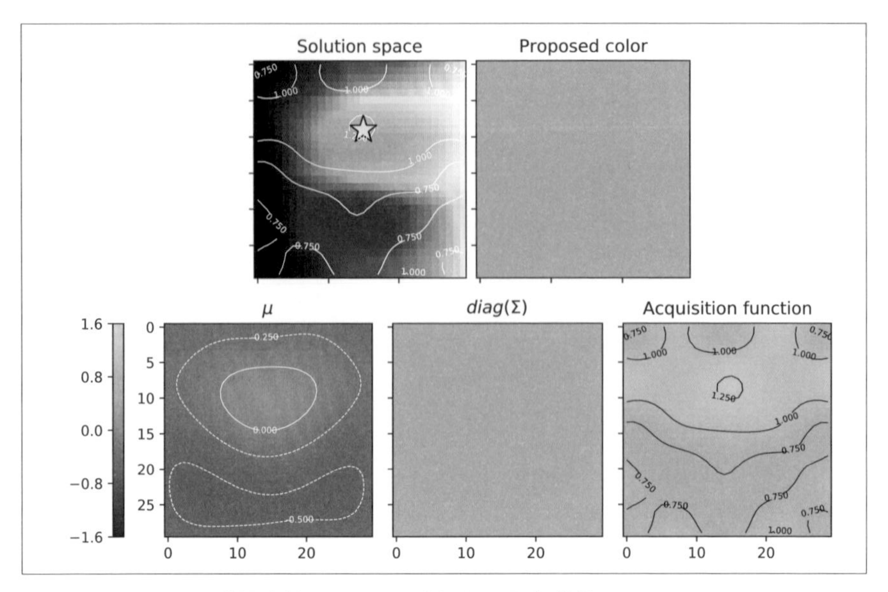


圖 7-20　GP-UCB 演算法第 14 次呈現的顏色和內部狀態

到了第 14 次，出現的顏色已經比較接近我們所想要的萊姆綠了！由於這個顏色和想像中的顏色很相似，我們給這個顏色最高的 2 分（完全相同），結果又顯示了同樣的顏色，考慮到其他顏色的可能性及不確定性，似乎沒有比這個顏色更好的了。從事後分布可以看到這個解的區域期望值是正在上升的，這使我們更有信心認為這個區域的解是有希望的，這裡就決定用此色作為 GP-UCB 演算法互動式最佳化得到的解。要注意的是，如果我們繼續對這個方案進行回饋，這個方案的變異數會減小，其他解的 UCB 值可能會超過這個解。

最後把代理人所走過的路徑列出來（圖 7-21、圖 7-22）。

由於在開始搜尋時，所有解的 UCB 值都是相等的，所以選擇（色相，亮度）= (0,0) 作為第一個解。這只是因為當有多個解滿足條件時，`np.argmax` 方法會回傳第一個符合的解，所以第一個解就算改成隨機選擇也沒問題。

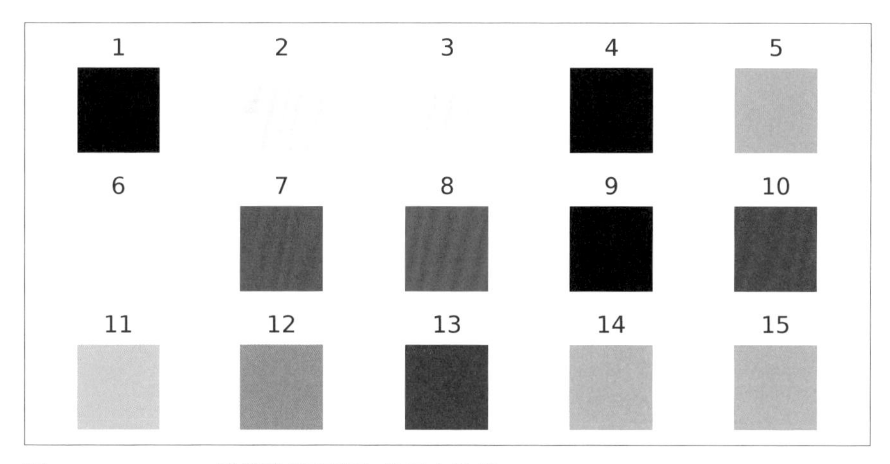


圖 7-21 GP-UCB 演算法顯示顏色的歷史紀錄

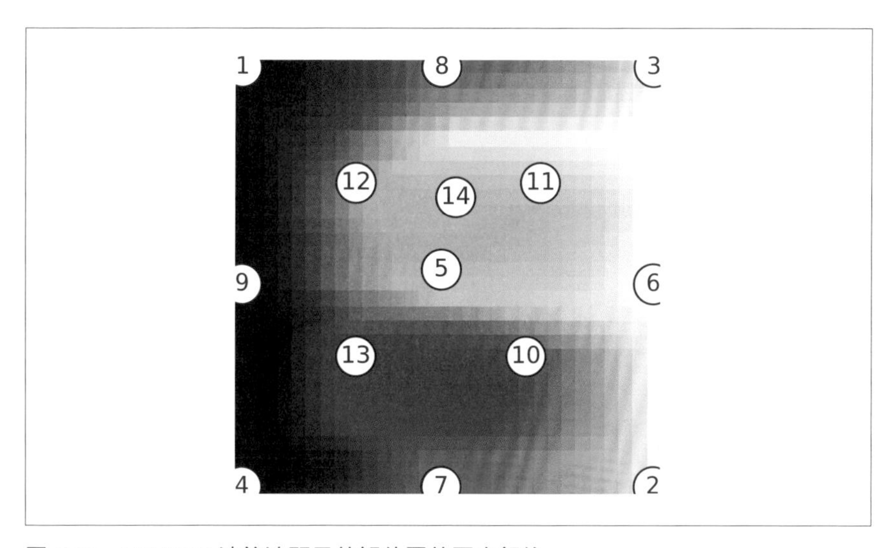


圖 7-22 GP-UCB 演算法顯示的解位置的歷史紀錄

可以看到在搜尋初期，尤其是第 4 個之前，是如何搜尋解空間的四個角，然後給出黑、白等極端顏色的。正如 7.4.1 節末尾提到的，在我們採用的解空間中，黑色和白色在解空間的左右邊緣佔了很大的區域，這可能是為何一開始相繼給出黑白兩色的原因，雖然我們感覺是相近顏色，但在解空間中卻相距甚遠。

類似的問題在搜尋中期（第 7、8 次）也可看到，當時連續給出了紅色。在本研究中使用的解空間中，以角度表示的色調維度被強行延伸到了平面上，所以這些顏色看起來接近，卻在解空間的相反兩邊。

整體上從搜尋的路徑來看，可以發現行為就像「填平外面的護城河」一樣，從解空間的角落開始，逐漸靠近綠色區域。最初是均勻地搜尋解空間，然後逐步接近有希望的解，從而實現高效率的搜尋所需的多樣化和集中化。

## 7.6 GP-TS 演算法

就跟將高斯過程用在 UCB 演算法得到 GP-UCB 演算法一樣，我們也可以將高斯過程用在湯普森抽樣，建構 **GP-TS（Gaussian process Thompson sampling，高斯過程湯普森抽樣）演算法**。在 GP-TS 演算法中，基於高斯過程從事後分布中進行各解函數值抽樣，給出最大化的解。

以下是 GP-TS 演算法的實作範例。

```
class GPTSAgent(object):
  def __init__(self):
    self.xs = []
    self.rs = []
    self.gamma = 10
    self.s = 0.5
    self.Q_starstar = X_star.T.dot(X_star)
    self.K_starstar = np.exp(-self.gamma * (
        np.tile(np.diag(self.Q_starstar), (X_star.shape[1], 1)).T
        - 2 * self.Q_starstar
        + np.tile(np.diag(self.Q_starstar), (X_star.shape[1], 1))))
    self.mu = np.zeros(self.K_starstar.shape[0])
    self.sigma = self.K_starstar

  def get_arm(self):
    f = np.random.multivariate_normal(self.mu, self.sigma)
    return X_star[:, np.argmax(f)], f

  def sample(self, x, r):
    self.xs.append(x)
    self.rs.append(r)
    X = np.array(self.xs).T
```

```
        Q = X.T.dot(X)
        Q_star = X.T.dot(X_star)
        K = np.exp(-self.gamma * (np.tile(np.diag(Q), (X.shape[1], 1)).T
            - 2 * Q + np.tile(np.diag(Q), (X.shape[1], 1))))
        K_star = np.exp(-self.gamma * (
            np.tile(np.diag(Q), (X_star.shape[1], 1)).T
            - 2 * Q_star
            + np.tile(np.diag(self.Q_starstar), (X.shape[1], 1))))
        A = np.linalg.inv(self.s + np.identity(K.shape[0]) + K)
        self.mu = K_star.T.dot(A).dot(self.rs)
        self.sigma = self.K_starstar - K_star.T.dot(A).dot(K_star)
```

將其與 7.5 節介紹的 GP-UCB 演算法實作比較，會發現結構很相似，唯一不同的是建構子中沒有 `self.alpha`，以及 `get_arm` 的實作不同。由於 `self.alpha` 在 UCB 演算法中是加上標準差時所用的比例參數，所以在湯普森抽樣中沒有需要。

最要注意的是 `get_arm` 的實作差異，在 GP-UCB 演算法中，是計算出 UCB 值，並選取能最大化該值的解，但在 GP-TS 演算法中，首先從高斯過程得到的事後分布中抽樣函數值 `f`。由於高斯過程的事後分布是一個多變量常態分布，我們使用 `np.multivariate_normal` 方法從多變量常態分布中產生亂數，然後回傳使該函數值最大化的解 `X_star[:, np.argmax(f)]`，因此，這個函數值的樣本 `f` 就是 GP-TS 演算法的採集函數。

由此可知，只需要對 GP-UCB 演算法進行一些修改，就可以構建一個高斯版本的湯普森抽樣。現在同樣使用互動式最佳化來確認運作情況，首先將最開始給出的顏色及採集函數畫在**圖 7-23**。

```
np.random.seed(0)
agent = GPTSAgent()
x, f = agent.get_arm()
visualize(agent, x, f)
```

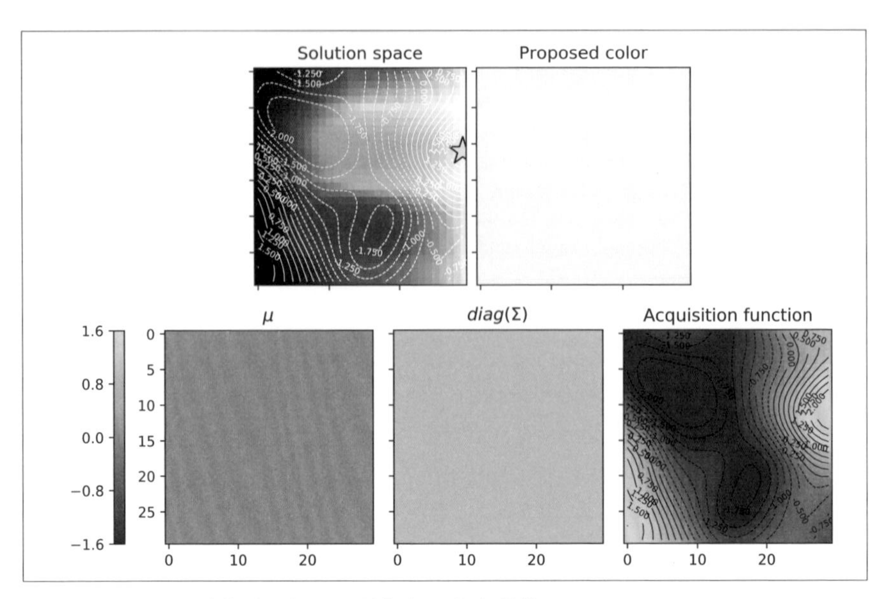


圖 7-23　GP-TS 演算法最初呈現的顏色和內部狀態

由於最初的狀態還沒有任何評估值的資訊，所以亂數由多變量常態分布產生，其中所有解的期望值及變異數都是均勻的。第 1 次抽樣的結果是在解空間右端，接近白色，由於這個顏色與我們想找的萊姆綠相差甚遠，所以評估值是 -2（完全不同）。

```
agent.sample(x, -2)
x, f = agent.get_arm()
visualize(agent, x, f)
```

第 2 次抽樣選到了接近解空間中心位置、明亮的綠松色（**圖 7-24**），如果我們看下排左側的事後分布期望值，可以看到在給出評估值的解附近，值是比較低的。另外，觀察下排中間的事後分布變異數，也可以看到在給出評估值的解附近，值是比較低的。像這樣更新事後分布，並對反映了更新的多變量常態分布（即採樣函數）進行抽樣。這個顏色雖然也很美，但跟我們心目中的鮮豔綠色不同，所以我們給它的評估值為 -1（有些不同）。我們繼續這樣給予評估值，結果第 18 次呈現的顏色如**圖 7-25**。

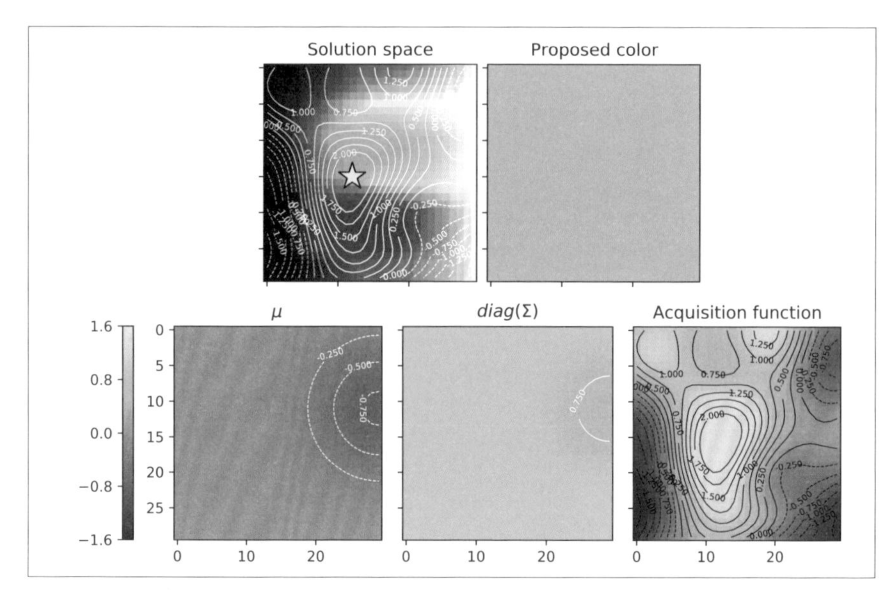


圖 7-24　GP-TS 演算法第 2 次呈現的顏色和內部狀態

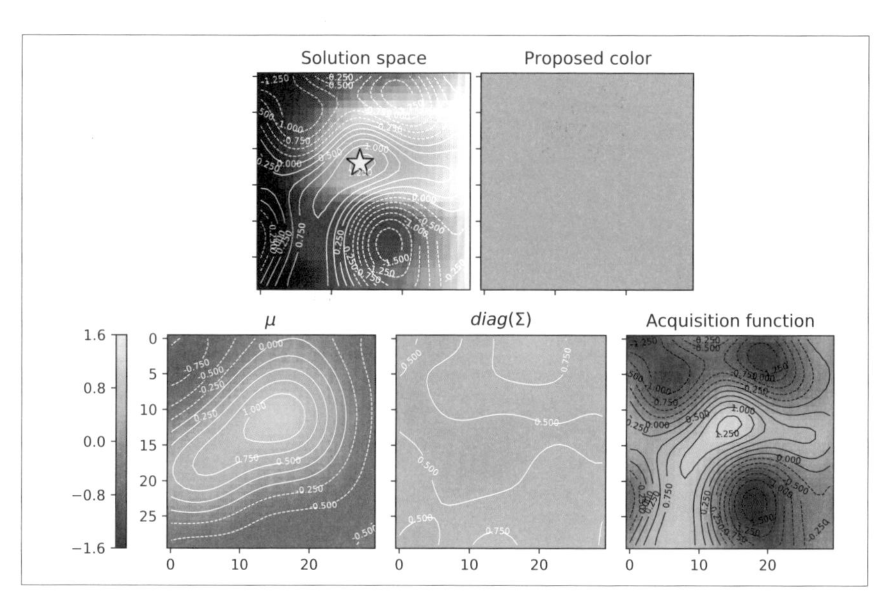


圖 7-25　GP-TS 演算法第 18 次呈現的顏色和內部狀態

目前的顏色與我們想要的萊姆綠很接近了。另外，如果我們把注意力放在下排的事後分布期望值和變異數的等高線上，可以看到複雜的地形反映了目前給出的評估值。特別是解空間中從淺藍色到綠色的區域，期望值比較大，這也影響了採集函數，使得這個區域的解更容易被選擇，這就是實現搜尋集中化的機制。

另一方面，我們可以看到這個區域的變異數也較低。到這裡都還沒得到很多評估的區域，變異數會很大，因此抽樣的結果變異性也很大。在某些情況下，可能會導致採集函數值較大，得到被選擇呈現的機會，因此這可能是實現搜尋多樣化的機制。

最後，和 GP-UCB 演算法一樣，我們來看一下探索的歷史紀錄（圖 7-26、圖 7-27）。

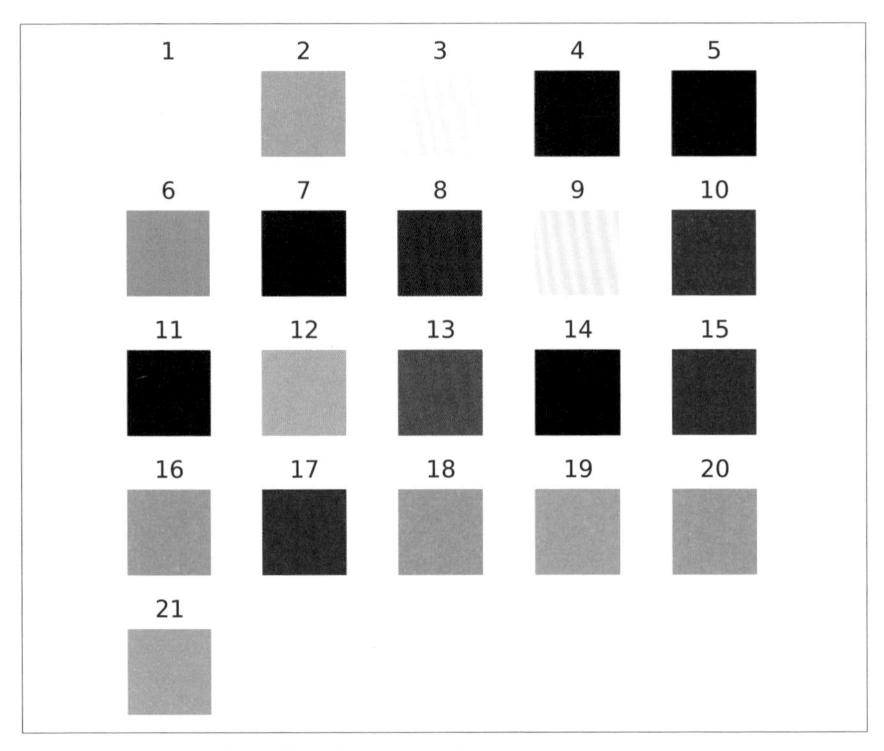


圖 7-26　GP-TS 演算法顯示顏色的歷史紀錄

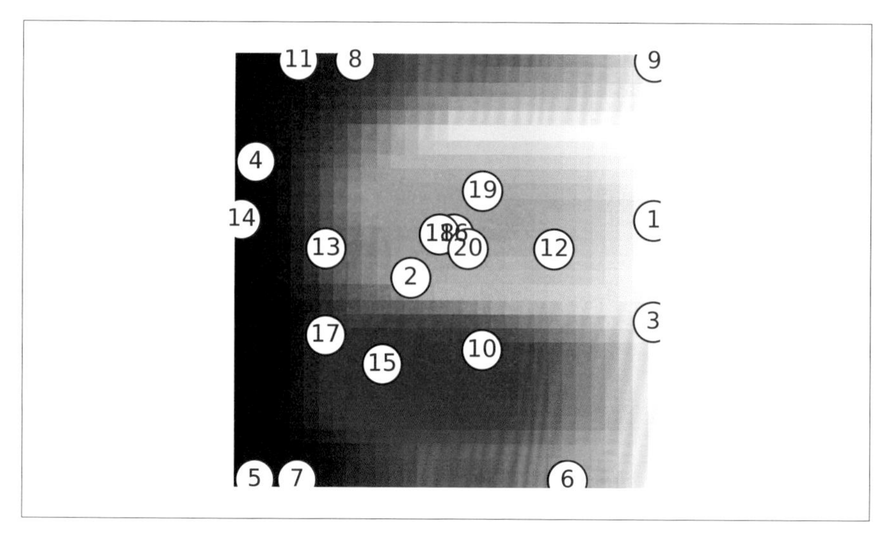


圖 7-27 GP-TS 演算法顯示的解位置的歷史紀錄

觀察所呈現顏色的歷史紀錄，可以看到一開始所呈現的顏色與萊姆綠並不相似，但在給予評估值的幫助下，逐漸接近鮮豔的綠色。接下來看一下每個解在解空間中的位置，可看到初期的解看似從解空間中隨機選取，但隨著搜尋進行，可以看到搜尋集中在綠色區域。由於該行為是基於隨機選擇演算法，所以很難看到規律性，與 GP-UCB 演算法的規律性形成鮮明對比。

在 GP-UCB 演算法中，一旦在後半段找到一個有希望的解，解周圍的事後分布期望值就會變得很高，這直接反映在採集函數上，所以就很難給出其附近的解。事實上，即使亮綠色也有各種漸層，但 GP-UCB 演算法提出的第 14 和第 15 個解是完全相同的。

另一方面，GP-TS 演算法會隨機選擇解，所以即使找到一次好的解，也還是很有可能會選擇附近的解。如果我們看一下 GP-TS 演算法所呈現的第 18 個及以後的解，我們可以看到會給出各種不同綠色。

# 7.7 使用注意事項

最後要提到的是，基於高斯過程的貝氏最佳化演算法在實際應用到系統時要注意的地方。

應用高斯過程時，瓶頸在於反矩陣的計算。回顧式 (7.2)，計算事後分布的期望值及變異數時，包括了 $(\sigma^2 I + K)^{-1}$ 的計算。由於核心矩陣 $K$ 是一個 $N \times N$ 矩陣，所以隨著資料集內的資料點數量增加，矩陣也會變得很大，而隨著資料量增加，計算反矩陣所需的計算量也隨之增長。一般情況下，計算大小為 $N$ 的反矩陣，量級（order）為 $O(N^3)$。當將高斯過程用於網站最佳化或互動式最佳化時，早期階段評估數量較少，計算成本可能不是問題，但一旦收集到夠多評估值，計算成本就會成為瓶頸。為了降低計算高斯過程的反矩陣所涉及的計算成本，已經有各種技術，更多資訊可以參見 [持橋 19]。

如上所述，更新高斯過程會產生計算成本，所以有時不太容易在每次給予評估值後就更新事後分布。換句話說，不是每次提出解就更新事後分布，而是定期進行計算，批次更新事後分布。這種情況下，由於 GP-UCB 演算法是一種確定性演算法，所以除非更新事後分布，不然它所提出的解會是固定的。因此如果不更新事後分布，就會一直給出同樣的解。另一方面，GP-TS 演算法就算不更新事後分布，也會根據亂數提出解，所以可以持續嘗試更多不同的解。因此 GP-TS 演算法的實作即使是非同步，也就是將更新事後分布和提出解的執行分開，也會有很好的效果。關於 GP-UCB 和 GP-TS 演算法的非同步執行與平行處理的性能探討，詳見 [KKSP18]。

## 7.8 Ellen 的問題

Charlie 順利完成了這次的文字連結色彩最佳化，將報告彙整後，準備要下班了。這次的問題是要從各種顏色之中找出能最大化網站廣告點擊率的顏色。雖然問題如此困難，但我們利用貝氏最佳化，找到了最佳顏色。實驗的結果是，文字連結點擊率事後分布的期望值在 `#0055aa` 附近很高。只需幾十行機器學習程式碼以及觀測使用者的反應，就能做出合乎邏輯的設計決策，真是令人驚嘆。

然後上司 Ellen 走了過來，Charlie 對結果相當興奮，熱情地對 Ellen 解釋了測試過程及結果。看著 Charlie 努力報告，Ellen 微笑著問了一個問題。

「那麼，你從中發現了什麼？」

「嗯，就是 #0055aa 是最好的文字連結顏色！」

「嗯，我想問的是，為什麼這種顏色可以最大化點擊率呢？為什麼這種顏色會讓使用者比以前點擊更多？如果以後我們要翻新網站，文字連結又要用什麼顏色呢？」

Charlie 聽完問題，瞪大雙眼楞在那裡。是的，此刻我們找到了使「Foody Talk」營收最大化的措施，但我們從中學到了什麼呢？為什麼 #0055aa 是答案？是因為跟背景色組合起來變得很引人注目嗎？還是因為廣告連結和評論連結顏色接近，所以誤會而按錯的人增加了？行為背後有各種假說。

我們又從中了解到了使用者的什麼呢？而學到的東西，是否只能適用於此時的「Foody Talk」呢？還是未來也能用到翻新後長得完全不一樣的「Foody Talk」呢？ Ellen 一定是在想這個吧。

第二天一早，在 X 公司行銷部的辦公桌前，Charlie 正在回顧所有實驗資料及網站設計，他很拚命地試圖找出究竟是什麼改變了使用者行為。到此 Charlie 已掌握了各種數學方法，從簡單的 A/B 測試開始到貝氏最佳化，但事實是，方法越先進，越容易忽視對實驗背後假說的真正理解。Charlie 也想成為掌握這兩種感覺的厲害行銷人員，而修行才正要開始。

## 7.9 本章總結

本章中，我們介紹如何以貝氏最佳化為架構，在連續值定義的解空間中，以使用者反應找出最佳解。首先是說明貝氏最佳化背後的高斯過程，並表明它就是貝氏線性迴歸以核心技巧進行擴展。接著說明了可將先前介紹的吃角子老虎機演算法與高斯過程結合建構貝氏最佳化的方法。這些方法的特點在於，高斯過程得到的期望值函數事後分布所定義採集函數的差異。最後討論到將貝氏最佳化整合到系統時要注意的事項，並再次強調假說的重要性，隨著方法越來越複雜，假說往往被忽視。

## 7.9.1 進一步學習

想了解更多高斯過程的資訊，以下參考資料可能會有所幫助。

- Carl Edward Rasmussen and Christopher K. I. Williams. Gaussian Processes for Machine Learning. The MIT Press, 2006.
- 大地持橋 , 成征大羽 . ガウス過程と機械学習（高斯過程和機器學習）. 講談社 , 2019.

關於貝氏最佳化，英屬哥倫比亞大學（University of British Columbia）的 Nando de Freitas 授課也很有幫助。不只是影片，連講課資料都是公開的。

- https://www.youtube.com/playlist?list=PLE6Wd9FR--EdyJ5lbFl8UuGjecvVw66F6&feature=view_all
- https://www.cs.ubc.ca/~nando/540-2013/lectures.html

以下書籍和論文對貝氏最佳化應該也有幫助。

- Eric Brochu, Vlad M. Cora, and Nando de Freitas. A Tutorial on Bayesian Optimization of Expensive Cost Functions, with Application to Active User Modeling and Hierarchical Reinforcement Learning. arXiv preprint arXiv:1012.2599, 2010.
- 本多淳也 , 中村篤祥 . バンディット問題の理論とアルゴリズム（吃角子老虎機問題的理論與演算法）. 講談社 , 2016.

## 貝氏最佳化在互動式最佳化中的應用

這次使用貝氏最佳化的目的，是為了找到能最佳化使用者反應的顏色，但貝氏最佳化也廣泛用在尋找與人類感性相關的參數，一個有趣的例子是使用貝氏最佳化製作餅乾食譜[KGK+17]。該實驗中使用了含高斯過程的貝氏最佳化，以製作最美味的巧克力餅乾。以鹽、糖、香草、巧克力片等的量為參數定義解空間，並根據受試者的五階段評分法尋找最佳組合。若要將這些材料的所有組合都試過，將是非常龐大的工作量，但根據報導，若利用貝氏最佳化，大概在第90次就達到了最佳解，這可以說是貝氏最佳化挑戰人類味覺最佳化的一個有趣實例。

另一個例子是用貝氏最佳化來尋找3D繪圖的最佳材質貼圖（texture）[Brochu10]。在3D繪圖中，需要操作很多參數才能獲得想要的理想材質貼圖，但這些參數之間可能彼此密切相關，若沒有經過訓練，很難從參數想像最終的輸出結果。因此在該實驗中，不直接去碰觸參數，而是開發了一個如**圖 7-28**的介面，讓使用者可以回答兩個輸出中哪個更接近想像，以此來調整參數。至於決定輸出的演算法，實驗中比較了隨機選擇及貝氏最佳化，報告說後者要獲得所需材質只需一半步驟。

在**第 4 章**中，我們介紹如何利用遺傳演算法進行互動式最佳化，而貝氏最佳化也有望成為一種利用人的感性作為評估函數的最佳化演算法。特別是貝氏最佳化的優點在於期望函數的事後分布會以多變量常態分布得到，其行為較易解釋。

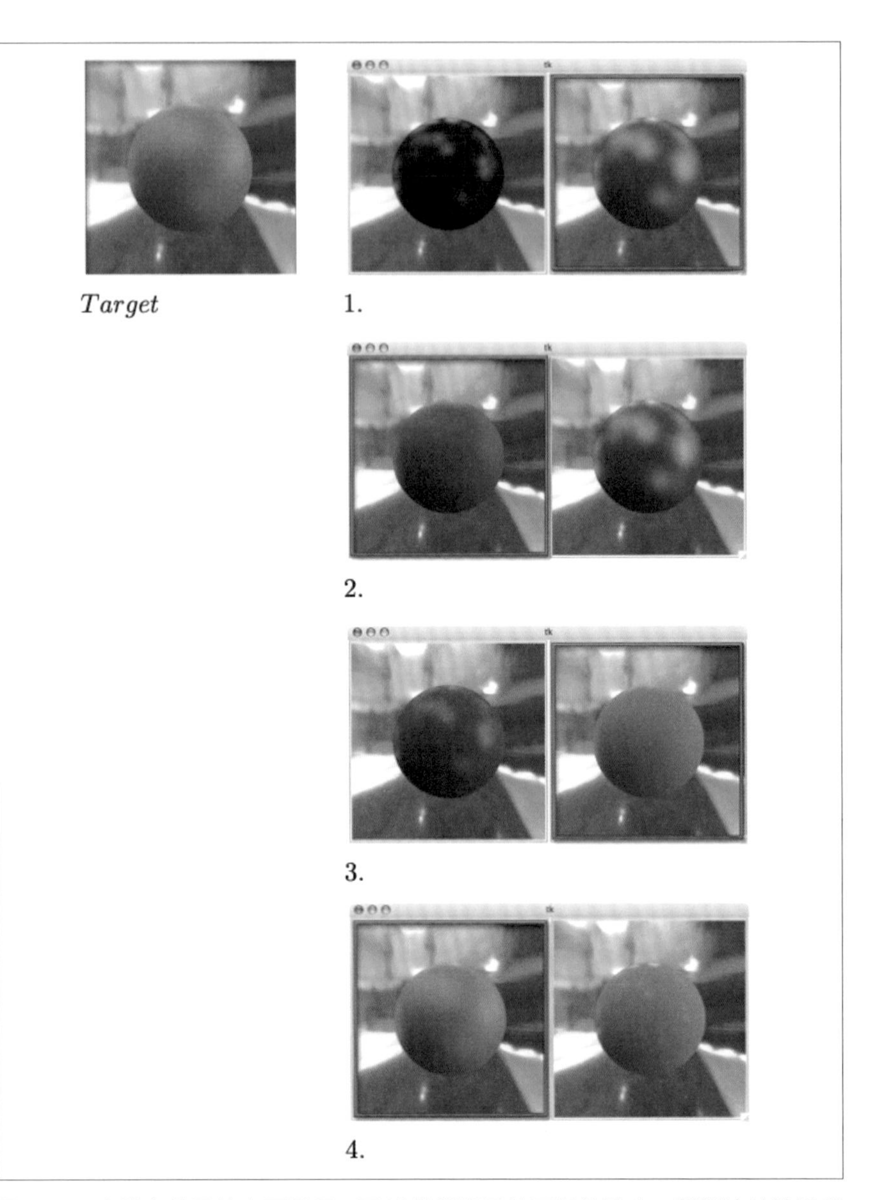


圖 7-28　實驗中使用的介面例子。可以從所顯示的兩個結果中，選擇比較接近所要質感的，參數會逐步調整。紅框表示受試者所選的輸出。圖片引用自 [Brochu10]

# 第 8 章
# 未來的網站最佳化

從 A/B 測試開始，至此已從各種角度思考網站最佳化，希望各位能實際體會到自己可以利用各種不同演算法回答各種問題。而在網站最佳化部分的說明，其實也的確有各種隱含的假設，這裡我們將重新審視這些假設，並從中探討新的問題以及可能的解法。

## 8.1 短期和長期評估

目前介紹的最佳化演算法主要都是在改善使用者造訪網站時的即時反應，即時反應是指測量使用者造訪網站時的行為而得到的值，例如按鈕的點擊或是在網頁停留的時間。對於介紹產品的著陸頁面或是軟體下載等頁面來說，重點是如何讓使用者立即採取行動，所以可以搭配前面介紹的網站最佳化方法使用。

然而有些網站卻希望與使用者建立更長期的關係。假設網站主要是使用者日常使用的工具，例如搜尋服務或電子郵件服務，網站最佳化若只關心這些網站的即時反應，可能會導致無法預期的後果。

以搜尋服務為例說明，搜尋服務會顯示符合使用者查詢內容的結果，其獲利一般來自於顯示與其查詢內容高度相關的搜尋廣告，那麼如果一個搜尋服務想在此刻實現收益最大化，應該採取什麼措施呢？最簡單的方法之一就是增加搜尋結果頁上的廣告數量。顯示的廣告數量越多，能吸引使用者目光的廣告也會增加，短期內廣告點擊次數應該也會增加。

然而這也會導致使用者體驗不佳，隨著廣告變多，使用者過去容易取得的資訊，現在可能變得較難取得，此外如果強行增加廣告數量，那麼顯示低品質廣告的機率也變高了。這些負面效應的累積可能導致使用者不再使用該服務，長遠來看，這可能會對收益產生重大的負面影響。換句話說，追求最佳化使用者即時反應以達到短期的收益最大化，可能導致長期收益流失。搜尋服務 Google 也有報告指出，廣告顯示數量的增加會導致長期利潤下降 [Hohnhold15]。

為了防止這種情況發生，應該著重於較長期的指標，如重複造訪率或離開率等，而非基於使用者即時反應的指標，然而這也意味著最佳化的速度會變慢。如果測量一個所需指標需要花費一週的時間，那麼就需要花費一週的時間來驗證假說，檢驗一個假說所需的時間越長，在一定時間內可以嘗試的措施就越少，對快速發展的企業來說可能是一個大問題。因此關鍵問題是，如何最佳化可反映長期收益的指標，同時保持嘗試不同解的頻率。

解決此問題的一個方法是建立一個機器學習模型，根據解的特徵預測長期指標，這種方法是 2015 年 Google 發表的一篇論文中介紹的 [Hohnhold15]。論文主要探討如何最佳化搜尋廣告的顯示，就是我們剛舉的例子。如果在搜尋結果中顯示大量廣告，短期內廣告點擊率會增加，收益也會增加，但顯示大量的廣告也會帶來與搜尋內容無關的廣告，長遠來看可能導致使用者離開服務，從而造成收益下降。

所以該文作者利用之前 100 個以上實驗的結果，建立了一個機器學習模型，根據短期指標來預測長期的廣告點擊率，他們提出的機器學習模型如下。

$$\theta = \alpha + \beta_1 x_{AdRelevance} + \beta_2 x_{LandingPageQuality} \tag{8.1}$$

其中 $\theta$ 為長期收益的預測值，$\alpha$ 為短期收益的觀測值。$x_{AdRelevance}$ 表示搜尋內容和顯示廣告的關聯度變化，$x_{LandingPageQuality}$ 表示該廣告連結到的著陸頁面的品質變化，$\beta_1$、$\beta_2$ 代表這些因素造成的影響強度。據報導，引入這種機器學習模型帶來的結果是可以採取某些措施，這些措施雖然可能在短期內降低收益，但長期來說是有正面效果的。

順便說一下，式 (8.1) 表示的機器學習模型其實就是我們在 3.2 節處理的線性模型。該文作者表示，他們考慮過使用更複雜的模型，但為了便於解釋，採用了簡單的線性模型。這個例子正好能夠說明，即使是這樣一個簡單的機器學習模型，若使用得當，也能對業務有重大影響。不過我們也不該忘記，過去實驗資料的積累是學習模型的決定性因素。

### 8.1.1 考慮重複使用者的最佳化

另一個問題是，我們目前所用的演算法無法妥善處理重複使用者的學習。這裡的學習指的是使用者因為多次接觸網站而獲得的使用和感受，對於著重在工具方面的網站來說，這種學習的效果尤為重要。

相信讀者都有過因為網站突然改變介面而無法適應的經驗，而一個新使用者在某項服務改成新介面後才開始使用時，由於沒有先前的知識，所以可以比較順利地學會使用方式。像這樣，首次接觸網站的新使用者與重複使用網站的舊使用者就會有明顯不同的狀態，然而目前介紹的網站最佳化演算法不太能處理這種使用者狀態的差異。

因此 [TTG15] 提出了一種處理重複使用者狀態的方法，將網站最佳化視為**強化學習（reinforcement learning）**。強化學習的問題會在各時刻 $t$ 執行動作並獲得報酬 $r_t$，目標是將累積報酬最大化，與吃角子老虎機問題類似。但強化學習的特點是還考慮了每個時間的狀態 $s_t$ 以及各時刻執行動作所帶來的狀態變化 $s_t \to s_{t+1}$。

強化學習是機器學習中的一個主題，已經廣泛應用於機器人和遊戲 AI 的開發，相關研究也很多。看來對網站最佳化來說，似乎處理使用者狀態轉換是更自然的方式，但強化學習在網站最佳化中的應用才剛開始。關於強化學習理論的更多資訊，請參見 [Sutton18]。

## 8.2 解空間的設計

本書中討論了各種網站最佳化的方法，但這些方法都是假設將某些設計方案作為解空間，也就是假設：身為人類的網頁設計師或網路行銷人員默默之中就觀察了所要最佳化的網頁、選出所要最佳化的變數、變更該數值並提出設計方案。

由於從某個網頁中選取所要變更的元素有無限多種方式，所以依靠人類的直覺介入或許也是很自然的，但這也表示最佳化的效果取決於個人的想像力。如果解空間受限於人類想像力的範圍，那麼或許就錯過了本來能找到的最佳解了？

追根究底，這就是如何設計解空間的問題。回顧在 7.4.1 節中所討論的內容，我們考慮將 RGB、HSV 和 HLS 色彩空間作為解空間，考慮到解釋和搜尋的方便性，最終採用 HLS 色彩空間中飽和度為 100% 的區域作為解空間。此時我們做的假設是「在基於色相的解空間中，顏色排列較自然，應該比較容易最佳化」、「最佳解應該飽和度比較高」。在設定問題時，會像這樣引入各種對解空間的約束。

而在 4.6.1 節中，我們嘗試用遺傳演算法產生大頭照，由於圖片中每個像素都是用最佳化的方式決定的，所以我們用的解空間表示範圍很廣。但為了方便搜尋，還是設了「圖片必須左右對稱」的約束條件，如果要用同樣的方法來最佳化一張高畫質圖片，幾乎是不可能的。例如若試圖最佳化邊長 1028px 的正方形圖片的每個像素，那麼基因的長度會變得很大，且產生對人類來說有意義的圖片機率是很小的。換句話說，要權衡的是，為了找出想像不到的創新解而使用較大的解空間，以及因為採用較大解空間而造成的搜尋困難。

這種權衡是長期以來在設計人工物件時所處理的課題之一。我們以**結構最佳化**問題來舉例，結構最佳化是指對滿足一定功能的人工物件進行工程設計，在結構最佳化中，對解空間中的任何人工物件都會進行力學模擬，尋找強度或穩固性等目標函數的最佳解。結構最佳化方法根據人工物件如何表示解，大致可以分為三種方法：尺寸最佳化、形狀最佳化，以及拓撲最佳化 [山崎 17]。

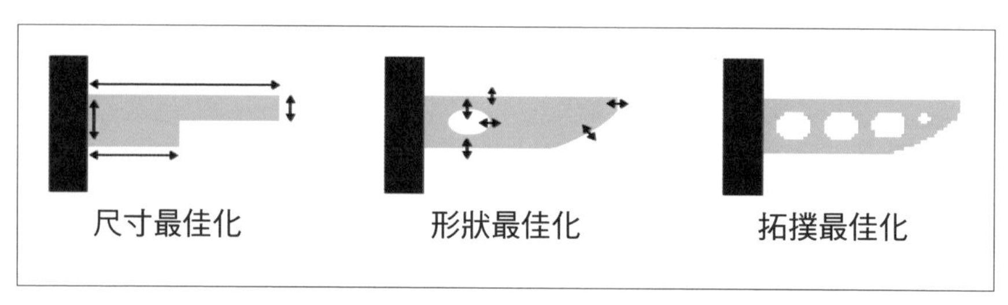


圖 8-1 結構最佳化中解的表示方式差異

**圖 8-1** 是以結構最佳化方式進行懸臂梁[1]最佳化的範例。在尺寸最佳化中，將目標人工物件的尺寸作為變數，以獲得適合目的的最佳功能設計，由於尺寸的定義取決於其形狀，所以必須事先將人工物件的形狀作為約束條件，同時尺寸最佳化也不能產生會明顯改變形狀的解。

形狀最佳化則是將人工物件形狀的邊界作為變數，由於不需要定義尺寸，所以也可以產生較靈活的解，創造出以往不曾想像的設計，但由於形狀改變，產生的形狀也可能根本不具備梁的功能，這也增加了最佳化的難度。

最後，在拓撲最佳化中，人工物件被表示為像素或體素（立體像素，voxel）的集合，形狀最佳化也可以表現更靈活的解，但必須指定邊界的數量，因此不能增加或減少物件的孔數，亦即不能改變拓撲結構。而在拓撲最佳化中，人工物件表示為元素的集合，所以即使邊界數量發生變化，也可以表現更靈活的解。

然而當靈活解的表現成為可能時，不可行解的出現也變容易了。特別是在拓撲最佳化中有一個棋盤問題，是由於追求能使強度最佳化的人工物件，因此最終得到的最佳解，會將物質以棋盤模式精細排列，如**圖 8-2** 左側。考慮到實際製造過程，這個性質並非我們想要的，因為這表示材料必須排列成網狀。隨著解的表達能力提高，就需要根據實際問題，更嚴格地考慮約束條件。設定了適當的約束條件後，得到的解如圖右側所示。

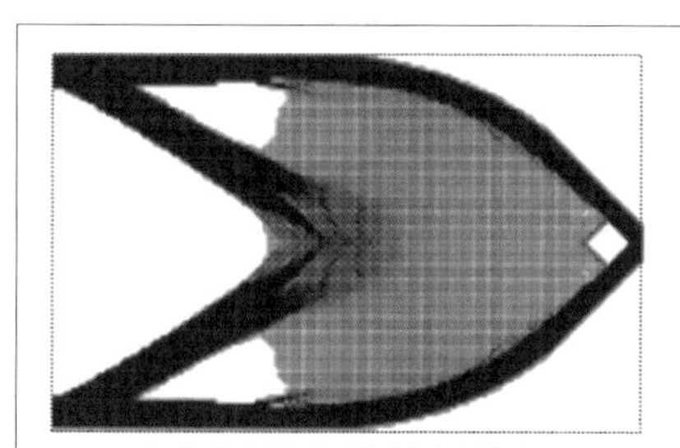


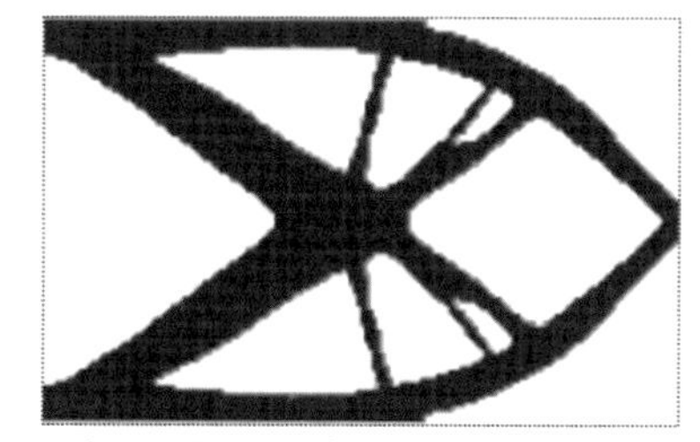


**圖 8-2** 產生棋盤問題的人工物件設計，以及加入適當約束條件的設計。圖片引用自 [藤井 00]

1 懸臂梁是指一端固定在牆壁等處，另一端自由的梁。玄關上方的小屋頂（屋簷）就是懸臂梁的例子。

如何才能在廣大的解空間及合理的時間內進行最佳化呢？一種方法是將解空間**壓縮**成較小維度的特徵空間。**變分自編碼器**（**variational autoencoder, VAE**）是資料維度壓縮的技術之一。變分自編碼器是神經網路的一種，由一個將輸入資料壓縮到低維特徵空間的編碼器和一個從特徵中恢復資料的解碼器組成。從訓練資料中得到這種編碼器和解碼器的架構，稱為自編碼器（autoencoder），變分自編碼器的特點是它進一步假設特徵遵循多變量常態分布。由於這個特點，可知學習後得到的特徵空間具有良好的特性，可以從兩個特徵之間位於內點的特徵中產生有用的資料。

圖 8-3 的例子是對變分自編碼器輸入一個名為 MNIST[2] 的手寫數字圖片資料集而獲得的二維特徵空間。這裡我們將從特徵空間中的每個點恢復的手寫數字的圖像以視覺化方式表示。

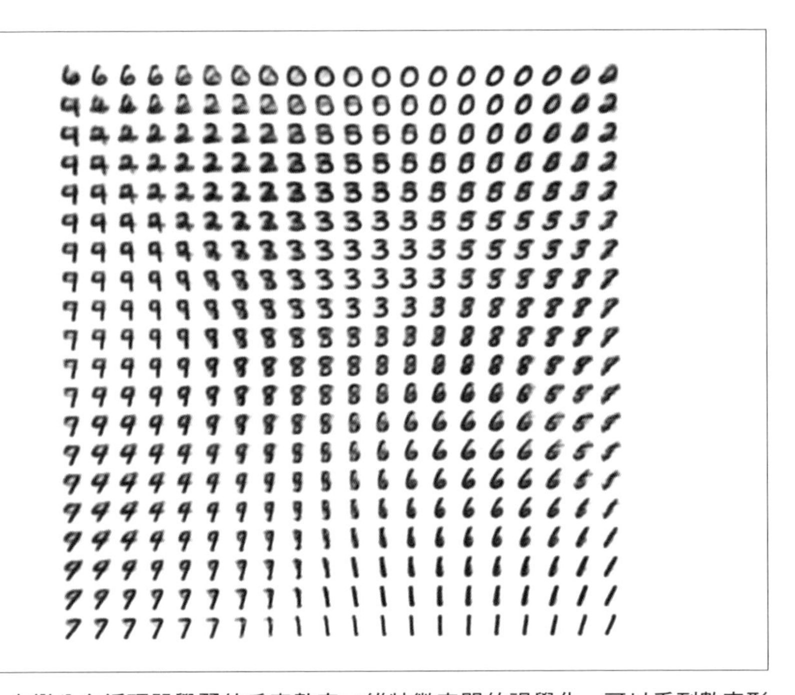

圖 8-3 由變分自編碼器學習的手寫數字二維特徵空間的視覺化，可以看到數字形狀是如何平穩變化的。圖片引用自 [Kingma13]

2 MNIST database of handwritten digits http://yann.lecun.com/exdb/mnist/

從特徵空間可以看到各種數字像漸層一樣逐漸改變形狀。例如在圖的底部，對應 1 的圖片是集中在一起的，但向左移動時可以看到形狀改變為 7，再往上的話形狀則是變化為 4 和 9。

MNIST 的圖片資料集中有許多圖片，是邊長 28 像素的正方形。如果把這 $28 \times 28 = 784$ 個像素中的每一個都各自塗成白色或黑色，就會有大約 $2^{784} \approx 10^{236}$ 種變化，隨意填充 784 個像素不太可能產生一張看起來像數字的圖片。要想在其中找到一些想要的圖，比如 9 筆跡中最易讀的，幾乎是不可能的。

而如果看變分自編碼器得到的特徵空間，其中有些看起來不像數字，但至少它們看起來像是某種筆跡，也就是說如果我們以該空間為目標，至少能從看起來像筆跡的圖片中較有效率地搜尋所要的圖片。而且由於變化是連續的，所以很容易以集中化和多樣化相結合的方式進行搜尋。當然並非所有以這種方式恢復的資料都是有用的，但至少它能夠一定程度在大量的候選解中限縮範圍。

在變分自編碼器所獲得的特徵空間這種低維空間上，要使用貝氏最佳化就比較容易了，因為只需要考慮在特徵空間中的搜尋，而不需要直接處理資料中最原始的元素（如像素和字元）。雖然以互動式最佳化或網站最佳化來說，變分自編碼器與貝氏最佳化相結合的例子很少，但在醫藥等領域，有一些用來有效率地找出目的解的例子。例如，有人嘗試在分子結構資料庫的基礎上，利用變分自編碼器得到特徵空間，然後對特徵空間進行貝氏最佳化，從而有效率地搜尋適合作為藥物的分子結構 [Kusner17]。**圖 8-4** 的例子是用這種方法獲得的分子結構的特徵空間。

變分自編碼器和貝氏最佳化等機器學習技術，之後如何與人機互動的設計流程相互融合，是未來值得期待的研究領域之一。

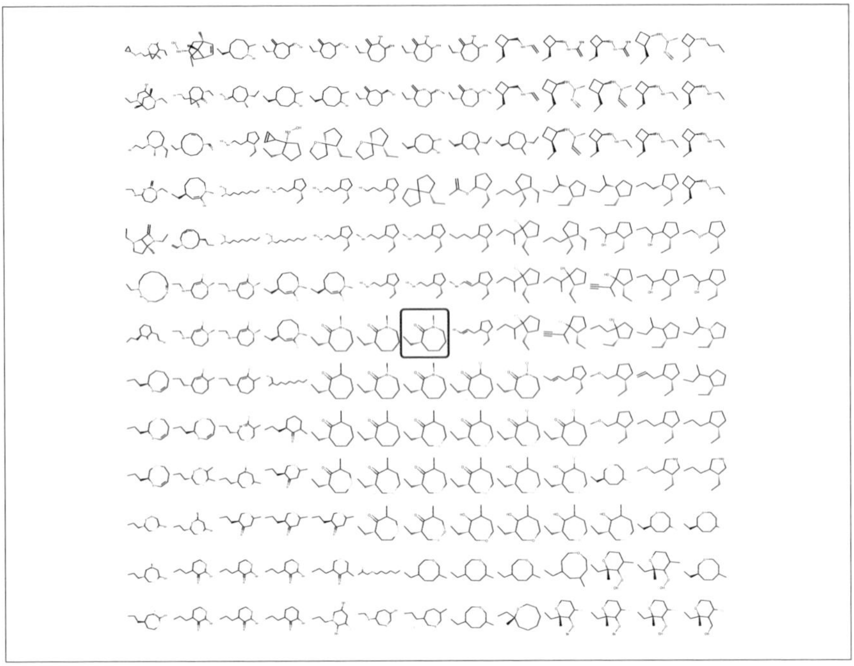

圖 8-4 採用變分自編碼器得到的分子的特徵空間。在此特徵空間中進行貝氏最佳化，可以用少量的試驗就高效率地發現具有藥效的分子。圖片引用自 [Kusner17]

## 8.3 網站以外的應用

最後要考慮的是，本書所介紹的網站最佳化方法論將來是否可以應用到網站以外的領域。網站最佳化可以說就是對多名使用者提供不同的軟體狀態，從中找到一種狀態，使得根據使用者反應所定義的評估函數最大（或最小）。它與互動式最佳化類似，都是根據與人之間的相互作用來尋找軟體的最佳狀態，但互動式最佳化往往假設只有一個主體，而網站最佳化則假設多個使用者。它也是黑箱函數最佳化的一種，因為它處理的是一個未知的評估函數，需要時間來獲得評估值，但網站最佳化比較獨特，著重的是人的反應。

而要解決這樣的最佳化問題，必須要有一個根據使用者反應進行假說檢驗的環境，具體而言，必須滿足以下條件。

- 提供的服務必須能夠立即改變
- 使用者對服務的反應必須在任何時候都可以測量

如果滿足這些條件，那麼本書所介紹的網站最佳化方法論就能用在網站以外的領域。

我們身邊有越來越多產品連接到網際網路，並透過網路接收更新。汽車透過空中下載（over-the-air, OTA）更新進行汽車維修已經變得很普遍，從智慧音響到耳機等，很多東西都透過網際網路進行更新。在消費類電子產品還沒有連上網路的年代，產品一旦離開廠商，基本上就無法將廠商和消費者連結起來了，如果出現問題，就需要透過電視、報紙等媒體呼籲來回收產品或請大家送到維修中心。然而，隨著各種消費類電子產品連上網路，廠商與消費者之間的聯繫也能維持不中斷，換句話說，我們身邊的產品都與網際網路相連，並成為一種服務。

一旦製造商和消費者之間的聯繫得以維持，製造商就可以嘗試新的功能，以提供更好的價值，並測量對這些功能的反應以檢驗他們的假設。這麼一想，相信網站最佳化的方法論不僅限於軟體，還將擴展到硬體領域。我希望本書所描述的方法論不僅對網站服務開發領域有用，也對其他領域有所幫助。

筆者對網站最佳化的研究以及針對本章討論問題提出的方法，總結在博士論文 [飯塚 17]。如果想進一步了解網站最佳化，請參考其內容。

# 附錄 A
# 矩陣運算的基礎

這裡整理了本書矩陣計算相關操作所需的最低需求。

## A.1 矩陣的定義

**矩陣（matrix）**是數字的垂直和水平排列，例如 $m \times n$ 矩陣 $A$ 可表示如下。

$$A = \begin{pmatrix} a_{1,1} & \cdots & a_{1,n} \\ \vdots & \ddots & \vdots \\ a_{m,1} & \cdots & a_{m,n} \end{pmatrix}$$

$m \times n$ 矩陣在垂直方向排了 $m$ 個數，水平方向排了 $n$ 個數。水平方向排列的稱為**列**，垂直方向排列的稱為**行**，因此這個矩陣有 $m$ 列和 $n$ 行。這裡將位於矩陣 $A$ 的第 $i$ 列、第 $j$ 行的數字記為 $a_{i,j}$，稱為矩陣 $A$ 的 $(i, j)$ 元素，下標順序對應於列號、行號。

例如，以下是具有 2 列 3 行的 $2 \times 3$ 矩陣。

$$\begin{pmatrix} 1 & 2 & 3 \\ 4 & 5 & 6 \end{pmatrix} \tag{A.1}$$

行數和列數相同的矩陣稱為**正方矩陣（square matrix，或方陣）**，而位於方陣左上角到右下角對角線上的元素，即行號和列號相等的元素，稱為**對角元素（diagonal element）**。所有非對角元素均為 0 的矩陣，稱為**對角矩陣（diagonal matrix）**。若對角矩陣的對角元素皆為 1，則稱為**單位矩陣（identity matrix）**$I$。而所有元素（包括對角元素在內）均為 0 的矩陣稱為**零矩陣（zero matrix）**$O$。

以下是 $3 \times 3$ 對角矩陣的例子。

$$\begin{pmatrix} 3 & 0 & 0 \\ 0 & 2 & 0 \\ 0 & 0 & 1 \end{pmatrix}$$

在 NumPy 中，矩陣用二維陣列表示，例如式 (A.1) 的矩陣可以定義如下。

```
import numpy as np

a = np.array([
  [1, 2, 3],
  [4, 5, 6],
])

print(a)
# [[1 2 3]
#  [4 5 6]]
```

也可以使用 shape 屬性來確認矩陣的形狀（列數和行數）。

```
print(a.shape)  # (2, 3)
```

單位矩陣可用 np.identity 產生，引數是單位矩陣的行（或列）數，以下是生成 $3 \times 3$ 單位矩陣的範例。

```
print(np.identity(3))

# [[1. 0. 0.]
#  [0. 1. 0.]
#  [0. 0. 1.]]
```

零矩陣可由 np.zeros 產生，參數是矩陣的形狀，以下是產生 $4 \times 3$ 零矩陣的範例。

```
print(np.zeros((4, 3)))

# [[0. 0. 0.]
#  [0. 0. 0.]
#  [0. 0. 0.]
#  [0. 0. 0.]]
```

矩陣的對角元素可由 `np.diag` 方法取得。

```
A = np.array([[1, 2, 3],
              [4, 5, 6],
              [7, 8, 9]])
print(np.diag(A))
# [1 5 9]
```

## A.2 矩陣加法

當兩個矩陣之間的行數和列數都相同時，可以定義其加法。要得到兩個矩陣的和，可以計算對應的元素之和，如下。

$$\begin{pmatrix} 2 & 8 \\ 7 & 4 \end{pmatrix} + \begin{pmatrix} 4 & 2 \\ 3 & 1 \end{pmatrix} = \begin{pmatrix} 6 & 10 \\ 10 & 5 \end{pmatrix}$$

在 NumPy 中，也是定義為 NumPy 陣列的對應元素之和，注意其行為與一般 Python 陣列不同。

```
A = np.array([[2, 8],
              [7, 4]])
B = np.array([[4, 2],
              [3, 1]])
print(A + B)
# [[ 6 10]
#  [10  5]]

A = [[2, 8],
     [7, 4]]
B = [[4, 2],
     [3, 1]]
print(A + B)
# [[2, 8], [7, 4], [4, 2], [3, 1]]
# Python 陣列則是會串接起來。
```

# A.3　矩陣乘法

請注意矩陣相乘並非將對應元素相乘。考慮以下兩個矩陣 $A, B$ 的乘法，其中 $A$ 是 $m \times n$ 矩陣，而 $B$ 是 $n \times r$ 矩陣。

$$A = \begin{pmatrix} a_{1,1} & \cdots & a_{1,n} \\ \vdots & \ddots & \vdots \\ a_{m,1} & \cdots & a_{m,n} \end{pmatrix}, B = \begin{pmatrix} b_{1,1} & \cdots & b_{1,r} \\ \vdots & \ddots & \vdots \\ b_{n,1} & \cdots & b_{n,r} \end{pmatrix}$$

兩個矩陣相乘得到的矩陣 $C = AB$ 是一個 $m \times r$ 矩陣，其 $(i, j)$ 元素表示為 $c_{i,j} = \sum_{h=1}^{n} a_{i,h} b_{h,j}$。如圖 A.1 所示，是將矩陣 $A$ 的第 $i$ 列的列向量 $\boldsymbol{a}_i^\top$ 與矩陣 $B$ 的第 $j$ 行的行向量 $\boldsymbol{b}'_j$ 取內積，這樣應該比較容易理解。

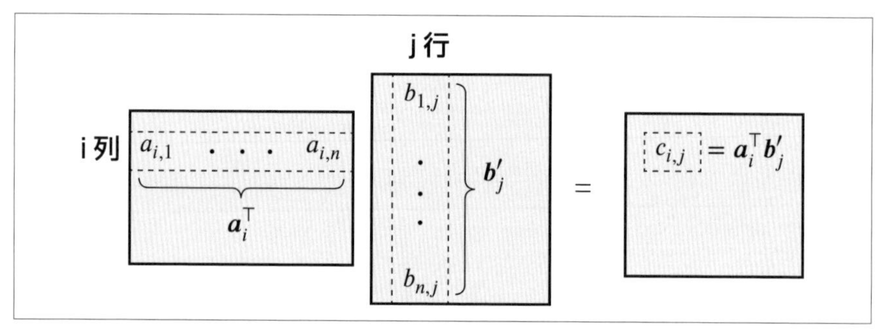


圖 A.1　矩陣乘積 $C = AB$ 的 $(i, j)$元素，相當於 $A$ 的 $i$ 列向量和 $B$ 的 $j$ 行向量的內積

由該定義可知，為了定義矩陣之間的乘法，第一個（左）矩陣中的行數和第二個（右）矩陣中的列數必須相同，且第一個矩陣的列數與第二個矩陣的行數，分別等於乘積的列數和行數。以圖表示的話，如圖 A.2。

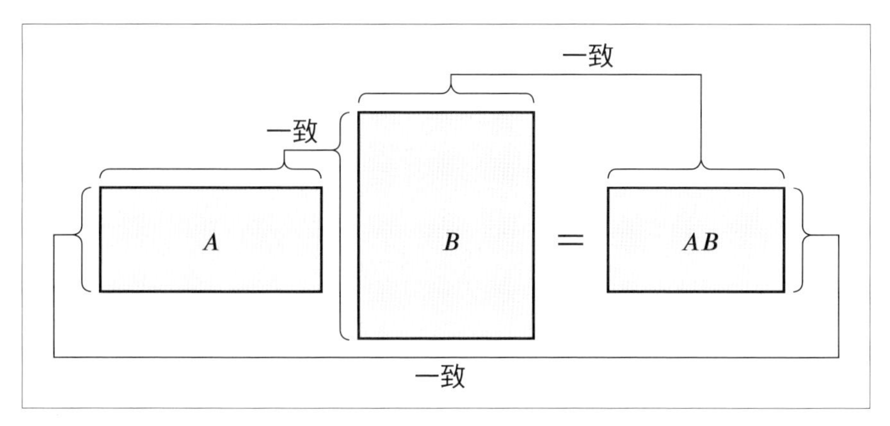


圖 A.2 矩陣的乘積，以及各矩陣列數和行數之間的關係

注意在一般情況下，矩陣的乘積是有順序的，無法交換，也就是說 $AB = BA$ 不一定成立。而當 $AB = BA = I$ 成立時，矩陣 $B$ 稱為 $A$ 的**反矩陣**，記為 $A^{-1}$ 。單位矩陣與另一個矩陣相乘時結果也不會改變，也就是說，對於任何矩陣 $A$ ，只要能定義乘積， $A = AI = IA$ 都會成立。同樣地，當 $A = I$ 時，也可以明顯看出 $I^{-1} = I$ 。

下面是一個 $2 \times 3$ 矩陣和 $3 \times 2$ 矩陣相乘的例子。

$$\begin{aligned}\begin{pmatrix} 1 & 2 & 3 \\ 4 & 5 & 6 \end{pmatrix}\begin{pmatrix} 1 & 3 \\ 5 & 7 \\ 9 & 11 \end{pmatrix} &= \begin{pmatrix} 1 \times 1 + 2 \times 5 + 3 \times 9 & 1 \times 3 + 2 \times 7 + 3 \times 11 \\ 4 \times 1 + 5 \times 5 + 6 \times 9 & 4 \times 3 + 5 \times 7 + 6 \times 11 \end{pmatrix} \\ &= \begin{pmatrix} 38 & 50 \\ 83 & 113 \end{pmatrix}\end{aligned}$$

上述運算也能以 NumPy 描述，對於矩陣乘積，使用 NumPy 陣列的 `dot` 方法或 NumPy 模組的 `np.dot` 方法。

```
A = np.array([[1, 2, 3],
              [4, 5, 6]])
B = np.array([[1,  3],
              [5,  7],
              [9, 11]])
print(A.dot(B))
# [[ 38  50]
#  [ 83 113]]
```

```
print(np.dot(A, B))
# [[ 38 50]
#  [ 83 113]]
```

要計算反矩陣，可以使用 `np.linalg.inv` 方法。

```
A = np.array([[1, 2],
              [3, 4]])
invA = np.linalg.inv(A)
print(invA)
# [[-2.   1. ]
#  [ 1.5 -0.5]]
```

可以用以下程式碼來驗證此反矩陣和原矩陣的乘積為單位矩陣，`np.allclose` 方法可以評估所給的兩個陣列是否近似相等。

```
print(np.allclose(invA.dot(A), np.identity(2)))  # True
```

同樣地，我們可以考慮矩陣和向量的乘積。給定一個 $n$ 維向量 $\boldsymbol{x} = (x_1, \cdots, x_n)^\top$，那麼 $m \times n$ 的矩陣 $A$ 與向量 $\boldsymbol{x}$ 的乘積是

$$
\begin{aligned}
A\boldsymbol{x} &= \begin{pmatrix} a_{1,1} & \cdots & a_{1,n} \\ \vdots & \ddots & \vdots \\ a_{m,1} & \cdots & a_{m,n} \end{pmatrix} \begin{pmatrix} x_1 \\ \vdots \\ x_n \end{pmatrix} \\
&= \begin{pmatrix} a_{1,1}x_1 + \cdots + a_{1,n}x_n \\ \vdots \\ a_{m,1}x_1 + \cdots + a_{m,n}x_n \end{pmatrix} \\
&= \begin{pmatrix} \sum_{h=1}^{n} a_{1,h}x_h \\ \vdots \\ \sum_{h=1}^{n} a_{m,h}x_h \end{pmatrix}
\end{aligned}
$$

注意乘積是一個 $m$ 維向量。因此，將一個 $m \times n$ 矩陣放在左邊乘上一個向量，相當於將 $n$ 維向量轉換為 $m$ 維向量。

要注意的是，乘法左邊的矩陣 $A$ 的行數必須與乘法右邊的向量 $\boldsymbol{x}$ 的維數一致，才能定義乘法。如果我們把行向量 $\boldsymbol{x}$ 看成一個 $n \times 1$ 的矩陣，自然就能從圖 A.2 中的關係得出這個結果。

矩陣與向量的乘法也是用 dot 方法，與矩陣乘法相同。向量可以寫為 NumPy 的一維陣列，作為引數傳入矩陣的 dot 方法可得到其乘積。注意回傳值也是一個向量，即 NumPy 的一維陣列。

```
A = np.array([[1, 2, 3],
              [4, 5, 6]])
x = np.array([2, 4, 5])
print(A.dot(x))  # [25 58]
print(x.shape)   # (3,)
```

在某些情況下可能會想把一個向量當作行數為 1 的矩陣來處理，此時可以把向量寫成二維陣列來求乘積，如下所示。此時回傳值也是一個矩陣，即 NumPy 的二維陣列。

```
x = np.array([[2],
              [4],
              [5]])
print(A.dot(x))
# [[25]
#  [58]]

print(x.shape)
#(3, 1)
```

## A.4 矩陣轉置

**轉置（transpose）**是一種交換矩陣的行與列的操作，對矩陣 $A$ 進行轉置操作，可以表示為轉置矩陣 $A^\top$。$m \times n$ 矩陣 $A$ 的轉置矩陣 $A^\top$ 為 $n \times m$ 矩陣，而 $A^\top$ 的 $(i, j)$ 元素就是 $a_{j,i}$。如果正方矩陣 $A$ 的轉置矩陣與原矩陣一樣，亦即如果正方矩陣滿足 $A = A^\top$，則稱為**對稱矩陣（symmetric matrix）**。

考慮兩個矩陣乘積的轉置矩陣，那麼

$$(AB)^\top = B^\top A^\top$$

的關係成立。

我們可以細看各矩陣的 $(i, j)$ 元素來驗證。矩陣 $AB$ 的乘積的 $(i, j)$ 元素表示為 $\sum_{h=1}^{n} a_{i,h} b_{h,j}$，所以其轉置矩陣 $(AB)^\top$ 的 $(i, j)$ 元素為 $i$ 與 $j$ 交換後的 $\sum_{h=1}^{n} a_{j,h} b_{h,i}$。而 $B^\top$ 的第 $i$ 列是 $b_{1,i}, \cdots, b_{n,i}$，$A^\top$ 的第 $j$ 行是 $a_{j,1}, \cdots, a_{j,n}$，因此乘積 $B^\top A^\top$ 的 $(i, j)$ 元素為 $\sum_{h=1}^{n} b_{h,i} a_{j,h}$。由於 $\sum_{h=1}^{n} b_{h,i} a_{j,h} = \sum_{h=1}^{n} a_{j,h} b_{h,i}$，所以 $(AB)^\top$ 和 $B^\top A^\top$ 的 $(i, j)$ 相等，亦即 $(AB)^\top = B^\top A^\top$。

在 NumPy 中，轉置矩陣可由 NumPy 陣列的 T 屬性取得。

```
A = np.array([[1, 2, 3],
              [4, 5, 6]])
print(A.T)
# [[1 4]
#  [2 5]
#  [3 6]]
```

# 附錄 B Logistic 迴歸上的湯普森抽樣

**第 6 章**中假設了一個線性迴歸模型，然後經過一系列計算得到參數 $w$ 的事後分布，這裡將介紹如何貝氏推論 logistic 迴歸模型的參數事後分布，並和吃角子老虎機演算法（特別是湯普森抽樣）連結起來。

## B.1 貝氏 Logistic 迴歸

與 6.4 節一樣，我們先整理一下貝氏推論所需的零件：似然函數和事前分布。首先考慮似然函數。

在 logistic 迴歸中，我們假設每個解 $\boldsymbol{x}$ 的報酬期望值 $\theta_{\boldsymbol{x}}$ 存在以下關係。

$$\theta_{\boldsymbol{x}} = \text{logistic}\left(\boldsymbol{\phi}(\boldsymbol{x})^\top \boldsymbol{w}\right)$$

然後我們假設報酬 $r$ 是由期望值參數為 $\theta_{\boldsymbol{x}}$ 的伯努利分布產生的，因此，似然函數 $p(r \mid \theta_{\boldsymbol{x}})$ 可依下式計算。

$$
\begin{aligned}
p(r \mid \theta_{\boldsymbol{x}}) &= \mathrm{Bernoulli}(\theta_{\boldsymbol{x}}) \\
&= \theta_{\boldsymbol{x}}^{r}(1-\theta_{\boldsymbol{x}})^{1-r} \\
&= \left(\mathrm{logistic}\left(\boldsymbol{\phi}(\boldsymbol{x})^\top \boldsymbol{w}\right)\right)^{r}\left(1-\mathrm{logistic}\left(\boldsymbol{\phi}(\boldsymbol{x})^\top \boldsymbol{w}\right)\right)^{1-r} \\
&= \left(\frac{1}{1+\exp\left(-\boldsymbol{\phi}(\boldsymbol{x})^\top \boldsymbol{w}\right)}\right)^{r}\left(\frac{\exp\left(-\boldsymbol{\phi}(\boldsymbol{x})^\top \boldsymbol{w}\right)}{1+\exp\left(-\boldsymbol{\phi}(\boldsymbol{x})^\top \boldsymbol{w}\right)}\right)^{1-r} \\
&= \left(\frac{\exp\left(\boldsymbol{\phi}(\boldsymbol{x})^\top \boldsymbol{w}\right)}{\exp\left(\boldsymbol{\phi}(\boldsymbol{x})^\top \boldsymbol{w}\right)+1}\right)^{r}\left(\frac{1}{\exp\left(\boldsymbol{\phi}(\boldsymbol{x})^\top \boldsymbol{w}\right)+1}\right)^{1-r} \\
&= \frac{\left(\exp\left(\boldsymbol{\phi}(\boldsymbol{x})^\top \boldsymbol{w}\right)\right)^{r}}{\exp\left(\boldsymbol{\phi}(\boldsymbol{x})^\top \boldsymbol{w}\right)+1}
\end{aligned}
$$

接下來考慮參數 $\boldsymbol{w}$ 的事前分布 $p(\boldsymbol{w})$，這裡也是像 6.4 節一樣建立一個多變量常態分布。為了簡化處理，假設平均值是一個零向量，變異數是單位矩陣的整數倍，亦即假設 $\boldsymbol{\mu}_0 = \mathbf{0}, \Sigma_0 = \sigma_0^2 I$。

$$
\begin{aligned}
p(\boldsymbol{w}) &= \mathcal{N}(\boldsymbol{\mu}_0, \Sigma_0) \\
&= \mathcal{N}(\mathbf{0}, \sigma_0^2 I) \\
&= \frac{1}{(\sqrt{2\pi})^m \sigma_0} \exp\left(-\frac{\boldsymbol{w}^\top \boldsymbol{w}}{2\sigma_0^2}\right)
\end{aligned}
$$

套用貝氏定理，參數 $\boldsymbol{w}$ 的事後分布可以表示如下，其中 $D$ 是到時刻 $T$ 為止所選解和獲得報酬的歷史紀錄 $\{(\boldsymbol{x}_1, r_1), \cdots, (\boldsymbol{x}_T, r_T)\}$。

$$
\begin{aligned}
p(\boldsymbol{w} \mid D) &\propto p(\boldsymbol{w})p(D \mid \boldsymbol{w}) \\
&\propto \frac{1}{(\sqrt{2\pi})^m \sigma_0} \exp\left(-\frac{\boldsymbol{w}^\top \boldsymbol{w}}{2\sigma_0^2}\right) \prod_{t=1}^{T} \frac{\left(\exp\left(\boldsymbol{\phi}(\boldsymbol{x}_t)^\top \boldsymbol{w}\right)\right)^{r_t}}{\exp\left(\boldsymbol{\phi}(\boldsymbol{x}_t)^\top \boldsymbol{w}\right)+1}
\end{aligned}
\tag{B.1}
$$

為了在湯普森抽樣中使用 logistic 迴歸模型，我們要從這個事後分布中抽樣得到參數。為此可以用常態分布等常見的分布來逼近這個事後分布，並利用數值計算函式庫中的亂數產生器來達成。而若要對一個機率分布進行近似，似乎可在機率密度較高的地方進行，這樣能更貼近原機率分布的性質。以這種方式用常態分布來近似某個以眾數為中心的機率分布，稱為**拉普拉斯近似（Laplace approximation）**。如果用拉普拉斯近似對這個事後分布進行逼近，則可簡化參數樣本，可用於湯普森抽樣（**圖 B.1**）。

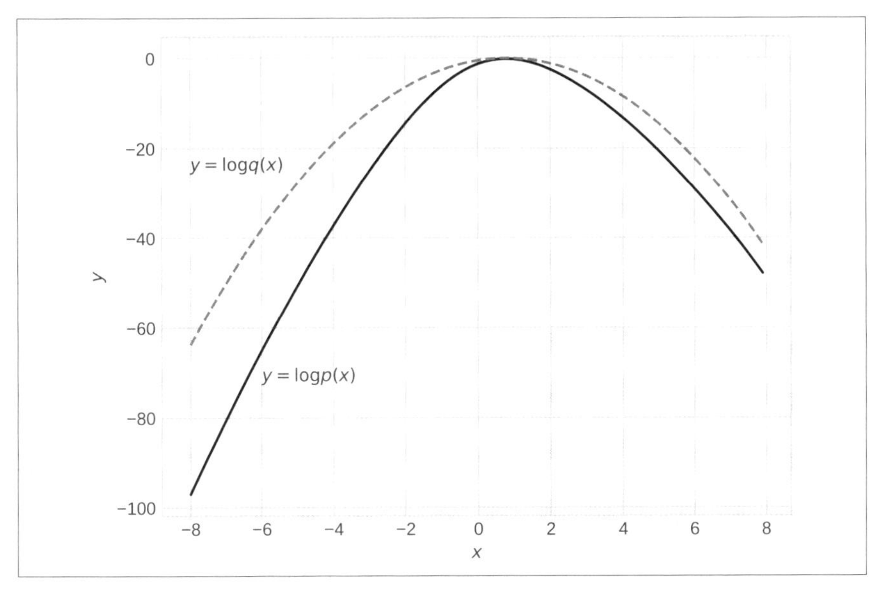


**圖 B.1　拉普拉斯近似的概念。被逼近的機率分布其機率密度函數的對數 $\log p(x)$ 用實線表示，而逼近的常態分布其機率密度函數的對數 $\log q(x)$ 則用虛線表示。這裡我們調整常數項，使其在眾數處的機率密度一致。由於常態分布在取對數後，會變成一個上凸的二次函數，所以用這個拋物線在目標機率分布的眾數附近進行逼近**

為此，我們首先要找到事後分布達到極大值的點，但從式 (B.1) 中似乎很難直接找到極大值，因此我們會從取了對數的函數來找到極大值。由於對數函數 $\log x$ 是一個遞增函數，所以事後分布的機率密度函數的對數達到極大值的位置，應該會與原機率密度函數達到極大值的位置一致。此外，反轉整個函數的正負值然後尋找極小值，也能達到同樣的目的，因此為了簡化計算，我們將尋找事後分布的負對數 $-\log(p(\boldsymbol{w} \mid D))$ 的極小值。

以下是事後分布的負對數。

$$-\log\left(p(\boldsymbol{w} \mid D)\right) \propto -\log\left(\frac{1}{(\sqrt{2\pi})^m \sigma_0}\right) + \frac{\boldsymbol{w}^\top \boldsymbol{w}}{2\sigma_0^2} - \sum_{t=1}^{T}\left(r_t \boldsymbol{\phi}(\boldsymbol{x}_t)^\top \boldsymbol{w}\right) + \sum_{t=1}^{T} \log\left(\exp\left(\boldsymbol{\phi}(\boldsymbol{x}_t)^\top \boldsymbol{w}\right) + 1\right)$$

由於函數極小值的必要條件是斜率為 0，所以先來尋找這樣的點。將此事後分布的負對數對參數 $\boldsymbol{w}$ 微分，並考慮梯度向量 $\boldsymbol{g}(\boldsymbol{w})$ 。

$$\begin{aligned}
\boldsymbol{g}(\boldsymbol{w}) &= -\nabla_{\boldsymbol{w}} \log\left(p(\boldsymbol{w} \mid D)\right) \\
&= \frac{\boldsymbol{w}}{\sigma_0^2} - \sum_{t=1}^{T} r_t \boldsymbol{\phi}(\boldsymbol{x}_t) + \sum_{t=1}^{T} \frac{\boldsymbol{\phi}(\boldsymbol{x}_t) \exp\left(\boldsymbol{\phi}(\boldsymbol{x}_t)^\top \boldsymbol{w}\right)}{\exp\left(\boldsymbol{\phi}(\boldsymbol{x}_t)^\top \boldsymbol{w}\right) + 1} \\
&= \frac{\boldsymbol{w}}{\sigma_0^2} + \sum_{t=1}^{T} \boldsymbol{\phi}(\boldsymbol{x}_t) \left(\text{logistic}(\boldsymbol{\phi}(\boldsymbol{x}_t)^\top \boldsymbol{w}) - r_t\right)
\end{aligned} \tag{B.2}$$

請注意，由於我們是對參數 $\boldsymbol{w}$ 微分，所以不包含 $\boldsymbol{w}$ 的項就會消失。

現在想找到一個 $\boldsymbol{g}(\hat{\boldsymbol{w}}) = 0$ 的點 $\hat{\boldsymbol{w}}$ ，有幾種方法。例如可以在梯度上增加一些與梯度相反符號的小值，直到梯度接近於 0，這種想法稱為**最陡下降法**（**steepest descent**）或**梯度下降法**（**gradient descent**），廣泛用於尋找函數的最小值。這裡我們將梯度再次微分，以此資訊高效率地搜尋 $\hat{\boldsymbol{w}}$，也就是使用**牛頓法**（**Newton's method**）。

牛頓法就是反覆更新下式，以得到滿足 $f(x) = 0$ 的 $x$ 近似解。

$$x_{s+1} = x_s - \frac{f(x_s)}{f'(x_s)} \tag{B.3}$$

從圖 B.2 中可以很容易地看出這個更新式能得到近似解的原因。

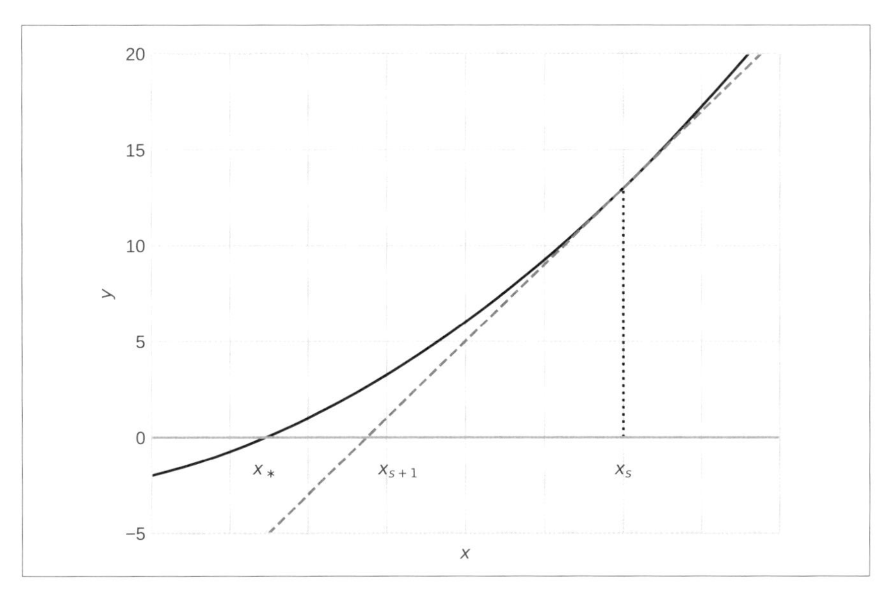


圖 B.2　牛頓法的概念

對於黑色實線所示的目標函數 $y = f(x)$，有條在 $x_s$相切的切線，以虛線表示此切線與 $x$ 軸相交於 $x_{s+1}$。此時可以注意切點 $(x_s, f(x_s))$ 和 x 軸上的 2 點 $(x_s, 0), (x_{s+1}, 0)$ 圍成的三角形，形成

$$f'(x_s) \times (x_s - x_{s+1}) = f(x_s)$$

的關係。對此方程式求 $x_{s+1}$，可以得到式 (B.3)。

現在我們將此方法用在剛剛的梯度向量。如果我們考慮梯度向量的微分 $\nabla_{\boldsymbol{w}} \boldsymbol{g}(\boldsymbol{w})$，可以得到下面的**赫斯矩陣（Hessian matrix）**。

$$\begin{aligned} H(\boldsymbol{w}) &= \nabla_{\boldsymbol{w}} \boldsymbol{g}(\boldsymbol{w}) \\ &= \frac{I}{\sigma_0^2} + \sum_{t=1}^{T} \boldsymbol{\phi}(\boldsymbol{x}_t)\boldsymbol{\phi}(\boldsymbol{x}_t)^\top \mathrm{logistic}(\boldsymbol{\phi}(\boldsymbol{x}_t)^\top \boldsymbol{w}) \left(1 - \mathrm{logistic}(\boldsymbol{\phi}(\boldsymbol{x}_t)^\top \boldsymbol{w})\right) \end{aligned} \tag{B.4}$$

將結果代入牛頓法中，可以得到更新式，該式給出了參數 $\boldsymbol{w}$ 事後分布的負對數的極小值近似值 $\hat{\boldsymbol{w}}$ 。

$$\boldsymbol{w}_{s+1} = \boldsymbol{w}_s - H^{-1}(\boldsymbol{w}_s)\boldsymbol{g}(\boldsymbol{w}_s) \tag{B.5}$$

假設用上述方法得到了 $\hat{\boldsymbol{w}}$ ，最後一步就是用拉普拉斯近似將此事後分布逼近常態分布。事後分布的負對數可以在極小值 $\hat{\boldsymbol{w}}$ 附近進行近似，如下式。

$$\begin{aligned} -\log\left(p(\boldsymbol{w} \mid D)\right) &= f(\hat{\boldsymbol{w}}) + (\boldsymbol{w} - \hat{\boldsymbol{w}})^\top \boldsymbol{g}(\hat{\boldsymbol{w}}) + \frac{1}{2}(\boldsymbol{w} - \hat{\boldsymbol{w}})^\top H(\hat{\boldsymbol{w}})(\boldsymbol{w} - \hat{\boldsymbol{w}}) + \cdots \\ &\approx \frac{1}{2}(\boldsymbol{w} - \hat{\boldsymbol{w}})^\top H(\hat{\boldsymbol{w}})(\boldsymbol{w} - \hat{\boldsymbol{w}}) + (\text{定数}) \end{aligned}$$

這種技術可以將任意函數表達為某點附近的導函數項之總和，稱為**泰勒展開（Taylor Expansion）**。這個求和可以無限進行下去，但假設它在三階之後小到可以忽略不計，所以捨去二階之後的。注意因為 $\boldsymbol{g}(\hat{\boldsymbol{w}}) = \boldsymbol{0}$，所以這裡一階項為 0，此外，不包含 $\boldsymbol{w}$ 的項被歸為常數。

現在將整個函數乘以指數函數並去掉對數，會得到以下方程式。這相當於平均數 $\hat{\boldsymbol{w}}$ 、變異數為 $H^{-1}(\boldsymbol{w})$ 的多變量常態分布。

$$p(\boldsymbol{w} \mid D) \approx (\text{定數}) \exp\left(-\frac{1}{2}(\boldsymbol{w} - \hat{\boldsymbol{w}})^\top H(\hat{\boldsymbol{w}})(\boldsymbol{w} - \hat{\boldsymbol{w}})\right) = \mathcal{N}(\hat{\boldsymbol{w}}, H^{-1}(\boldsymbol{w})) \quad \text{(B.6)}$$

因此現在可以用常態分布來逼近 logistic 迴歸中的參數 $\boldsymbol{w}$ 事後分布了。由於從常態分布產生亂數比較容易，這樣就做好用 logistic 迴歸來進行湯普森抽樣的準備了。

# B.2 Logistic 迴歸湯普森抽樣

接著要根據前面的討論，實作利用 logistic 迴歸的湯普森抽樣，亦即 **logistic 迴歸湯普森抽樣（logistic regression Thompson sampling）**，以及以此進行探索的代理人。以下是實作範例。

```
import numpy as np
from matplotlib import pyplot as plt
arms = [[0, 0], [0, 1], [1, 0], [1, 1]]
logistic = lambda x: 0 if x < -500 else 1 / (1 + np.exp(-x))

class Env(object):
  def p(arm):
    p = logistic(arm[0] * 0.2 + arm[1] * 0.8 - 4)
    return p

  def react(arm):
    return 1 if np.random.random() < Env.p(arm) else 0
```

```
  def opt():
    return np.argmax([Env.p(arm) for arm in arms])

class LogisticRegressionTSAgent(object):

  def __init__(self):
    self.phis = np.array([[arm[0], arm[1], 1] for arm in arms]).T
    self.sigma = 1
    self.hatw = np.zeros((self.phis.shape[0], 1))
    self.invH = None
    self.selected_arms = []
    self.rewards = []

  def get_arm(self):
    if (len(self.selected_arms) % 100 == 0): self.update()
    w = np.random.multivariate_normal(self.hatw[:, 0], self.invH)
    est = self.phis.T.dot(w)
    return np.argmax(est)

  def update(self):
    for i in range(10):
      g = self.get_g()
      self.invH = self.get_invH()
      diff = self.invH.dot(g)
      self.hatw = self.hatw - diff
      if (np.linalg.norm(diff) < 0.0001): break

  def get_g(self):
    g = self.hatw / (self.sigma ** 2)
    for t, arm in enumerate(self.selected_arms):
      phi = self.phis[:, [arm]]
      g += phi * (logistic(phi.T.dot(self.hatw)) - self.rewards[t])
    return g

def get_invH(self):
  H = np.identity(self.phis.shape[0]) / (self.sigma ** 2)
    for arm in self.selected_arms:
      phi = self.phis[:, [arm]]
      lpw = logistic(phi.T.dot(self.hatw))
      H += phi.dot(phi.T) * lpw * (1 - lpw)
    invH = np.linalg.inv(H)
    return invH

  def sample(self, arm_index, reward):
    self.selected_arms.append(arm_index)
    self.rewards.append(reward)
```

開頭我們定義了選項 `arms` 以及代表 logistic 函數的 `logistic`。需要注意的是，如果對指數函數 `np.exp` 傳入較大的值（比如 1000）會造成溢位。對策是若 `logistic` 的輸入值小於 -500，因為輸出已十分接近 0，所以直接回傳 0。

環境類別 `Env` 的實作與**第 6 章**相同。代理人 `LogisticRegressionTSAgent` 與 `LinUCBAgent` 一樣有特徵 `self.phis`。也跟 `BernoulliTSAgent` 一樣，有個所選解歷史紀錄 `self.selected_arms`，以及觀測到的報酬歷史紀錄 `self.rewards`。

除此以外，`LogisticRegressionTSAgent` 還有一個成員變數 `self.sigma`，表示參數 $\boldsymbol{w}$ 的事前分布的變異數。為了讓事前分布尾巴很長，我們將該值設為 10。我們還有成員變數 `self.hatw`，是會給予事後最大機率的參數的估計量 $\hat{\boldsymbol{w}}$ ，以及 `self.invH`，是赫斯矩陣的反矩陣 $H^{-1}(\boldsymbol{w})$。

確定選項的 `get_arm` 方法，會從式 (B.6) 中得到的參數 $\boldsymbol{w}$ 事後分布 $\mathcal{N}(\hat{\boldsymbol{w}}, H^{-1}(\boldsymbol{w}))$ 中產生樣本，並回傳使估計期望值 $\theta_{\boldsymbol{x}} = \text{logistic}(\boldsymbol{w}^\top \boldsymbol{\phi}(\boldsymbol{x}))$ 最大化的解 $\boldsymbol{x}$ 的索引值。由於 logistic 是一個遞增函數，所以選擇最大化 $\text{logistic}(\boldsymbol{w}^\top \boldsymbol{\phi}(\boldsymbol{x}))$ 的解就等於選擇最大化 $\boldsymbol{w}^\top \boldsymbol{\phi}(\boldsymbol{x})$ 的解。在實作中省略了 logistic 的計算。要更新這些產生樣本所需的值，需要執行包括反矩陣在內的耗時計算，因此我們每 100 次才執行一次更新方法 `update`。

`update` 方法會更新 `self.hatw` 和 `self.invH` 的值，這兩個值是產生參數 $\boldsymbol{w}$ 的樣本需要的。這就是式 (B.5) 所示的牛頓法更新的實作。`np.linalg.norm` 函數會回傳給定向量的長度 $\|\boldsymbol{x}\|$。實作中當更新的差異幅度小於 0.0001 或更新 10 次後，牛頓法的更新就會終止。

`get_g` 是計算梯度向量 $\boldsymbol{b}(\boldsymbol{w})$ 的方法，直接將式 (B.2) 寫成程式碼。`get_invH` 是計算赫斯矩陣的反矩陣 $H^{-1}(\boldsymbol{w})$ 的方法，這也是直接將式 (B.4) 寫成程式碼。

現在就試著用這個演算法來進行模擬。在此我們設立另一個採用不同演算法的方式 `BernoulliTSAgent` 作為比較對象，亦即不考慮解特徵的伯努利分布上的湯普森抽樣。預算與之前一樣設為 $T = 5000$，**圖 B.3** 為模擬執行 500 次時選擇最佳解的正確率變化。

實際執行模擬時會看到這個演算法執行很久，這是因為有反矩陣的計算，因此這裡用 joblib 這個平行處理函式庫來加速，這樣就能同時執行多個模擬。由於每個模擬都是獨立的，所以平行處理並在最後匯總結果是不會有問題的。

執行下面程式碼時，請將**第 5 章**中的 BernoulliTSAgent 類別程式碼複製到一個新的區塊並執行。

```
from joblib import Parallel, delayed

n_step = 5000

def sim(Agent):
  agent = Agent()
  selected_arms = []
  earned_rewards = []
  for step in range(n_step):
    arm_index = agent.get_arm()
    reward = Env.react(arms[arm_index])
    agent.sample(arm_index, reward)
    selected_arms.append(arm_index)
    earned_rewards.append(reward)
  return (selected_arms, earned_rewards)

n_arms = len(arms)
n_iter = 500
results = Parallel(n_jobs=-1)([
    delayed(sim)(LogisticRegressionTSAgent) for _ in range(n_iter)])
selected_arms_lr = np.array([i[0] for i in results])
earned_rewards_lr = np.array([i[1] for i in results])
results = Parallel(n_jobs=-1)([
    delayed(sim)(BernoulliTSAgent) for _ in range(n_iter)])
selected_arms_ber = np.array([i[0] for i in results])
earned_rewards_ber = np.array([i[1] for i in results])
plt.plot(np.mean(selected_arms_lr==Env.opt(), axis=0),
    label='Logistic Regression TS')
plt.plot(np.mean(selected_arms_ber==Env.opt(), axis=0),
    label='Bernoulli TS')
plt.xlabel(r'$t$')
plt.ylabel(r'$\mathbb{E}[x(t) = x^*]$')
plt.legend()
plt.show()
```

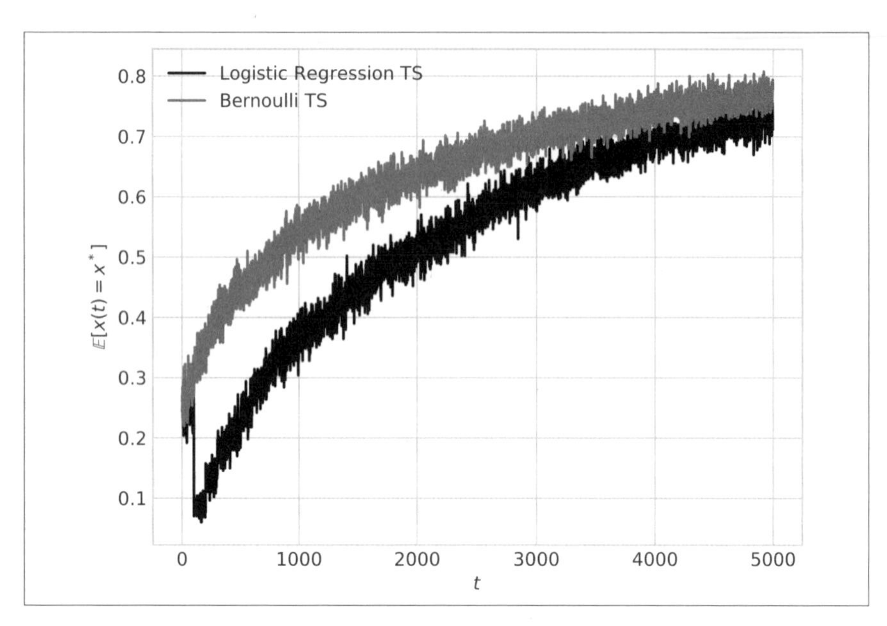


圖 B.3 Logistic 迴歸模型上的湯普森抽樣的正確率變化

就正確率變化而言，雖然在預算用完時達到了差不多的正確率，但湯普森抽取對 logistic 迴歸模型的表現似乎更差。

圖 B.4 為累積報酬的視覺化。

```
plt.plot(np.mean(np.cumsum(earned_rewards_lr, axis=1), axis=0),
    label='Logistic Regression TS')
plt.plot(np.mean(np.cumsum(earned_rewards_ber, axis=1), axis=0),
    label='Bernoulli TS')
plt.xlabel(r'$t$')
plt.ylabel('Cumulative reward')
plt.legend()
plt.show()
```

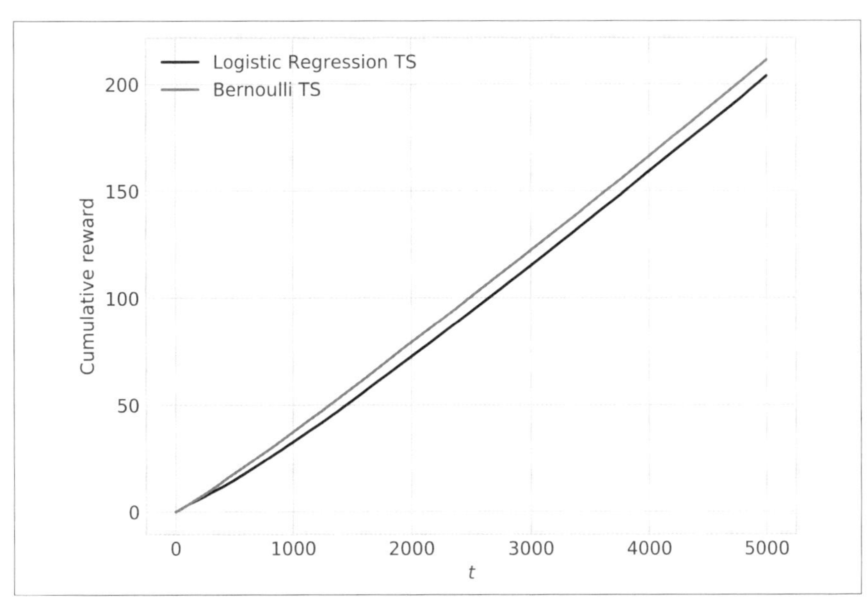


圖 B.4　在 logistic 迴歸模型的湯普森抽取的累積報酬變化

同樣來看累積報酬的歷史紀錄，logistic 迴歸模型上的湯普森抽樣似乎也是比較差一些。

顯然在這個問題設定中，是否考慮特徵並不會對性能產生顯著差異。讓我們試著模擬構成解的變數若增加一個的情況。考慮一個新的變數 $x_3 \in \{0, 1\}$，取值為 0 或 1，並假設解表示為 $\boldsymbol{x} = (x_1, x_2, x_3)^\top$，因此選項的數量為 $2^3 = 8$。根據這些條件，考慮環境為 $\theta = \mathrm{logistic}(0.2x_1 + 0.8x_2 - 0.5x_3 - 4)$ 的期望值來給予代理人報酬的問題。如果注意到 $x_3$ 的係數為負，那麼解 $\boldsymbol{x}_* = (1, 1, 0)^\top$ 就是最佳解。

**圖 B.5** 和**圖 B.6** 顯示了當我們用這個問題設定進行同樣的模擬時，正確率和累積報酬的變化。與 2 個變數時的情況不同，我們發現對 3 個變數的問題使用 logistic 迴歸上的湯普森抽樣，比不考慮解特徵的湯普森抽樣能更快達到報酬最大化。當解是由更多變數組成時，與其將各個解視為完全獨立，我們可以期待以其特徵來掌握的好處會更大。另外，也請參見 [本多 16]，了解如何在線性模型上建構吃角子老虎機演算法的方法。

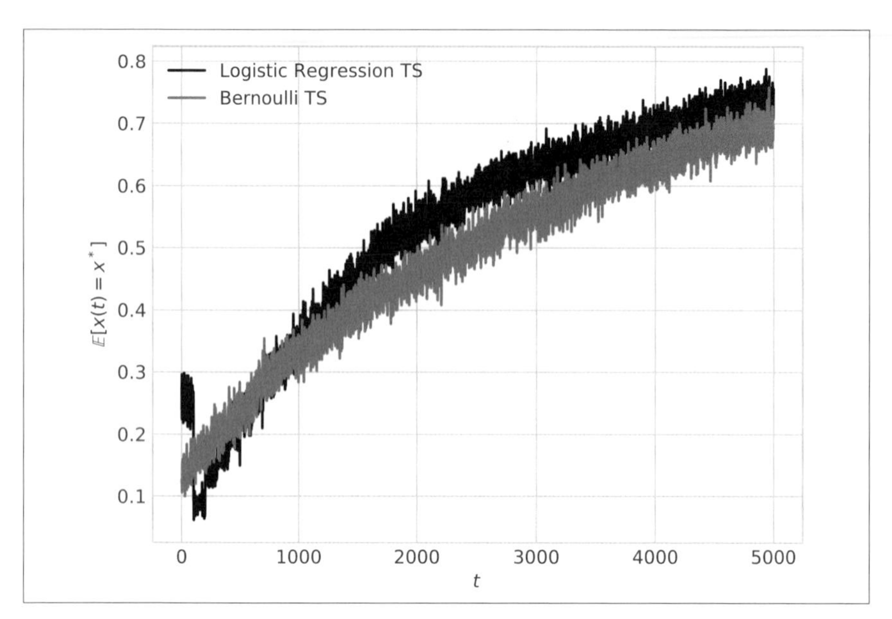


圖 B.5 在有許多選項的環境下，logistic 迴歸模型上的湯普森抽樣的正確率變化

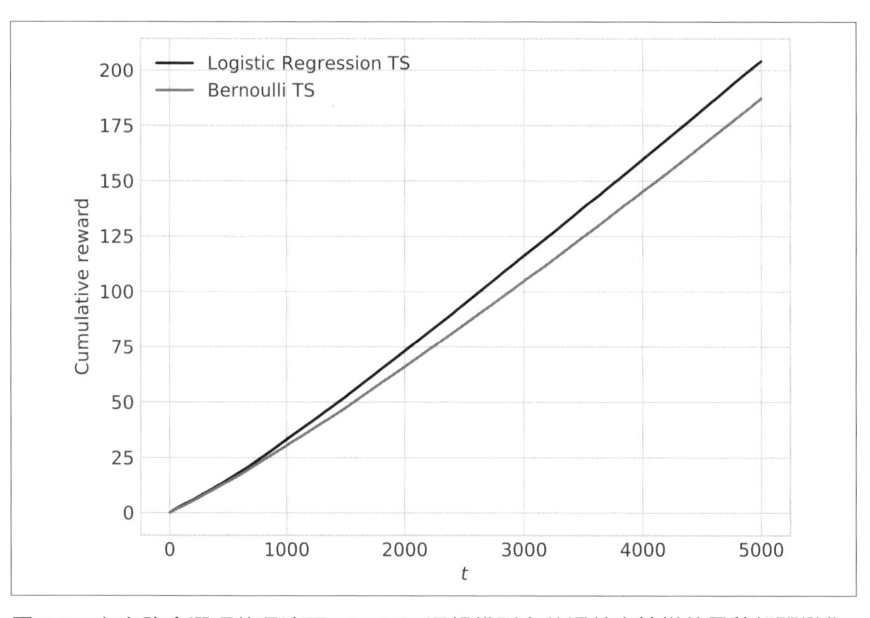


圖 B.6 在有許多選項的環境下，logistic 迴歸模型上的湯普森抽樣的累積報酬變化

# 謝辭

本書的寫作離不開許多人的支持。書中許多內容都是基於我在東京大學就學期間對網站最佳化的相關研究，在學期間的指導教授是東京大學工學系研究所的松尾豐教授，從讓我了解 web 世界的矽谷進修之旅開始，到大學至博士課程這段期間的研究指導，都給了我很多幫助。也很感謝能得到教授對本書的推薦詞，在此表達最深切的感謝。

Preferred Networks 的南賢太郎先生曾多次審閱本書內容，由於他的諸多建議，我才得以改正許多錯誤，十分感謝。感謝有賀康顯先生、中山心太先生、西林孝先生對貝氏推論部分的審閱，在此表示感謝。

之所以決定寫這本書，是因為山口能迪先生提議應該把我的研究寫成書，能有這個難得的機會都是因為有山口先生的建議，非常感謝。我還要感謝在本書執筆時給予我支持的友人及前輩，特別是 Claudia Cristovao 和 Matt Clack。大家的支持對我的寫作是很大的動力。

O'Reilly Japan 的瀧澤先生也給予了很多方面的支持，從架構到編輯等各方面都是，這本書能問世都是因為有瀧澤先生，在此表示感謝。

最後，我要感謝我的家人支持我這三年來的寫作，沒有家人的幫助，不可能完成這本書，對妻子涼菜的支持真的是感激不盡。非常感謝。我還要感謝我的兒子一遙，他是在此期間的家庭新成員，謝謝你總是帶來活力。

# 引用文獻

[Ash12] Tim Ash, Maura Ginty, and Rich Page. Landing Page Optimization: The Definitive Guide to Testing and Tuning for Conversions. Wiley, 2012.

[Asllani07] Arben Asllani and Alireza Lari. Using Genetic Algorithm for Dynamic and Multiple Criteria Web-Site Optimizations. European Journal of Operational Research, 176(3): 1767 – 1777, 2007.

[Bianchi09] Leonora Bianchi, Marco Dorigo, Luca Maria Gambardella, and Walter J. Gutjahr. A Survey on Metaheuristics for Stochastic Combinatorial Optimization. Natural Computing, 8(2): 239 – 287, 2009.

[Bishop06] Christopher M. Bishop. Pattern Recognition and Machine Learning. Springer, 2006. 邦訳『パターン認識と機械学習』C.M. ビショップ著/元田浩, 栗田多喜夫, 樋口知之, 松本裕治, 村田昇監訳/丸善出版（2012年）

[Brochu10] Eric Brochu, Vlad M. Cora, and Nando de Freitas. A Tutorial on Bayesian Optimization of Expensive Cost Functions, with Application to Active User Modeling and Hierarchical Reinforcement Learning. arXiv preprint arXiv:1012.2599, 2010.

[DP15] Cameron Davidson-Pilon. Bayesian Methods for Hackers: Probabilistic Programming and Bayesian Inference. Addison-Wesley Professional, 2015. 邦訳『Python で体験するベイズ推論PyMCによるMCMC入門』キャメロン・デビッドソン=ピロン著/玉木徹訳/森北出版（2017年）

[Dan10] Dan Siroker. How Obama Raised $60 Million by Running a Simple Experiment. https://blog.optimizely.com/2010/11/29/how-obama-raised-60-million-by-running-a-simple-experiment/

[Dwork15] Cynthia Dwork, Vitaly Feldman, Moritz Hardt, Toniann Pitassi, Omer Reingold, and Aaron Roth. The Reusable Holdout: Preserving Validity in Adaptive Data Analysis. Science, 349(6248): 636 - 638. 2015.

[Hohnhold15] Henning Hohnhold, Deirdre O'Brien, and Diane Tang. Focusing on the Long-Term: It's Good for Users and Business. In Proceedings of the 21st ACM SIGKDD International Conference on Knowledge Discovery and Data Mining, 1849 – 1858. ACM, 2015.

[Holiday14] Ryan Holiday. Growth Hacker Marketing: A Primer on the Future of PR, Marketing, and Advertising. Portfolio Trade, 2013. 邦訳『グロースハッカー』ライアン・ホリデイ著／佐藤由紀子訳／加藤恭輔解説／日経BP（2013年）

[Iitsuka15] Shuhei Iitsuka and Yutaka Matsuo. Website Optimization Problem and Its Solutions. In Proceedings of the 21st ACM SIGKDD International Conference on Knowledge Discovery and Data Mining, 447 – 456. ACM, 2015.

[KGK+17] Greg Kochanski, Daniel Golovin, John Karro, Benjamin Solnik, Subhodeep Moitra, and D. Sculley. Bayesian Optimization for a Better Dessert. In Proceedings of the 2017 NIPS Workshop on Bayesian Optimization. December 9, 2017, Long Beach, USA, 2017.

[KKSP18] Kirthevasan Kandasamy, Akshay Krishnamurthy, Jeff Schneider, and Barnabas Poczos. Parallelised Bayesian Optimisation via Thompson Sampling. In Proceedings of the 21st International Conference on Artificial Intelligence and Statistics, Volume 84, 133 – 142. 2018.

[Kingma13] Diederik P. Kingma and Max Welling. Auto-Encoding Variational Bayes. arXiv preprint arXiv:1312.6114, 2013.

[Kohavi09] Ron Kohavi, Roger Longbotham, Dan Sommerfield, and Randal M. Henne. Controlled Experiments on the Web: Survey and Practical Guide. Data Mining and Knowledge Discovery, 18(1): 140 – 181, 2009.

[Kohavi11] Ron Kohavi and Roger Longbotham. Unexpected Results in Online Controlled Experiments. ACM SIGKDD Explorations Newsletter, 12(2): 31 – 35, 2011.

[Kohavi14] Ron Kohavi, Alex Deng, Roger Longbotham, and Ya Xu. Seven Rules of Thumb for Web Site Experimenters. In Proceedings of the 20th ACM SIGKDD International Conference on Knowledge Discovery and Data Mining, 1857 – 1866. ACM, 2014.

[Kruschke14] John K. Kruschke. Doing Bayesian Data Analysis: A Tutorial with R, JAGS, and Stan. 2nd Edition. Academic Press, 2014. 邦訳『ベイズ統計モデリング: R, JAGS, Stanによるチュートリアル』John K. Kruschke著／前田和寛、小杉考司監訳／共立出版（2017年）

[Kusner17] Matt J. Kusner, Brooks Paige, José Miguel Hernández-Lobato. Grammar Variational Autoencoder. In Proceedings of the 34th International Conference on Machine Learning, Volume 70, 1945 –1954. ACM, 2017.

[Lewis00] Matthew Lewis. Aesthetic Evolutionary Design with Data Flow Networks. Generative Art, 2000.

[Li10] Lihong Li, Wei Chu, John Langford, and Robert E. Schapire. A Contextual-Bandit Approach to Personalized News Article Recommendation. In Proceedings of the 19th International Conference on World Wide Web, 661 – 670. ACM, 2010.

[Lomas16] Derek Lomas, Jodi Forlizzi, Nikhil Poonwala, Nirmal Patel, Sharan Shodhan, Kishan Patel, Ken Koedinger, and Emma Brunskill. Interface Design Optimization as a Multi-Armed Bandit Problem. In Proceedings of the 2016 CHI Conference on Human Factors in Computing Systems, 4142 – 4153. ACM, 2016.

[Ries11] Eric Ries. The Lean Startup: How Today's Entrepreneurs Use Continuous Innovation to Create Radically Successful Businesses. Crown Books, 2011. 邦訳『リーン・スタートアップムダのない起業プロセスでイノベーションを生みだす』エリック・リース著／井口耕二訳／伊藤穰一解説／日経BP（2012 年）

[Romero08] Juan Romero and Penousal Machado. The Art of Artificial Evolution: A Handbook on Evolutionary Art and Music. Springer Science & Business Media, 2008.

[Rossum11] Guido van Rossum. Python チュートリアル第3 版. オライリー・ジャパン, 2016.

[RW06] Carl Edward Rasmussen and Christopher K. I. Williams. Gaussian Processes for Machine Learning. The MIT Press, 2006.

[Srinivas10] Niranjan Srinivas, Andreas Krause, Sham M. Kakade, and Matthias Seeger. Gaussian Process Optimization in the Bandit Setting: No Regret and Experimental Design. In Proceedings of the 27th International Conference on Machine Learning, 1015 – 1022. 2010.

[Stanley02] Kenneth O. Stanley and Risto Miikkulainen. Evolving Neural Networks through Augmenting Topologies. Evolutionary Computation, 10(2): 99 – 127, 2002.

[Sutton18] Richard S. Sutton and Andrew G. Barto. Reinforcement Learning: An Introduction. The MIT Press, 2nd Edition, 2018.

[TTG15] Georgios Theocharous, Philip S. Thomas, and Mohammad Ghavamzadeh. Personalized Ad Recommendation Systems for Life-Time Value Optimization with Guarantees. In Proceedings of the 24th International Joint Conference on Artificial Intelligence, 1806 –1812. 2015.

[Takagi01] Hideyuki Takagi. Interactive Evolutionary Computation: Fusion of the Capabilities of EC Optimization and Human Evaluation. Proceedings of the IEEE, 89(9): 1275 – 1296, 2001.

[古川12] 古川正志, 川上敬, 渡辺美知子, 木下正博, 山本雅人, 鈴木育男. メタヒューリスティクスとナチュラルコンピューティング. コロナ社, 2012.

[山﨑17] 山﨑慎太郎. トポロジー最適化の概要と新展開. システム/制御/情報, 61(1): 29 – 34, 2017.

[持橋19] 持橋大地, 大羽成征. ガウス過程と機械学習. 講談社, 2019.

[本多16] 本多淳也, 中村篤祥. バンディット問題の理論とアルゴリズム. 講談社, 2016.

[柳浦00] 柳浦睦憲, 茨木俊秀. 組合せ最適化問題に対するメタ戦略について. 電子情報通信学会論文誌D, 83(1): 3 – 25, 2000.

[栗原11] 栗原伸一. 入門統計学検定から多変量解析・実験計画法まで. オーム社, 2011.

[牧野16] 牧野貴樹, 澁谷長史, 白川真一, 浅田稔, 麻生英樹, 荒井幸代, 飯間等, 伊藤真, 大倉和博, 黒江康明, 杉本徳和, 坪井祐太, 銅谷賢治, 前田新一, 松井藤五郎, 南泰浩, 宮崎和光, 目黒豊美, 森村哲郎, 森本淳, 保田俊行, 吉本潤一郎. これからの強化学習. 森北出版, 2016.

[田口93] 田口玄一. 品質工学の定義とタグチメソッド. 品質工学, 1(2): 2 – 7, 1993.

[藤井00] 藤井大地, 鈴木克幸, 大坪英臣. ボクセル有限要素法を用いた構造物の位相最適化. 日本計算工学会論文集, 2000.

[飯塚14] 飯塚修平, 松尾豊. ウェブページ最適化問題の定式化と最適化手法の提案. 人工知能学会論文誌, 29(5): 460 – 468, 2014.

[飯塚17] 飯塚修平. ウェブサイト最適化問題の定式化と解法に関する研究. 博士論文, 東京大学大学院工学系研究科技術経営戦略学専攻, 2017.

# 索引

※ 提醒您：由於翻譯書排版的關係，部份索引名詞的對應頁碼會和實際頁碼有一頁之差。

## 記號



## A



## B



## C



## D



## E



## F



## G

## R



## S



## T



## U



## V



## W



## 二劃



## 三劃



## 四劃



## 五劃



## 六劃

## 七劃



## 八劃



## 九劃



## 十劃

## 十一劃



## 十二劃



## 十三劃

## 十四劃



## 十五劃



## 十六劃



## 十七劃



## 十八劃



## 十九劃



## 二十三劃

# 作者介紹

**飯塚 修平**（いいつか しゅうへい）

UX 工程師、Creative Technologist 博士（工學）

1989 年生於茨城縣土浦市。2017 年於東京大學工學系研究所專攻技術經營戰略學博士課程。在學期間創立、營運各種網站服務，並從事網站最佳化的研究。目前致力於創作融合網站與機器學習的作品。

作品集網站：https://tushuhei.com

# 封面說明

本書的封面動物學名為 Hermaea bifida（海天牛總科、荷葉鰓科），可以說是海蛞蝓的一種。

海蛞蝓（sea slug）是貝殼已經退化埋在體內或消失的貝類總稱，屬於軟體動物門腹足綱（與螺類相近），有各種分類方式。

身體呈直線型，後方尖。頭部為圓形，有兩根觸手，身體兩側有許多大小各異的有莖附肢，其中有三對比其他的要優越。頭部觸手後面有兩隻清晰可見的眼睛，還可以觀察到在其之下有粉紅色的斑點在皮膚下方移動。顏色偏白，有赤褐色的線條。

本種屬於囊舌目，利用收在舌囊這種器官中的齒舌，將海藻細胞開孔，吸取內部的物質作為食物，所以可以從體外觀察到顏色鮮豔的中腸腺在體內分支。某些此目之下的動物，會把所吃的食物中含有的葉綠體捕捉到中腸腺的細胞中，維持一段時間的光合作用。以前認為這種現象是與單細胞藻類共生，現在則已證實葉綠體是來自所食用的藻類。

# 網站最佳化實務｜運用機器學習改善網站，提升使用者體驗

作　　者：飯塚 修平
譯　　者：游子賢
企劃編輯：蔡彤孟
文字編輯：詹祐甯
設計裝幀：陶相騰
發 行 人：廖文良

發 行 所：碁峰資訊股份有限公司
地　　址：台北市南港區三重路 66 號 7 樓之 6
電　　話：(02)2788-2408
傳　　真：(02)8192-4433
網　　站：www.gotop.com.tw
書　　號：A675
版　　次：2021 年 10 月初版
建議售價：NT$580



國家圖書館出版品預行編目資料

網站最佳化實務：運用機器學習改善網站，提升使用者體驗 / 飯塚修平原著；游子賢譯. -- 初版. -- 臺北市：碁峰資訊, 2021.10
面；　公分
ISBN 978-986-502-942-5(平裝)
1.機器學習
312.831　　110014481

讀者服務

- 感謝您購買碁峰圖書，如果您對本書的內容或表達上有不清楚的地方或其他建議，請至碁峰網站：「聯絡我們」\「圖書問題」留下您所購買之書籍及問題。（請註明購買書籍之書號及書名，以及問題頁數，以便能儘快為您處理）
http://www.gotop.com.tw

- 售後服務僅限書籍本身內容，若是軟、硬體問題，請您直接與軟體廠商聯絡。

- 若於購買書籍後發現有破損、缺頁、裝訂錯誤之問題，請直接將書寄回更換，並註明您的姓名、連絡電話及地址，將有專人與您連絡補寄商品。